专利审查与社会服务丛书

新旧动能转换新引擎

魏保志 于智勇 主编

国家知识产权局专利局专利审查协作天津中心 山东省知识产权局 组织编写

现代农业专利导航

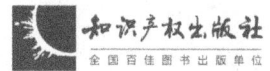
知识产权出版社
全国百佳图书出版单位

图书在版编目（CIP）数据

新旧动能转换新引擎. 现代农业专利导航/魏保志，于智勇主编. —北京：知识产权出版社，2018.11

（专利审查与社会服务丛书/魏保志主编）

ISBN 978-7-5130-5880-3

Ⅰ.①新… Ⅱ.①魏… ②于… Ⅲ.①新兴产业—专利—研究报告—山东②现代农业—新兴产业—专利—研究—山东 Ⅳ.①F279.244.4②F323③G306.3

中国版本图书馆 CIP 数据核字（2018）第 225380 号

内容提要

本书在深入研究山东省现代农业相关专利现状、产业发展趋势的基础上，从产业政策导向、技术发展方向给出相应产业转型升级建议。具体以专利数据为基础，针对农机装备、现代种业、农产品加工、农产品质量安全、智慧农业 5 个重点分支专利状况，从专利申请趋势、授权情况、地域分布情况、主要申请人以及重点专利等维度入手，着重分析我国现代农业整体情况、山东省、所辖市以及主要企业、高校和科研院所的情况，并采用与标兵省份对比的方法，找出山东省现代农业产业发展的优势与不足。本书是了解山东省现代农业产业技术发展现状并预测未来发展的必备工具书，可对山东省现代农业产业招商引资、技术研发以及人才引进提供有益帮助。

读者对象：政府部门，行业协会，高校、科研院所，相关企事业单位等。

责任编辑：黄清明　江宜玲	责任校对：王　岩
内文设计：洪广东	责任印制：刘译文

新旧动能转换新引擎

现代农业专利导航

国家知识产权局专利局专利审查协作天津中心　山东省知识产权局　组织编写

魏保志　于智勇　主编

出版发行：知识产权出版社有限责任公司	网　　址：http://www.ipph.cn
社　　址：北京市海淀区气象路 50 号院	邮　　编：100081
责编电话：010-82000860 转 8117	责编邮箱：hqm@cnipr.com
发行电话：010-82000860 转 8101/8102	发行传真：010-82000893/82005070/82000270
印　　刷：北京虎彩文化传播有限公司	经　　销：各大网上书店、新华书店及相关专业书店
开　　本：787mm×1092mm　1/16	印　　张：14
版　　次：2018 年 11 月第 1 版	印　　次：2018 年 11 月第 1 次印刷
字　　数：320 千字	定　　价：56.00 元

ISBN 978-7-5130-5880-3

出版权专有　侵权必究

如有印装质量问题，本社负责调换。

编委会

主　编：魏保志　于智勇

副主编：刘　稚　杨　帆　周胜生　张忠强　刘春林

编　委：汪卫锋　邹吉承　刘　梅　饶　刚　王智勇

　　　　朱丽娜　王力维　刘　锋　韩　旭　吴献廷

　　　　于凌崧　齐广山　王海峰　闫　斌　李　检

编写组

一、项目指导
国家知识产权局专利局专利审查协作天津中心　山东省知识产权局

二、项目管理
国家知识产权局专利局专利审查协作天津中心

三、项目研究组
承担部门：国家知识产权局专利局专利审查协作天津中心
负　责　人：杨　帆
组　　　长：汪卫锋
副　组　长：杨伟超
成　　　员：龙巧云　曹寅虎　杨鑫超　连　慧　蔡　璐　刘慧丽　李凯锋

四、研究分工
数据检索：曹寅虎　杨鑫超　连　慧　蔡　璐　刘慧丽　李凯锋
数据清理：曹寅虎　杨鑫超　连　慧　蔡　璐　刘慧丽　李凯锋
数据标引：曹寅虎　杨鑫超　连　慧　蔡　璐　刘慧丽　李凯锋
图表制作：曹寅虎　杨鑫超　连　慧　蔡　璐　刘慧丽　李凯锋
执　　笔：杨伟超　龙巧云　曹寅虎　杨鑫超　连　慧　蔡　璐
　　　　　刘慧丽　李凯锋
统　　稿：汪卫锋　杨伟超
编　　辑：汪卫锋　杨伟超
审　　校：杨　帆　刘　锋　龙巧云

五、撰写分工
杨伟超：主要执笔第三章、第五章、第八章
龙巧云：主要执笔第八章
曹寅虎：主要执笔第一章、第二章
李凯锋：主要执笔第三章
杨鑫超：主要执笔第四章
刘慧丽：主要执笔第五章
连　慧：主要执笔第六章
蔡　璐：主要执笔第七章

序（一）

　　党的十九大报告中提出：我国经济已由高速增长阶段转向高质量发展阶段，正处在转变发展方式、优化经济结构、转换增长动力的攻关期。习近平总书记在全国两会上强调，"中国如果不走创新驱动发展道路，新旧动能不能顺利转换，就不能真正强大起来"。

　　倡导创新文化，强化知识产权创造、保护、运用，是中央对知识产权工作提出的新任务和更高要求。"加强知识产权保护，这是完善产权保护制度最重要的内容，也是提高中国经济竞争力最大的激励"，是习近平新时代中国特色社会主义思想在知识产权方面的最新要求，也是做好新时代知识产权工作的根本遵循和行动指南。

　　加快建设创新型国家，不断增强经济创新力和竞争力，期待知识产权有更大作为。新形势下，充分运用专利信息资源，将专利数据分析与产业发展决策相融合，对于传统产业转型升级、提高创新水平具有重要意义。

　　在山东省深入实施新旧动能转换重大工程的时代背景下，国家知识产权局专利局专利审查协作天津中心与山东省知识产权局合作，成立4个项目组分别对新能源、新材料、现代海洋和现代农业开展专利导航研究，形成了一系列有益于地方经济发展的研究成果，予以结集出版。期待这些翔实的专利数据分析能够为地方新旧动能转换提供参考依据，为产业发展培育新动力、打造新引擎。

魏保志
2018年9月

序（二）

近年来，山东坚持以习近平新时代中国特色社会主义思想为指引，认真贯彻落实新发展理念，加快转变经济发展方式，努力在全面建成小康社会进程中走在前列。省第十一次党代会确定实施新旧动能转换重大工程。2018年1月3日，国务院批复同意《山东新旧动能转换综合试验区建设总体方案》，标志着我省新旧动能转换综合试验区建设正式上升为国家战略，成为全国第一个以新旧动能转换为主题的区域发展战略，赋予了山东在全国新旧动能转换中先行先试、提供示范的历史机遇和重大责任。2018年2月，省政府出台《山东省新旧动能转换重大工程实施规划》，强调指出要发展新兴产业培育形成新动能，提升传统产业改造形成新动能，按照以"四新"（新技术、新产业、新业态、新模式）促"四化"（产业智慧化、智慧产业化、产业融合化、品牌高端化），实现"四提"（传统产业提质效、新兴产业提规模、跨界融合提潜能、品牌高端提价值）的要求，做优做强做大"十强"产业，推动我省走在前列，由大到强，全面求强。

2018年2月22日，山东省召开了全面展开新旧动能转换重大工程动员大会，省委书记刘家义同志在会上强调，加快新旧动能转换要着力在做优做强做大"十强"产业上实现新突破，加快培育新一代信息技术、高端装备、新能源新材料、智慧海洋、医养健康5个新兴产业，改造升级绿色化工、现代高效农业、文化创意、精品旅游、现代金融5个传统产业。2018年7月11日，山东省召开了招商引资、招才引智工作会议。刘家义书记强调，要聚焦"十强"产业集群，"聚天下英才而用之"。龚正省长指出，始终牢记发展是第一要务、人才是第一资源、创新是第一动力，以高水平"双招双引"重塑对内对外开放新优势。

为贯彻落实省委、省政府的决策部署，充分发挥知识产权在支撑创新、助力新旧动能转换重大工程的重要作用，省知识产权局把深入开展专利导航工程作为服务新旧动能转换的突破口，通过聚焦"十强"产业实施专利导航工程，摸清产业专利布局，逐步建立以专利导航引导推动山东省区域经济、重点产业、重点企业实现精准规划、科学发展的新兴发展模式，建立"政产学研金服用"深度融合的专利导航工作体系。经过调研论证，在广泛吸取行业主管部门意见和满足创新主体需求的情况下，结合全省新旧动能转换"十强"产业实际，确定围绕新能源、新材料、现代海洋、现代农业、新一代信息技术、高端装备、医养健康和高端化工8个产业开展专利导航工作。

专利导航是通过运用专利信息和专利分析技术引导产业、行业、企业发展的有效工具，可以有效防范和规避发展中面临的知识产权风险，提高创新效率和水平，为创新发展提供专利大数据支撑。据世界知识产权组织统计，全世界每年发明创造成果的90%~95%体现在专利技术中，其中约70%最早体现在专利申请中。在科技创新中充分利用专利信息资源，可以缩短60%的研发时间和节约40%的研发资金。可以看出，专利导航对支撑创新创造、助力新旧动能转换尤为重要，更加紧迫。

为确保这项工作的实效性，我们积极引入国家知识产权局才智资源，与国家知识产权局专利局专利审查协作天津中心建立了合作关系。项目开展以来，近百名专利审查员参与项目研究，多次与相关企业对接交流，数易其稿，首期形成4份内容翔实、分析深入、紧扣需求的专利导航报告，共计90万字，图表700幅。此次相关专利导航研究在深入梳理各产业的专利现状、发展趋势的基础上，从产业政策导向、技术发展方向给出了相关的产业转型升级建议。从广度上来看，涉及新能源、新材料、现代海洋、现代农业等产业的各分支；从深度上来看，对龙头企业与跨国公司在专利布局、核心专利、技术发展等进行了对比，给出了企业的技术突破的"点"和研发方向的"线"，深受相关产业企业欢迎，对推动产业企业转型升级、加快新旧动能转换、实现精准招商引资和招才引智提供了路线图和施工图。

本书涉及现代农业,通过针对现代农业的各个分支:农机装备、现代种业、农业产品加工、农产品质量安全、智慧农业等深入地进行专利数据分析,得出了其总体发展态势、主要申请人情况、地域分布情况、山东省各地区的专利情况、技术发展趋势以及山东省技术热点、优势创新主体的情况。在分析的基础上,尝试给出了现代农业新旧动能转换的建议。

在编写的过程中,各项目组虽然对课题报告内容进行了精心细致的总结和提炼,但由于专利文献的数据采集范围和专利分析工具的限制,加之时间仓促、研究人员的水平有限,报告的数据、结论和建议仅供社会各界参考借鉴。

于智勇

2018 年 9 月

目 录

第一章 现代农业技术发展概况 / 1
    第一节 现代农业概述 / 1
        一、现代农业定义 / 1
        二、现代农业产业体系的地位 / 1
        三、现代农业产业体系的意义 / 2
    第二节 现代农业产业现状 / 2
        一、我国现代农业整体产业现状 / 2
        二、山东省现代农业产业现状 / 3
    第三节 研究内容和方法 / 7
        一、研究思路 / 7
        二、研究内容 / 7
        三、数据检索 / 8

第二章 现代农业整体专利分析 / 9
    第一节 现代农业全球总体态势分析 / 9
        一、全球专利申请趋势及地域分布 / 9
        二、全球专利申请原创国家/地区分布 / 9
        三、全球专利申请流向分布 / 13
        四、全球专利主要申请人分析 / 13
        五、现代农业国外来华主要国家在中国的专利申请趋势 / 14
    第二节 现代农业全国及山东整体态势分析 / 15
        一、国内专利申请地域分布 / 15
        二、国内主要专利申请人分析 / 15
        三、国内主要省市情况分析 / 16
        四、山东省各地市主要情况分析 / 18

第三章 农机装备专利情况分析 / 21
    第一节 研究概况 / 21
    第二节 全球专利申请总体态势 / 22
        一、全球专利申请趋势分析 / 22
        二、全球专利申请地域分布分析 / 23

三、专利申请技术构成 / 24
　　　四、全球主要申请人分析 / 25
　第三节　国内专利申请总体态势 / 25
　　　一、国内专利申请趋势 / 25
　　　二、国内专利申请地域分布 / 26
　　　三、国内专利申请人分析 / 27
　　　四、国内申请/进入中国的国际申请 / 29
　　　五、主要省份专利情况 / 29
　第四节　山东省专利申请情况分析 / 33
　　　一、山东省专利申请量分布 / 33
　　　二、山东省各地市专利申请人分布 / 34
　　　三、山东省主要申请人分析 / 34
　　　四、山东省专利申请技术构成 / 36
　　　五、山东省各地市主要申请人情况 / 37
　　　六、山东省国际申请统计分析 / 50
　　　七、山东省主要企业介绍 / 51
　　　八、山东省主要创新团队 / 59
　　　九、山东省农机装备企业"301调查"应对分析 / 65

第四章　现代种业专利情况分析 / 69
　第一节　研究概况 / 69
　第二节　全球专利申请总体态势 / 69
　　　一、全球申请趋势分析 / 69
　　　二、全球申请地域分布分析 / 70
　　　三、全球主要国家技术构成 / 71
　　　四、全球主要申请人分析 / 72
　第三节　国内专利申请总体态势 / 72
　　　一、国内专利申请地域分布及主要省市申请趋势 / 72
　　　二、主要省市技术分支分布情况 / 73
　　　三、前五名省市专利质量情况对比 / 74
　　　四、国内主要申请人分析 / 74
　第四节　山东省专利申请情况分析 / 75
　　　一、山东省主要申请人分析 / 75
　　　二、山东省专利申请地市分布以及各地市的对比 / 76
　　　三、山东省各地市企业申请情况 / 76
　　　四、山东省企业主要申请人与其他省市企业主要申请人对比 / 81
　　　五、国内外主要申请人分析 / 82
　　　六、山东企业技术现状及引进路径研究 / 83

第五章 农产品加工专利情况分析 / 88

第一节 研究概况 / 88
第二节 全球专利申请总体态势 / 88
一、全球申请趋势分析 / 88
二、全球申请区域分布分析 / 89
三、全球申请流向分析 / 89
四、全球不同分支申请趋势 / 90
五、全球主要申请人分析 / 91

第三节 国内专利申请总体态势 / 92
一、国内申请趋势分析 / 92
二、国内主要省市申请趋势分析 / 93
三、国内主要省市专利质量情况对比 / 93
四、国内主要省市不同分支分布情况 / 94
五、国内主要申请人分析 / 94

第四节 山东省专利申请情况分析 / 95
一、山东省农产品加工分支对比 / 95
二、山东省地市分布对比 / 96
三、山东省地市国际申请情况 / 97
四、山东省各地市主要企业申请情况 / 98
五、山东农产品加工主要分支现状及发展建议 / 102

第六章 农产品质量安全专利情况分析 / 122

第一节 研究概况 / 122
第二节 全球专利申请总体态势 / 122
一、全球申请趋势分析 / 122
二、全球申请区域分布分析 / 123
三、全球申请流向分析 / 123
四、全球主要申请人分析 / 124

第三节 国内专利申请总体态势 / 124
一、国内申请趋势分析 / 124
二、国内专利申请地域分布 / 125
三、主要省市申请趋势分析 / 125
四、国内主要申请人分析 / 126
五、主要省市申请人类型分析 / 127
六、主要省市专利法律状态 / 127
七、国内专利技术分布 / 128
八、主要省市技术分布 / 128

第四节 山东省专利申请情况分析 / 129

　　　　一、山东省区域分布 / 129
　　　　二、山东省主要申请人分析 / 129
　　　　三、山东省各地市申请人类型 / 130
　　　　四、山东省专利资源分布 / 131
　　　　五、山东省优势城市创新主体清单 / 131
　　　　六、山东省主要申请人技术分布 / 135
　　　　七、热点技术分析 / 135

第七章　智慧农业专利情况分析 / 146
　　第一节　研究概况 / 146
　　第二节　全球专利申请总体态势 / 147
　　　　一、全球申请趋势分析 / 147
　　　　二、全球申请区域分布分析 / 147
　　　　三、全球主要申请人分析 / 148
　　第三节　国内智慧农业情况分析 / 149
　　　　一、专利申请地域分布 / 149
　　　　二、各省市专利质量情况对比 / 150
　　　　三、各省市技术分支分布情况 / 150
　　　　四、国内主要申请人分析 / 151
　　　　五、专利申请人类型分析 / 152
　　第四节　山东省智慧农业情况分析 / 153
　　　　一、山东省专利申请类型及申请人类型 / 153
　　　　二、山东省专利申请地域分布 / 153
　　　　三、山东省各地市技术主题占比 / 154
　　　　四、山东省地域内企业分布情况 / 155
　　　　五、山东区域申请趋势 / 155
　　　　六、山东省技术发展趋势 / 156
　　　　七、山东省主要申请人分析 / 156
　　　　八、山东省企业申请量排名及技术优势 / 157
　　　　九、山东省主要申请人技术热点图 / 158
　　　　十、山东省主要申请人及其重点专利分析 / 159
　　　　十一、山东省智慧农业技术引进重点专利 / 166

第八章　现代农业新旧动能转换分析及建议 / 169
　　第一节　现代农业专利分析主要结论 / 169
　　　　一、现代农业专利整体情况 / 169
　　　　二、农机装备领域专利情况 / 172
　　　　三、现代种业专利情况 / 177
　　　　四、农产品加工领域专利情况 / 182

五、农产品质量安全领域专利情况 / 187
　　六、智慧农业专利情况 / 191
　第二节　新旧动能转换建议 / 194
　　一、形势与需求 / 194
　　二、指导思想与基本原则 / 196
　　三、发展目标 / 197
　　四、创新发展建议 / 198

参考文献 / 206

第一章 现代农业技术发展概况

第一节 现代农业概述

一、现代农业定义

现代农业的概念是针对传统农业而言的,指运用现代科学技术、现代工业提供的生产资料和科学管理方法的社会化农业[1]。农业现代化是世界农业的共同发展趋势。现代农业的竞争归根结底是现代产业体系的竞争,世界上凡是实现了农业现代化的国家,均形成了分工发达、紧密相连的现代农业产业体系。在我国工业化、城镇化加快发展的背景下,同步推进农业现代化进程,除了用现代科学技术和装备武装农业、用现代经营形式管理农业外,核心是构建具有竞争力的现代农业产业体系。

二、现代农业产业体系的地位

传统农业是以生产要素为基础的小规模、自给自足的农业。传统农业具有精耕细作、综合利用农业资源、劳动密集等特征,同时分工不发达、现代科技使用率低、经营规模小、劳动生产率低、商品化低。传统农业是在生产力水平不发达的条件下,与自给自足生产相匹配的劳动形式,在市场经济高速发展的情况下很难与国内外大市场竞争。促进传统农业向现代农业转变和构建现代农业产业体系是今后我国农业发展的主要任务。

现代农业产业化[2]是指农业生产单位或生产地区,根据自然条件和社会经济条件的特点,以市场为导向,以农户为基础,以龙头企业或合作经济组织为依托,以经济效益为中心,以系列化服务为手段,通过实现种养加、产供销、农工商一条龙综合经营,将农业再生产过程的产前、产中、产后诸环节联结为一个完整的产业系统的过程。可以说,现代农业产业化的发展过程就是农业现代化的建设过程。一方面,农业产业化促进了农业专业化和规模经营的发展;另一方面,农业专业化和规模经营又促进了农业先进技术和设备的推广应用,促进了农业现代化的进程。需要指出的是,农业产业化模式不是万能的,不同区域采取农业产业化模式时,需要对该模式产生的历史背景、运作机制、绩效评价等进行评价,盲目引进外界模式往往会导致失败。

---

[1] 邓秀新. 现代农业与农业发展 [J]. 华中农业大学学报:社会科学版, 2013 (1).
[2] 华静, 王玉斌. 我国农业产业化发展状况实证研究 [J]. 经济问题探索, 2015 (4).

三、现代农业产业体系的意义

农业是全面建成小康社会和实现现代化的基础，必须加快转变农业发展方式，着力构建现代农业产业体系、生产体系、经营体系，提高农业质量效益和竞争力，走产出高效、产品安全、资源节约、环境友好的农业现代化道路。农业现代化是国家现代化的基础和支撑❶，没有农业现代化，国家现代化是不完整、不全面、不牢固的。在新型工业化、信息化、城镇化、农业现代化中，农业现代化是基础，不能拖后腿。新形势下农业主要矛盾已经由总量不足转变为结构性矛盾，推进农业供给侧结构性改革，提高农业综合效益和竞争力，是当前和今后一个时期我国农业政策改革和完善的主要方向。坚持以我为主、立足国内、确保产能、适度进口、科技支撑的国家粮食安全战略，确保谷物基本自给、口粮绝对安全。坚定不移地深化农村改革、加快农村发展、维护农村和谐稳定，突出抓好建设现代农业产业体系、生产体系、经营体系3个重点，紧紧扭住发展现代农业、增加农民收入、建设社会主义新农村三大任务❷。以提高质量效益和竞争力为中心，以推进农业供给侧结构性改革为主线，以多种形式适度规模经营为引领，加快转变农业发展方式，构建现代农业产业体系、生产体系、经营体系，保障农产品有效供给、农民持续增收和农业可持续发展，走产出高效、产品安全、资源节约、环境友好的农业现代化发展道路，为实现"四化"同步发展和如期全面建成小康社会奠定坚实基础❸。

第二节　现代农业产业现状

一、我国现代农业整体产业现状

"十二五"期间，我国现代农业建设加快推进，粮食生产和农民收入持续增长，主要农作物良种基本实现全覆盖，主要农作物耕种收综合机械化水平达到63.8%，农业科技进步贡献率达到56%，农业科技为保障国家粮食安全、促进农民增收和农业可持续发展做出了重要贡献。农业科技成就举世瞩目，整体研发水平在发展中国家居领先地位。基础与前沿技术研究跨越发展，水稻功能基因组学等基础研究以及超级稻、转植酸酶玉米、禽流感疫苗等重大技术研究处于世界领先水平。开发与应用研究长足进步，培育了大批优良农业品种，集成推广一批高效、节能、绿色等配套生产技术，产业支撑能力显著增强。

新一轮科技革命和产业变革蓄势待发，技术进步对提高土地产出率、劳动生产率和资源利用率的驱动作用更加直接，正在引领现代农业发展方式发生深刻变革。以基因组学等为核心的现代农业生物技术尤其是生物育种技术快速发展，带动农业产业新

---

❶ 张红宇，张海阳，李伟毅，等．中国特色农业现代化：目标定位与改革创新［J］．中国农村经济，2015（1）.

❷ 王雅鹏，吕明，范俊楠，等．我国现代农业科技创新体系构建：特征、现实困境与优化路径［J］．农业现代化研究，2015，36（2）.

❸ 许世卫，王东杰，李哲敏．大数据推动农业现代化应用研究［J］．中国农业科学，2015，48（17）.

的绿色革命；大数据、云计算和互联网技术，催生智慧农业和智能装备产业异军突起；农业可持续发展日益成为全球共识和焦点，资源环境及新能源、新材料技术应用加速低碳循环农业发展；食品安全问题备受关注，农产品营养品质技术迅猛发展，引领天然、营养和健康的食品消费趋势；合成生物技术等领域可能产生颠覆性技术，将根本改变农业生产、生活和产业组织形式，带动农业产业格局重大调整和革命性突破。

当前，我国经济发展进入新常态，农业发展内外部环境正发生深刻变化。推动农业供给侧结构性改革，破解农产品供需结构性矛盾、提高农业比较效益、缓解资源环境压力、应对国际竞争，特别是调优产品结构、调精品质结构、调高产业结构，对农业科技在节本、高效、智能、绿色等方面提出了更高的要求。农业现代化建设已经到了加快转变发展方式的新阶段，必须更加依靠科技打造发展新引擎，实现创新驱动、内生增长，促进农业质量效益和竞争力不断提升。"十三五"时期，必须立足国情农情、把握国际趋势，抓住国家实施创新驱动发展战略和推进"大众创业、万众创新"的重大机遇，坚持服务农业现代化发展的根本方向，强化公益性定位、创新体制机制，不断开创农业科技发展新局面。

二、山东省现代农业产业现状

（一）"十二五"时期发展成效

"十二五"期间，在山东省委、省政府的坚强领导下，山东省积极作为、扎实工作，现代农业建设取得显著成效。

（1）农业综合生产能力稳步提高。2015年，全省第一产业增加值4979.1亿元，占全国的8.18%，居全国第一位，年均增速4.1%。粮食产量实现"十三连增"，达到4712.7万吨，比2010年增加8.7%，占全国的7.58%，居全国第三位。蔬菜、水果、肉蛋奶、水产品产量分别达到10272.9万吨、1703万吨、1483.2万吨、931.3万吨，均居全国第一位，分别比2010年增加13.8%、18.4%、9.0%、18.8%。棉花、油料产量分别达到53.7万吨、324.1万吨，稳居全国前列。

（2）农业物质装备水平大幅提升。2015年，全省高标准农田累计达到3518万亩，有效灌溉面积达到7690万亩，农业灌溉水有效利用系数0.63。农机总动力1.34亿千瓦，比2010年增加15.5%，农作物耕种收综合机械化率达到81.3%，高出全国平均水平18.3个百分点。全省设施保护栽培面积达到1300多万亩，新增温室大棚面积210万亩。信息技术在农业得到广泛应用，省级农业综合信息服务平台建成运行。

（3）新型农业经营主体快速发展。2015年，全省规模以上农业龙头企业达到9300家、销售额1.56万亿元，分别比2010年增加1220家、4700亿元。农民合作社达到15.4万家，比2010年增加11.07万家。家庭农场4.1万家。农村土地经营规模化率达到40%以上，土地流转面积达到2472万亩，比2010年增加1764万亩，提高了249%。年交易额过亿元的农产品批发市场149家，交易额达到2675亿元，农产品电子商务交易额达到400亿元以上。

（4）农产品质量安全保障能力不断加强。在全国率先制定颁布了《山东省农产品质量安全监督管理规定》（省政府令第 277 号），省、市、县、乡、村五级监管体系初步建立，农产品质量安全追溯体系逐步完善。全省各类农业地方标准、技术规范达到 2300 项，主要"菜篮子"产品基本实现有标可依。2015 年，"三品一标"产品达到 10706 个，比 2010 年增长 40%。

（5）农业科技支撑能力持续增强。全省拥有公益性农业科研机构 61 所，累计建成国家级科研平台 109 个，省级科研平台 105 个。"十二五"期间，建设现代农业产业技术体系创新团队 22 个，审定农作物新品种（系）237 个，推广主导品种 150 个、主推技术 84 项，培训农民 1000 万人次，培育新型职业农民 7 万人。2015 年，主要农作物良种覆盖率达到 97% 以上，农业科技进步贡献率达到 61.8%。

（6）农民收入实现持续较快增长。2015 年，全省农村居民人均可支配收入达到 12930 元，比 2010 年增加 85%，年均增幅 13.09%，连续 6 年超过城镇居民人均可支配收入增幅，比全国平均水平高 2158 元。在收入构成中，家庭经营纯收入 5857 元，占 45.3%；工资性收入 5139 元，占 39.74%；财产性收入 326 元，占 2.52%；转移性收入 1608 元，占 12.44%。

（7）生态循环农业建设长足发展。在全国率先启动耕地质量提升计划，组织实施土壤改良修复、农药残留治理、畜禽粪便无害化处理等六大工程。全省规模以上生态循环农业基地达到 1000 多万亩，创建国家级休闲农业与乡村旅游示范县 14 个。2015 年，全省林地面积达到 5180 万亩，湿地面积 2606.25 万亩，林木绿化率达到 25%；畜禽粪便处理利用率 70%、秸秆综合利用率 85%，分别比 2010 年提高 20 个和 10 个百分点，主要农作物农药、化肥利用率分别达到 36% 和 30%。

（8）农业品牌建设步伐明显加快。省政府办公厅出台了《关于加快推进农产品品牌建设的意见》（鲁政办字〔2015〕80 号），推动实施农产品品牌引领战略。全省区域公用品牌累计达到 300 多个，其中 20 个进入《2015 年度中国农产品区域公用品牌价值排行榜》百强，上榜数量居全国首位；烟台苹果品牌价值达到 105.86 亿元，居全国第二位。2015 年，农产品出口总额达到 153.1 亿美元，比 2010 年增加 20.5%，占全国的 21.7%，连续 16 年居全国第一位。

（二）"十三五"时期所面临的机遇与挑战

"十三五"时期，山东省农业现代化建设仍处于补齐短板、加快推进的重要战略机遇期，既面临重大机遇，也面临严峻挑战。

（1）全球经济一体化对农业发展影响加深。在全球经济一体化背景下，我国农业已经处于全面开放的国际大环境、大市场中。一方面，资本、技术、人才、产品等重要资源加快流动，对山东省统筹利用国际国内两个市场、两种资源，赢得参与国际市场竞争主动权带来机遇；另一方面，世界经济分工中再平衡，新的区域性贸易谈判加快推进，国际技术性贸易壁垒措施升级，国际农产品对国内农产品生产、价格和市场的深入影响，特别是大宗农产品的国内外价格倒挂，对山东省调整优化农业结构、降低生产成本、提升农产品竞争力带来新的挑战。

（2）经济发展新常态对农业转型升级要求迫切。新常态下我国经济增长速度从高速转向中高速，发展方式从规模速度型转向质量效益型，对农业的基础地位提出了更高要求。一方面，需要迎接挑战，在市场需求乏力的形势下，通过农业供给侧结构性改革，生产出更多适应市场需求的农产品，创新农产品供给，增加农民收入；另一方面，需要抢抓机遇，在更加注重经济发展质量效益的良好社会氛围中，抓住"一带一路"倡议、京津冀协同发展等国家战略实施的良好契机，加快转变发展方式、优化产业结构，在稳定农业发展速度的同时，实现新一轮转型升级。

（3）资源环境对农业发展制约加剧。虽然山东省粮食等主要农产品产量多年稳居全国前列，但是短期内人多、地少、水缺的资源状况难以改变，统筹"保供给""保生态"和"保安全"的压力不断加大。一方面，人口总量不断增加，耕地面积不断减少，粮食等重要农产品刚性需求不断增长，确保供给总量与结构平衡的难度加大；另一方面，农业资源过度开发、农业面源污染加剧等问题日益突出，农产品质量安全风险增加，推动绿色发展和资源永续利用的要求十分迫切。

（4）发展成果对农业现代化建设支撑有力。长期以来，"三农"工作一直是全党工作的重中之重，强农惠农富农政策体系不断完善，政策支持力度持续加大，改革红利进一步释放，"三农"发展活力得到有效激发，综合生产能力稳步提高，农业规模化、标准化、信息化、机械化水平显著提升。粮食高产创建、设施蔬菜栽培、农业产业化经营积累了山东经验。农业功能不断拓展，农业新业态不断涌现，发展方式不断创新，新型经营主体不断壮大，产业链条双向延伸，为农业发展注入了强大动力。

（三）重点发展方向

山东省在《山东省农业现代化规划（2016—2020年）》中提出，要坚持创新驱动，培育农业发展新动力。并进一步指出要强化农业科技支撑，着重在以下几方面开展：

（1）推进农业科技创新。按照"自主创新、加速转化、提升产业、率先跨越"的思路，以科技创新为动力，以技术推广为载体，实施农业科技展翅行动，引领产业提质增效转型升级。充分利用各种农业科技资源，搭建农科教创新平台，激发创新活力，拓展创新渠道，加快推进农业科技创新步伐。建立成果转化激励机制，立足农业新成果、新技术，集成创新推广模式，加快农业科技成果转化。加强现代农业产业技术体系创新团队建设，完善首席专家、农业技术推广人员和新型经营主体的联动机制，探索建立"创新团队+基层农技推广体系+新型职业农民培育"的新型农业科技服务模式。扎实推进农业科技园区体系建设，提升综合创新能力和服务水平。加快"渤海粮仓"科技示范工程建设，强化盐碱地绿色开发关键技术研发与转化，建立滨海盐碱地"粮经饲"并举的多元化种植技术体系。完善"海上粮仓"技术体系、创新联盟，形成渔业科技协同创新机制。到2020年，全省农业科技进步贡献率达到65%以上，全面提升农业科技创新能力和核心竞争力。

（2）提升农业装备水平。以解决现代农业产前、产中、产后各个环节的全过程机械化问题为导向，以推广先进适用农业机械化技术和装备为重点，建立健全农机农艺融合机制，研发一批关键急需、新型智能的农机装备，优化提升一批技术先进、功能实用的农机装备，验证示范一批复式高效、质量可靠的农机装备，加速农机装备新技术、新成果的转化应用，促进粮食作物生产机械化装备从有到优，经济作物生产机械化装备从无到有，实现关键和薄弱生产环节技术突破，进一步提高农业机械装备水平。到2020

年，全省农作物耕种收综合机械化率达到84%，粮食生产机械化率达到98%，经济作物机械化率达到56%。实施"百千万渔船"更新改造工程，提高渔船安全设施装备水平，加快建设渔船信息动态管理和电子标识系统，配备新型船用通信导航、安全救助、定位避碰等设备，提高渔船安全生产保障能力。

（3）大力发展现代种业。以提升种业自主创新能力为核心，加快构建以产业为主导、企业为主体、基地为依托、产学研相结合、"育繁推一体化"的现代种业体系，提升种业科技创新能力、企业竞争能力、供种保障能力和市场监管能力，建设种业强省，确保主要农作物、畜禽良种覆盖率98%以上，水产良种覆盖率55%以上。推进种业研发创新，深入实施现代种业提升工程和农业良种工程，加强种业创新基础理论和关键技术研发，加快培育一批具有广阔应用前景和自主知识产权的突破性品种。建立基础性研究以公益性科研机构为主体、商业化育种以企业为主体的种业研发新机制，建立健全种质资源保护、研究、利用和开发体系，创新改良育种材料。培育壮大种业企业，重点培育85家在国内外具有较强竞争力的"育繁推一体化"种子企业。鼓励企业兼并重组，优化资源配置，加快做大做强。建设30个小麦、玉米、棉花、花生、蔬菜、果茶等商业化育种（苗）中心，7个省级畜禽遗传资源基因库。加强种业基础设施建设，集中实施一批生物育种产业重大创新工程、动植物良种工程，完善新品种区域试验评价及展示推广体系，加强优势种子繁育基地建设。组织实施水产良种工程，重点建设大宗品种、出口优势品种的遗传育种中心和原良种场，打造省级海水、淡水养殖优良种质研发中心。强化种子市场监管。健全种子质量检测体系，完善品种审定、保护、退出制度，规范种子生产经营管理。

（4）推进"互联网+"现代农业建设。围绕农业生产、经营、管理和服务等环节，推进物联网、云计算、大数据、移动互联等技术集成应用，发展山东"智慧农业"。加快推进智慧农业重点实验室、工程研究中心、"海上山东"等创新平台建设，重点围绕实施果蔬、畜禽、渔业等高附加值优势产业，规模化推广应用集农业生产现场感知、传输、控制、作业为一体的智能精准农业生产系统，建设农业物联网、农业监测预警云平台，实现生产全过程可监可控、风险预警和决策辅助，打造智慧农业技术应用示范样板。整合现有资源，建立覆盖全省、功能齐全的农业综合信息互联服务平台，创新基于互联网平台的现代农业新产品、新模式和新业态，重点培育一批网络化、智能化、精细化的现代"种养加"生态农业新模式，培育多样化农业互联网管理服务模式。

山东省在《山东新旧动能转换综合试验区建设总体方案》中进一步提出，深化农业供给侧结构性改革，促进农村一二三产业融合发展，构建现代农业产业体系、生产体系和经营体系，为农业现代化建设探索路径。加快划定粮食生产功能区和重要农产品生产保护区，推进高标准农田建设，实施渤海粮仓科技示范工程和种养业良种工程，巩固山东省保障粮食安全的重要地位，保障重要农产品供给。加快发展智慧农业、定制农业、体验农业等新业态，建设农村电商、云农场、冷链物流等支撑体系，加快推进特色农产品优势区建设，促进农业特色产业做大做强。落实食品安全战略，加大对出口食品农产品质量安全示范区建设的支持力度，进一步提升示范效应，带动提升内销农产品质量。加快建设黄河三角洲农业高新技术产业示范区。

第三节 研究内容和方法

一、研究思路

（一）明确现代农业产业发展方向

通过对产业相关专利的整体态势分析，涉及产业相关专利的全球申请量趋势及地域分布、主要申请人情况、主要国家的技术主题分布，得出现代农业产业全球申请量趋势及变化原因，国内外主要申请人分布，相关产业技术发展阶段以及重点发展领域。

（二）明确山东省现代农业产业的产业地位

通过对山东省现代农业产业相关专利申请量、申请趋势、申请类型、申请人类型、专利利用率情况以及技术分布情况进行分析，得出山东省相关产业的上下游产业链分布、重点产业集群分布、龙头企业以及潜力企业。

（三）提出山东省现代农业产业发展路径

将山东省与标兵省市进行对比，找到山东省现代农业产业与其他省市的优势以及不足，提出加强优势和补齐短板的方法，为山东省产业规划部门制定相关产业政策，整合产业资源，完善上下游产业链，打造优势产业集群提供支撑，为产业优势县市、园区进行技术引进、人才引进、国际合作等方面提出建议。进一步评估山东省技术优势企业技术发展阶段，量身制定企业发展策略。

二、研究内容

采用宏观数据分析和对重点关注的点进行深入分析相结合的研究方式。通过对专利数据进行定量分析，得到宏观的分析结果；通过对重点关注的技术分支进行深入分析，得到其专利分布情况；最后，将专利分析结果与山东省产业相结合，得出相关结论。

通过参考国家、山东省产业规划类文件，结合国内外相关产业发展以及外山东省相关产业特点，着重针对现代农业中现代种业、农机装备、农产品加工、农产品质量安全和智慧农业5个技术分支进行分析。

其中，现代种业又进一步分为种子预处理、组织培养、杂交育种以及基因工程育种4个二级分支。

农机装备进一步分为耕整机械、种植机械和收获机械3个二级分支。

农产品加工进一步分为蔬菜水果类、粮食谷物类、肉类、蛋乳类和酒类5个二级分支。

农产品质量安全进一步分为追溯、监测和检测3个二级分支。

智慧农业进一步分为智能大棚、智能灌溉、智能栽培、智能喷洒、智能水产、智能畜牧和智能采摘7个二级分支。

通过对上述分支的进一步分析，可以全面掌握各技术分支的发展情况。

三、数据检索

（一）数据来源和范围

研究采用的专利数据主要来自国家知识产权局专利检索与服务系统。其中，中国专利数据主要来自中国专利深加工数据库（CNABS），全球专利数据主要来自德温特世界专利数据库（DWPI），利用 incoPat 专利分析软件对专利信息进行处理。

（二）检索的时间范围

中文和全球专利数据检索时间截止日期为 2017 年 12 月 31 日，外文专利数据最早为 1820 年，中文专利数据最早为 1985 年。

（三）检索策略

整体检索结构：采用"分—总"模式。先检索各个二级技术分支，形成多个二级数据池，然后将一级分支下的二级数据池累加合并，形成一级数据池。

数据清理：检索过程中采用的策略为检索—验证—分析原因—继续检索—验证，如此反复，以达到预期目标。具体检索方式为采用关键词和分类号相结合的方式，先确定一个技术分支的范围，然后利用分类号、关键词二者相结合的方法进行初步去噪，再对初步去噪的结果进行查全查准率验证，根据验证的分析结果分析漏检和引入噪声的原因，进一步调整检索式、关键词，逐步完善检索结果。

（四）相关说明

同族专利的约定：在进行全球专利数据分析时，存在一项发明创造在不同国家进行申请的情况，这些发明内容相同或相关的申请被称为专利族。课题组在采集数据时，将属于一个专利族的多件专利文献仅以一条数据记录。

审中：是指已经进入审查阶段，但还未结案的专利申请（下文相同）。

专利权质押（文中简称质押）：是指债务人或第三人将拥有的专利权担保其债务的履行，在债务人不履行债务的情况下，债权人有权把折价、拍卖或者变卖该专利权所得的价款优先受偿的物权担保行为。

专利实施许可（文中简称许可）：也称专利许可证贸易，是指专利技术所有人或其授权人许可他人在一定期限、一定地区，以一定方式实施其所拥有的专利，并向他人收取使用费用，分为制造许可、使用许可、销售许可等，具有专利技术成果的转化、应用和推广的作用。

专利转让（文中简称转让）：是拥有专利申请权和专利权人把专利申请权和专利权让给他人的一种法律行为。

专利利用率：是指质押、许可和转让专利数量占全部专利拥有量的比例。

近期数据说明：由于部分数据在检索截止日之前尚未在相关数据库中公开，导致 2017 年以后所统计的专利申请量比实际的专利申请量要少。例如，PCT 专利申请可能自申请日起 30 个月甚至更长时间之后才进入国家阶段，从而导致与之相对应的国家公布时间更晚；国内发明专利申请通常自申请日（有优先权的，自优先权日）起 18 个月（要求提前公布的申请除外）才能被公布；以及实用新型专利申请在授权后才能获得公布，其公布日的滞后程度取决于审查周期的长短等。

第二章 现代农业整体专利分析

第一节 现代农业全球总体态势分析

本章对现代农业整体态势进行分析，能够了解现代农业的技术发展趋势、全球专利分布情况、查找我国现代农业的技术水平与国际其他国家或者地区的差异，为山东省现代农业在技术发展上提供一定帮助。

一、全球专利申请趋势及地域分布

本节针对现代农业的全球专利技术方面的申请进行分析，分析了现代农业技术全球专利申请状况，从全球申请人原创国家/地区分布、主要申请人、原创申请流向分布等几个方面对现代农业技术的专利现状及技术趋势进行梳理总结。

图2-1给出了现代农业的全球、中国及国外专利申请趋势。由图2-1可知，自1820年以来，全球现代农业的专利申请量逐年上升，在1820~1920年的100年间，农业的发展处于起步阶段。1920~1963年，农业处于第一个平稳期。1964~1976年专利申请开始第一次快速增长，并在1977~1996年处于第二个平稳期。在1997~2006年这10年间，全球专利申请出现快速增长而后又迅速回落的趋势，而在2008年之后全球数量开始快速增长。结合图2-1所示的国内外申请趋势可知，2008年之后专利数量的大幅增长主要是由中国申请量的增加所带动的。

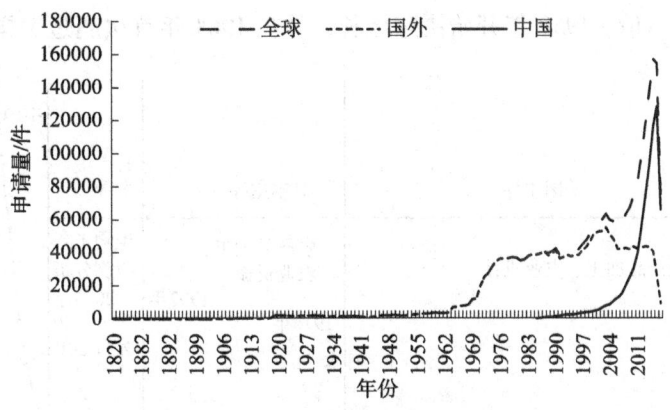

图2-1 现代农业全球专利申请趋势

二、全球专利申请原创国家/地区分布

通过对专利技术原创国家/地区进行分析可以反映全球各国家/地区的专利技术实

力。从图2-2中可以看出，现代农业全球申请排在前十位的国家分别是中国、日本、美国、韩国、德国、澳大利亚、加拿大、巴西、法国、英国。从累计总量上看，中国原创的专利申请最多，占全球的26%；日本次之，也有较大数量的专利技术储备，占全球总量的22%；美国排在第三位，约占17%；韩国和德国占比均为4%，澳大利亚和加拿大申请总量占比都在3%左右；而巴西、法国和英国占比均在1%左右。该10国申请占申请总量的82%，其他国家总共占比18%。上述数据表明，现代农业的申请地域集中度较高，且主要集中在中国、日本、美国这3个国家中。

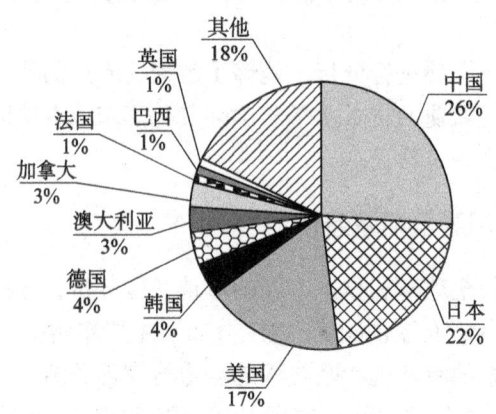

图2-2 现代农业全球专利申请原创国家/地区分布

如图2-3所示，从主要国家的专利申请趋势可以看出，1820~1917年，美国的专利申请处于萌芽期，年均100件左右，而在1918~1920年，美国的专利申请快速增长到1000件左右，然后处于第一次稳定期，并且缓慢增长。从1995年开始，美国专利再次开始快速增长，并在2005年达到顶峰，之后再次趋于平稳，年申请量维持在10000件以上。日本通过大规模引进和消化欧美先进技术，实施"技术立国"战略，从1953年开始出现专利申请，1959年开始快速增长，并在1964年首次超过美国。经过快速增

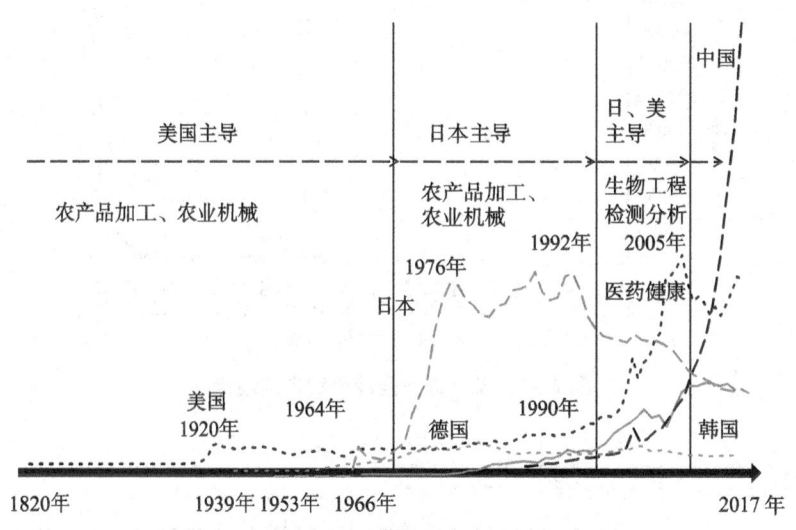

图2-3 现代农业主要国家专利申请趋势变化

长，日本专利年申请量在1976年达到顶峰，突破12000件以上，之后一直到1992年处于平稳期，年均申请量在10000件以上。从1992年至今，日本专利年申请量开始缓慢下降。德国和韩国分别在1939年和1966年开始出现专利申请，经过一段时间发展之后，申请量都经历了快速上升以及平稳阶段，目前两国仍处于平稳阶段，但整体申请量相对于美国和日本还处于较低值。我国从1985年开始出现专利申请，经过缓慢增长后，从2000年开始申请量出现快速增长，并在2007年首次超过美国，成为世界上现代农业专利年申请量最多的国家。之后，我国年申请量继续迅速增长，并在2017年达到70000件。

从现代农业整体发展趋势来看，可以大致分为4个阶段：第一阶段（1820~1970年），从1820年出现专利申请开始到1970年前后，一直是由美国的专利申请主导世界年申请总量的变化趋势；第二阶段（1970~1990年），这20年间日本开始发力，年申请量超过美国，并将年申请量提高一个台阶，开始主导世界年申请量的变化趋势；第三阶段（1990~2007年），日本年申请量开始下降，而美国和韩国的年申请量开始增长，并在2005年前后达到峰值，开始处于平稳期。其间，美国的年申请量从2001年开始再次超过日本，成为世界上年申请量最多的国家。从2007年起，中国年申请量开始占据全球首位并逐年上升，在该领域远远领先于其他国家。究其原因，一方面，是由于我国鼓励发明创造，使得发明人积极进行技术革新；另一方面，现代农业属于传统行业，诸多产业的进一步发展带动现代农业技术的不断创新，同时伴随着中国经济的发展，对现代农业相关的各种技术需求也有所增长；这些利好因素使得现代农业的研发热度高，专利申请量领先于其他各国，技术得到不断发展。

通过对美国现代农业各领域申请趋势变化分析可知，如图2-4所示，在1969年之前，美国申请主要以农业机械和农产品加工方面专利申请为主，此时主要是农业机械化发展阶段；1969年之后，生物育种、质量安全以及智慧农业方面的申请开始出现迅速增长，并且逐渐成为主要申请领域，在此期间，农产品加工也出现小幅增长，而农业机

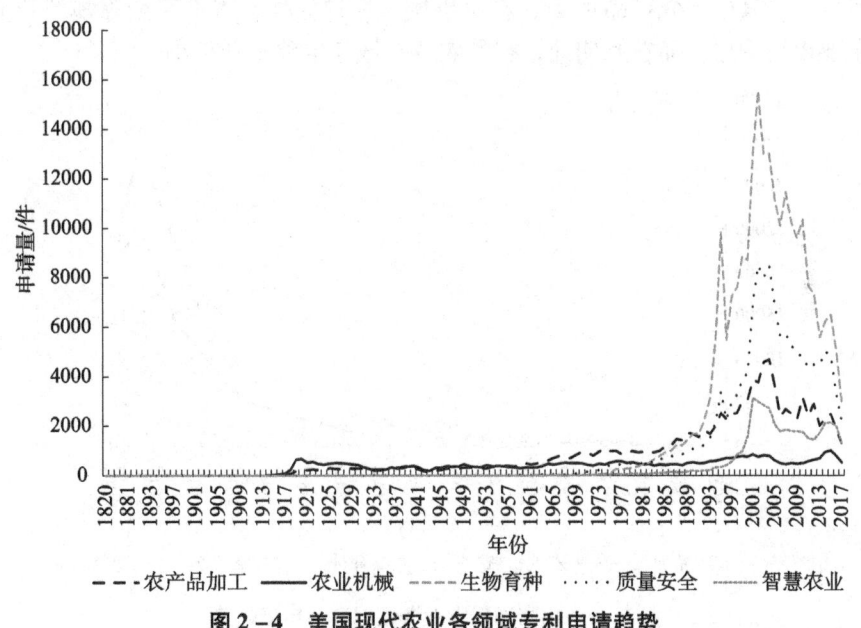

图2-4 美国现代农业各领域专利申请趋势

械申请则基本保持不变。

如图 2-5 所示，通过对日本现代农业各领域申请趋势变化分析可知，从 1953 年开始，农业机械和农产品加工领域专利申请开始迅速增加。之后经过短暂的稳定期之后，从 1969 年前后再次开始迅速增加。此后，农产品加工则一直处于平稳期，而在 1976 年，农业机械领域年申请量达到顶峰之后，其年申请量逐年降低。在 1976 年前后，生物育种、质量安全以及智慧农业方面的申请开始出现迅速增长。之后，生物育种、质量安全所占比重逐渐增加，并成为主要申请领域，而在此期间，智慧农业领域年申请量则较小。

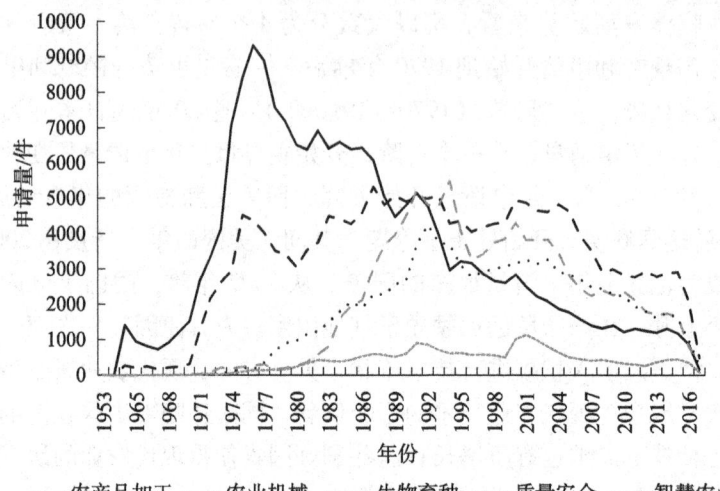

图 2-5 日本现代农业各领域专利申请趋势

通过对国内现代农业各领域专利申请趋势变化分析可知，如图 2-6 所示，1985～1999 年，各领域申请量较小，处于技术积累期。从 2000 年开始，各领域的申请都开始出现迅速增长，其中，农产品加工、农业机械、生物育种、质量安全等领域趋势类似，并成为主要申请领域，而在此期间，智慧农业领域年申请量则较小。

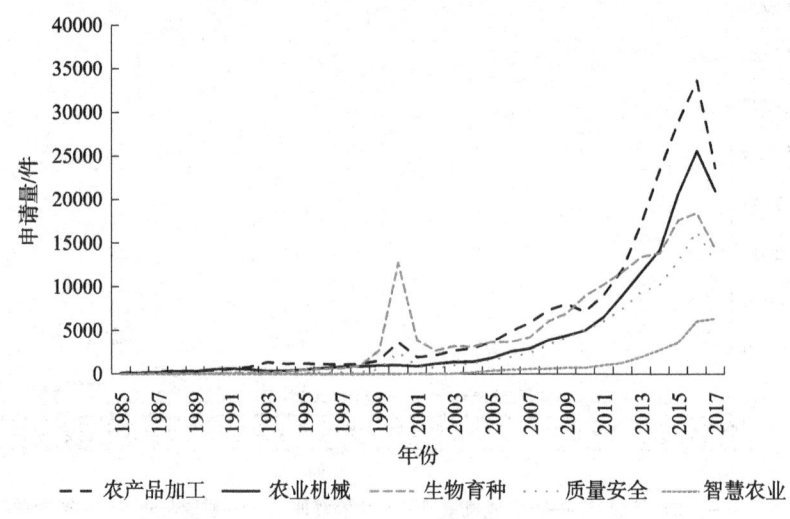

图 2-6 中国现代农业各领域专利申请趋势

由上述分析可知，农用机械和农产品加工领域申请出现较早，经过快速发展，目前国外处于稳定期，并呈现出一定的衰退趋势。生物育种、质量安全近年来经过快速发展逐渐成为主要申请领域，并且申请量也趋于平稳。而智慧农业为新兴领域，目前各国在该领域申请量都比较少。从国家层面来看，日本在农用机械领域和农产品加工领域的专利储备具有一定的优势，而美国在生物育种和质量安全方面的专利储备比较突出。中国经过前期技术沉淀后，目前各领域申请量都显示出快速增长的趋势。

三、全球专利申请流向分布

图2-7中纵轴为现代农业方面专利申请的主要原创国家/地区，横轴为目标国家/地区。由图2-7可知，现代农业相关技术原创国主要集中在中国、日本、美国、德国、韩国。中国原创申请数量远超其他国家，但原创国主要集中在发达国家或地区。各原创国家/地区专利布局的重点目标主要集中在中国、日本、美国、欧洲等国家/地区。他国在我国的申请中，美国、日本原创数量最多，德国、韩国在我国也均有过千件的申请，也表明其他国家/地区对我国的市场十分重视。各国对进行PCT的申请都很重视，我国虽然原创申请数量很多，但是国际申请数量只有2000件左右，与德国、韩国等国相当，而与日本、美国相比差距甚大，这方面也需要我国引起重视，做好专利布局。

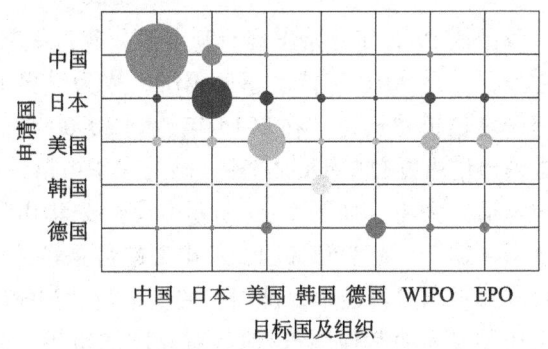

图2-7 现代农业全球专利申请流向分布

四、全球专利主要申请人分析

从图2-8可知，申请量排名前十的申请人当中，有4家日本公司并全部排在前六位；3家美国公司，2家位于前六位；其他还有瑞士的罗氏公司、意大利的菲亚特以及英国的联合利华能够跻身其中。这也显现出日美在现代农业相关技术研究上处于绝对的世界领先地位。在这些公司中，技术领域主要集中在农机和种子研发领域：农机领域相关有6家企业，种子领域相关有3家，医药领域为1家。申请量占据第一位的为日本的井关农机，该企业申请主要集中在农机领域，其申请量是其他农机领域主要申请人的两倍左右。日立公司、久保田、约翰迪尔、洋马农机等企业的申请量接近。种子领域中陶氏杜邦的申请量最多，并在总申请量中排名第二。同样，其申请量为其他种子领域主要申请人的2倍左右。上述几家公司均为该领域的老牌企业，介入该领域较早，是需要我国相关企业重点关注的竞争对手。同时，通过上述内容可以看出，日本在农机领域具有较强的技术统治力,而美国在种子研发领域具有较强的优势,我国要想在这方面有所突破,需要加强研发上的各方面投入,同时也要时刻关注这些技术领先企业的技术发展动向,时刻紧跟技术发展步伐。

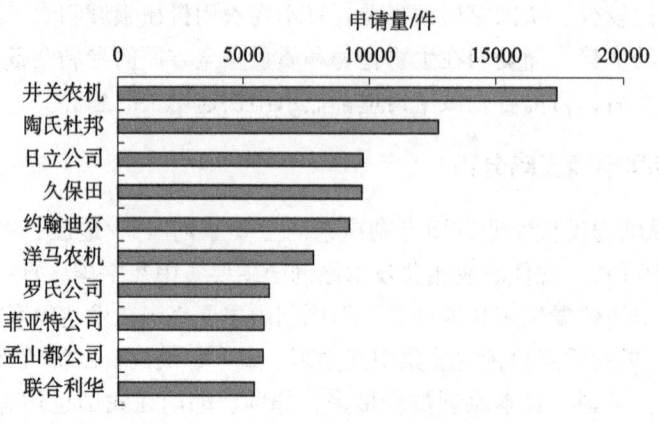

图2-8 现代农业全球专利主要申请人

五、现代农业国外来华主要国家在中国的专利申请趋势

由上述分析可知,我国从1985年开始出现专利申请,经过缓慢增长后,从2000年开始申请量出现快速增长,并在2010年首次超过美国,成为世界上年申请量最多的国家。之后,我国年申请量增长仍然迅速,在2015年达到30000件。通过统计分析,发现在中国申请人中,国内申请占据总申请的93%,国外来华申请约占7%,表明在我国的申请中,仍然以国内申请人为主。如图2-9所示,国外来华申请中,排在前几位的主要是美国、日本、德国、瑞士、荷兰和韩国,总申请趋势是经过逐年增长后逐渐趋于平稳。其中,美国、日本在中国申请最多,德国、瑞士、荷兰和韩国的申请量类似,近几年基本趋于平稳。上述结果表明其他国家/地区对我国的市场十分重视。值得注意的

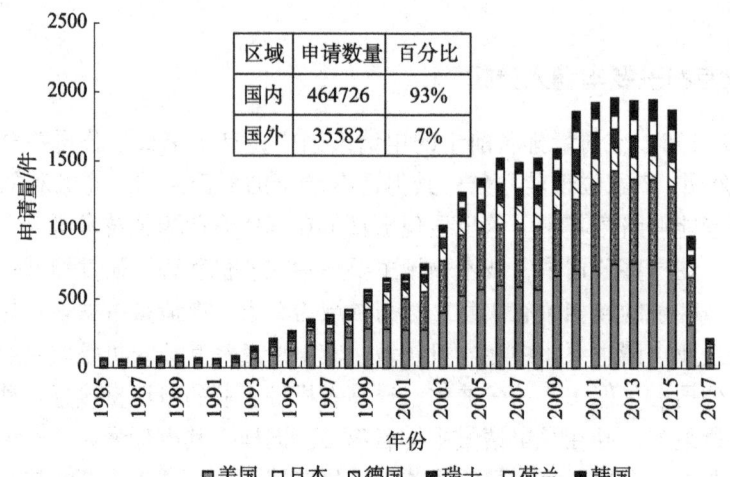

图2-9 现代农业国外来华主要国家及其专利申请趋势

是，日本专利申请总量从1990年开始出现下滑趋势，而在中国的申请中，其申请量在1993年开始增长，并且在2000年之后迅速增长，由上可知，日本非常重视在中国市场的专利布局。

第二节 现代农业全国及山东整体态势分析

一、国内专利申请地域分布

图2-10所示为中国专利申请地域分布，从整体上看，申请量较大的省市均为科技企业比较密集的地区或高等院校比较集中的东南沿海区域。现代农业专利申请排在前五位的是江苏、山东、安徽、浙江和广东。对上述省市申请趋势对比可知，江苏、山东、浙江和广东的申请趋势类似，在2003年之前申请量都很小，自2003年之后该4省申请量都开始迅速增加，区别在于年申请量上有所不同。与上述4省不同的是，安徽省从2010年之后申请量才开始快速增长，尤其是2012年之后，开始迅速增长，并在2015年其年申请量排名第一。

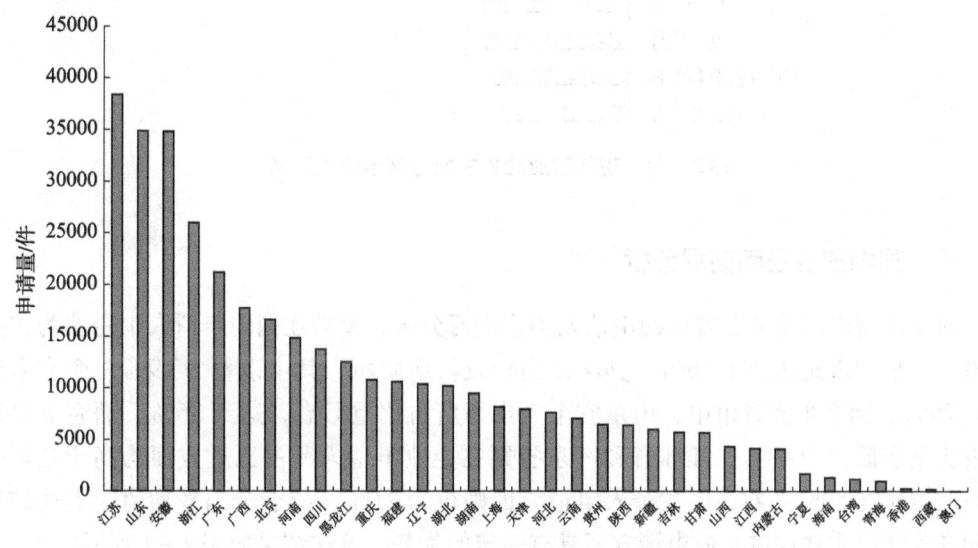

图2-10 现代农业中国专利申请地域分布

二、国内主要专利申请人分析

国内专利申请量排名前十位的申请人中，7位为国内高校，企业申请人仅有3位，表明我国的相关技术研发主力仍然以高校为主，国内企业一方面要加强与高校的技术研发合作，另一方面要进一步加大自身的研发投入，提高专利控制力。如图2-11所示，在国内主要申请人中，江苏省有4位，北京有2位，浙江、上海、湖北和陕西各有1位，上述结果表明江苏在现代农业从申请量以及主要申请人方面都具有一定的优势。

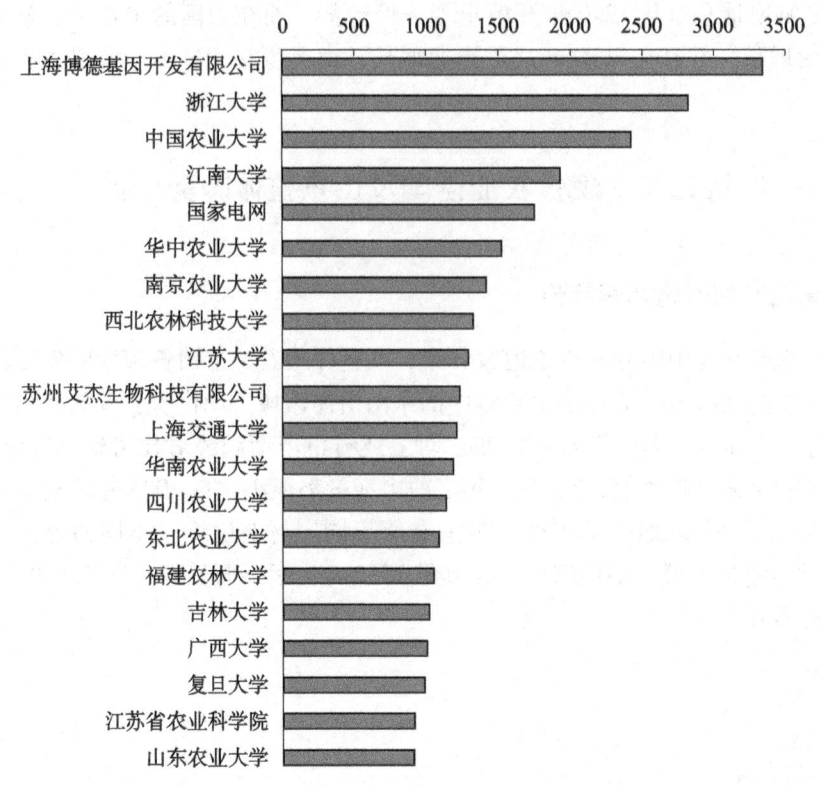

图2-11 现代农业国内主要专利申请人排名

三、国内主要省市情况分析

通过对国内以及主要省市的申请人类型进行分析，发现在国内申请人中企业为主要力量，其平均占比达到了46%。其次是高校及科研院所，其申请量为29%。个人申请达到25%。而在主要省市中，山东省个人申请所占比重最高，达到36%，而企业申请所占比重最低，为40%。江苏省和广东省则在企业申请人所占比重方面均高于全国平均值，占比在50%左右，而在个人申请方面则仅为21%，低于全国平均值。上述结果表明江苏和广东在促进企业申请方面具有一定的优势，具体结果如表2-1所示。

表2-1 国内及主要省市申请人类型占比

省市	企业	个人	高校及科研院所
全国	46%	25%	29%
山东	40%	36%	24%
江苏	48%	21%	31%
安徽	58%	29%	13%
浙江	41%	26%	33%
广东	51%	21%	28%

图 2-12 给出了山东、江苏和广东三省不同时期内申请人类型变化趋势，通过对三省不同时期内申请人类型变化趋势分析可知，在国家"十五"时期，三省申请量都较低，处于缓慢发展期，且个人申请所占比重较高；而在"十一五"时期，各省申请量开始加速增长，各个申请类型申请人的申请量也开始加速增长，其中江苏省和广东省企业申请增加速率超过个人申请增加速率，并且企业年申请量分别在 2007 年、2008 年超过个人年申请量；山东省在"十一五"期间个人申请的年申请量仍然最大，但在 2008 年之后企业申请增加速率加快，而个人申请增加速率则有所放缓，到 2012 年，企业申请年申请量首次超过个人年申请量。在"十二五"时期，三省各类型申请人的年申请量都有大幅增长，尤其以企业年申请量所占比重最大。

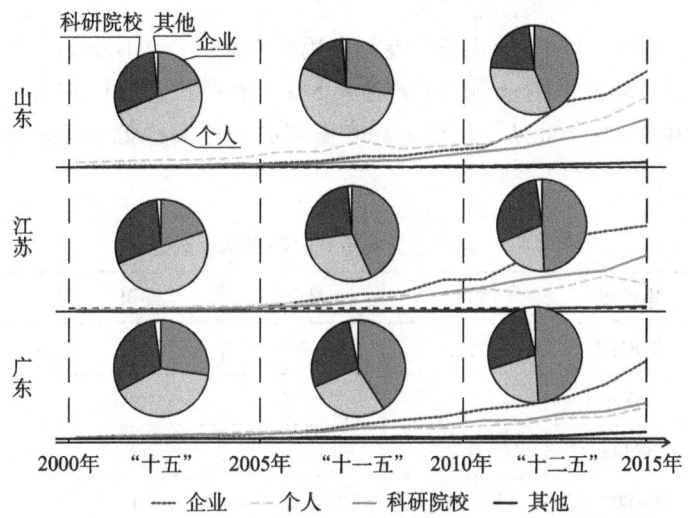

图 2-12　山东、江苏和广东三省不同时期内申请人类型变化

如表 2-2 所示，通过对山东、江苏、安徽、浙江、广东 5 省的排名前十位的主要申请人进行统计可知，在 5 省主要申请人中，高校及科研院所仍是主要的研发力量。此外，安徽省有 3 家企业入围，山东有 2 家企业、广东和江苏各有 1 家企业入围，而浙江则有 1 位个人入围重要申请人。上述结果表明，虽然企业申请总量较大，所占比重已达最高，但是与国外主要申请人以企业为主的现状相比，各省龙头企业或者重要企业的申请量还有待加强。

表 2-2　国内主要省份主要申请人统计

排名	山东	江苏	安徽	浙江	广东
1	山东农业大学	江南大学	安徽农业大学	浙江大学	华南农业大学
2	青岛农业大学	南京农业大学	安徽燕之坊食品	浙江理工大学	华南理工大学
3	山东大学	江苏大学	安徽理工大学	浙江海洋学院	中山大学
4	山东理工大学	苏州艾杰生物	安徽科技学院	浙江农业科学院	暨南大学

续表

排名	山东	江苏	安徽	浙江	广东
5	山东胜伟园林	江苏省农科院	合肥工业大学	宁波大学	深圳华大基因
6	中国海洋大学	南京农机所	中联重机	浙江工业大学	广东工业大学
7	济南大学	扬州大学	物质科学研究院	余内逊	中科院华南植物园
8	中国石油大学	东南大学	安徽农科院水稻所	浙江工商大学	佛山科学技术学院
9	山东科技大学	河海大学	合肥康龄养生	中国水稻研究所	深圳大学
10	潍坊友容实业	南京大学	中国科学技术大学	浙江农林大学	广东农科院蚕农所

通过将山东与全国以及其他4省在专利利用率方面进行对比分析，发现山东省的专利利用率为4.0%，明显低于全国的平均值4.8%，而浙江省和广东省在利用率方面则分别高达6.8%和8.2%。此外，江苏省和安徽省的利用率也低于全国平均值，具体结果如表2-3所示。

表2-3 国内主要省份专利利用率对比分析　　　　单位：件

区域	申请量	质押	转让	许可	专利利用率
全国	378152	1185	14961	2150	4.8%
山东	34836	125	1105	159	4.0%
江苏	38342	43	1276	278	4.2%
安徽	34809	140	1021	81	3.6%
浙江	25460	71	1487	182	6.8%
广东	20362	38	1480	155	8.2%

四、山东省各地市主要情况分析

山东省各地市现代农业相关专利的申请情况如图2-13所示。从申请总量角度分析，在山东省各地市可分为4个梯队。青岛、济南和潍坊申请量排在第一梯队，总申请量都在4000件以上。其中青岛申请量最大，为11875件，济南和潍坊分别以7000件和5000件排在第二、第三位。在第一梯队中，青岛和济南发明专利申请所占比重较高，而潍坊实用新型申请所占比重较高。烟台、泰安、威海、淄博、济宁和临沂位于第二梯队，各市总申请量在2000件左右，在该梯队中，除济宁、临沂实用新型专利申请所占比重较多外，其他地市发明专利申请所占比重较大。德州、滨州、聊城、菏泽和东营位于第三梯队，各市总申请量在1000件左右。日照、枣庄和莱芜则位于第四梯队。在第三、第四梯队中，各地市实用新型专利申请所占比重高于发明申请所占比重。

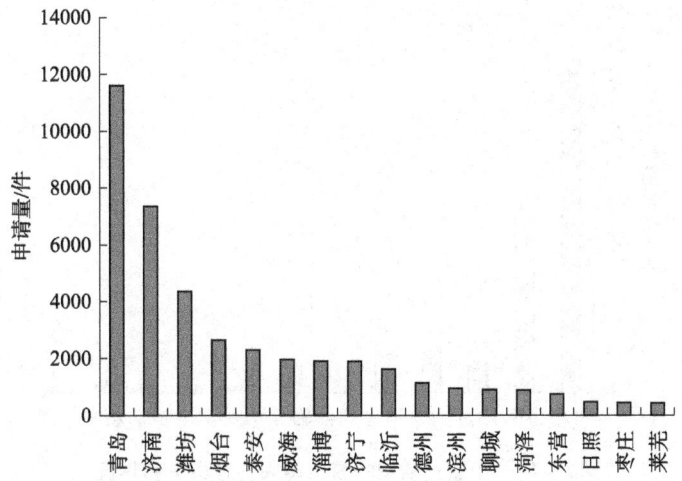

图 2-13　山东省各地市现代农业相关专利申请情况

通过对现代农业各地市专利申请趋势情况分析，如图 2-14 所示，青岛、济南和潍坊于 2009 年之后年申请量迅速增加，而其他地市申请基本保持不变，使得上述 3 市申请总量与其他地市拉开差距。进一步通过申请人类型分析可知，青岛市创新主体以企业为主，个人申请和高校院所申请占比接近；济南市创新主体则主要为高校院所，其次为企业申请和个人申请。而潍坊创新主体主要为企业和个人，高校院所申请较小。

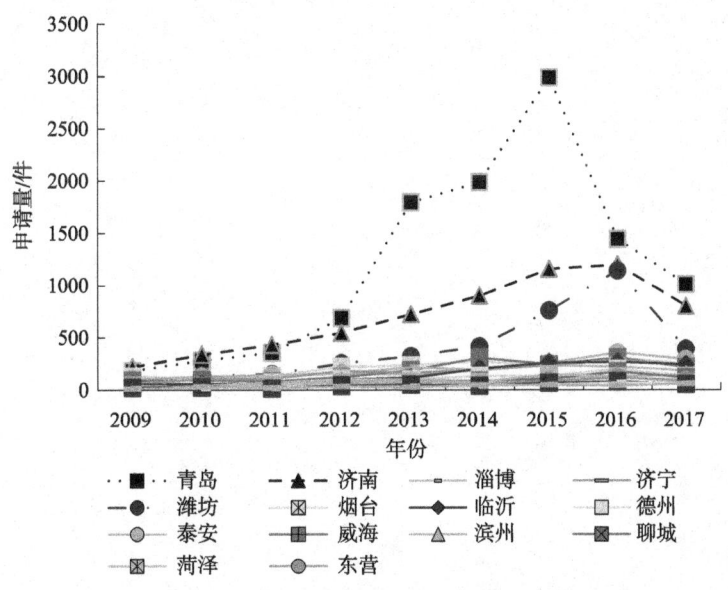

图 2-14　山东省各地市专利申请趋势及申请类型

通过对山东省现代农业前 100 名重要申请人地域分布进行统计，如图 2-15 所示，发现重要申请人主要集中在青岛和济南，其中，青岛有 44 家，济南有 23 家。其他地市分布较少。

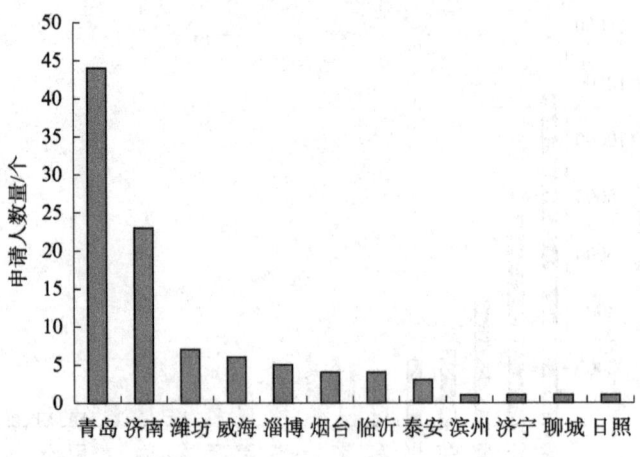

图2-15 山东省前100名申请人各地市分布情况

第三章 农机装备专利情况分析

第一节 研究概况

《国务院关于实施乡村振兴战略的意见》指出推进我国农机装备产业转型升级，加强科研机构、设备制造企业联合攻关，进一步提高大宗农作物机械国产化水平，加快研发经济作物、养殖业、丘陵山区农林机械，发展高端农机装备制造。

《全国农业现代化规划（2016—2020年）》提出促进农业机械化提档升级，提升小麦生产全程机械化质量，提高水稻机械栽插、玉米马铃薯甘蔗机械收获水平，尽快突破棉、油、糖、牧、草等作物生产全程机械化和丘陵山区机械化制约瓶颈。推进农机深耕深松作业，力争粮食主产区年度深耕深松整地面积达到30%左右。

《山东省"十三五"农业农村经济发展规划》强调加强农机装备研发，加快农业全程全面机械化，调整优化农机装备结构布局，优先发展大马力、高性能、复式作业机械，大力发展智能化高端农机装备。推广先进适用农业机械化技术装备，促进机械化向产前产后延伸，示范推广棉花机采、花生机播机收等关键环节的机械化技术，推动粮棉油等主要农作物生产全程机械化，提高农机公共服务能力，粮食生产机械化率达98%，经济作物机械化率达56%。

农业机械化是建设现代农业的基础，是农业科技创新的关键环节，对我国农业的高效、快速发展起到重要的支撑作用。农业机械涉及面广泛，是种植业、畜牧业、林业和渔业等生产应用过程中动力机械和作业机械的总称。在现代化的农业生产中，从整地、播种、浇水、施肥、打药、中耕、除草到收获等每个生产环节都在使用机械进行操作，传统的人工畜力式农业生产已经完全由农业机械取代。耕整、种植、收获是农业生产过程中最重要的3个步骤，对应的农机装备一直以来都是企业、高校及科研机构等研究的重点，以上3种农机装备的专利申请量占农业机械申请总量的70%以上。因此，本章仅对耕整机械、种植机械、收获机械进行重点研究。

农业机械领域对常见的产品分类已经形成较为统一的认识，通常包括作物耕、种、收获机械，畜牧机械，植保机械等。本章研究的总边界是耕整机械、种植机械和收获机械，即仅涉及作物的耕、种、收过程，将上述3种机械按用途进行细分，将耕整机械分为耕地机械、整地机械和联合作业机械，将种植机械分为播种机械和移栽机械，将收获机械分为粮食作物收获机械、经济作物收获机械、牧草作物收获机械和割草机。

第二节 全球专利申请总体态势

一、全球专利申请趋势分析

截至 2017 年 12 月,农业机械领域全球专利申请共 556798 件。由图 3-1 可将全球专利申请趋势分为以下 5 个阶段:

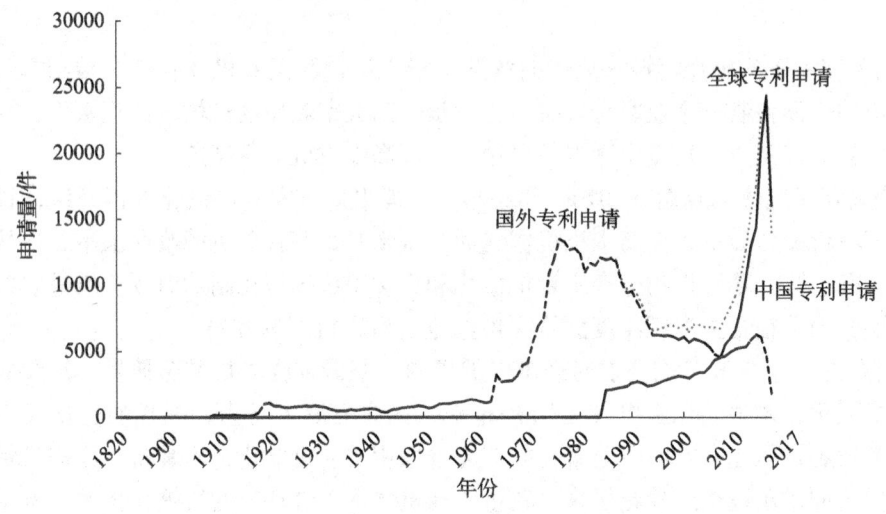

图 3-1 农业机械领域全球专利申请趋势

(1) 起步发展阶段 (1965 年以前)

该阶段专利申请量一直处于较低的水平,年平均申请量 371.5 件。这与当时科学技术水平和专利制度的发展普及程度密切相关。在此期间,专利申请大多集中在美国、德国、法国、英国等专利制度基本完善的欧美国家,而传统农业大国,中国、俄罗斯、印度、巴西等国家专利制度还处于建立阶段,专利申请量维持在较低水平。

(2) 第一发展阶段 (1966~1977 年)

自 1966 年,全球农业机械领域专利申请开始大幅度增长,年平均增长率达 29.9%。专利申请量的快速增长,与以电子信息技术为代表的第三次产业革命同步进行,电子信息技术也开始与传统农业机械相融合。除欧美等发达国家,世界上的主要农业国家在此阶段申请量均取得了较大突破。以日本为例,"二战"后重新崛起,通过《农机化促进法》等一系列法律法规,农机化组织的成立以及科技水平的提高,快速实现农业生产的机械化,并培育出一批国际知名农机企业,如久保田、洋马农机和井关农机等,该时期日本专利申请量占全球总量的 65%,成为农业机械领域科技创新强国。

(3) 稳定发展阶段 (1978~1986 年)

在此阶段,全球农业机械领域专利申请基本保持稳定,每年约 5300 件。日本的专利申请依然占据主要地位,占全球总量的 52%。作为当时世界上农产品生产量最大的国家,苏联也加大了农业机械的研发力度,专利申请量高速增长,在全球专利申请国中超越美国跃居到第二位。而世界上其他国家在此阶段也保持着较大的科技创新规模。

（4）调整阶段（1987~2006年）

在此期间，全球农业机械领域专利申请量出现下滑，从1986年峰值的12108件降到1994年谷底的6573件，年平均降幅达32.6%。申请量大幅下降的原因主要有两点：首先，日本的申请量开始大幅减少，从1986年的7045件下降到2006年的2815件，年均降幅达36.4%，随着日本完成农业生产的机械化，对新型农机需求不高，加之美国金融危机导致日元大幅升值，作为主要农机销售市场的美国经济下滑，日本农机产品出口急剧下降，导致日本农机巨头企业开始控制成本，减少研发投入。其次，受苏联解体的影响，在苏联解体过程中，经济发展和科技研发遭到重创，导致专利申请量严重下滑。稳定发展期中前两位国家的申请量下降，且欧美主要国家的专利申请稳中有降，直接导致了全球专利申请量明显下滑。

（5）第二发展阶段（2007年以后）

随着计算机技术、新材料、新工艺的推广普及以及"精准农业"概念的提出，农业机械逐步向智能化、标准化方向发展，激发农机企业创新热情，各企业开始加大研发力度，注重产品转型升级，从而带动全球农业机械专利申请量再次增长。1985年中国专利制度开始实施，国家鼓励科技创新，我国农机企业开始走向创新、寻求知识产权保护的发展之路。特别是2006年以后，中国在多个"五年规划"的铺垫下，农业机械的发展取得长足进步，对全球农业机械领域专利申请量做出了突出贡献，2006年申请量跃居全球第一位，2016年申请量达19242件，占全球专利申请总量的81.2%。

二、全球专利申请地域分布分析

农业机械领域的专利主要集中在中国、日本及欧美等国家。图3-2可以明显反映各国在知识产权创造和保护等方面的差距，这与各国家农作物生产状况存在一定关系。全球农业机械专利申请量排名前十位的国家和地区，基本涵盖了全球主要农产品生产国家。其中，日本以198914件居首，占全球总量的38%；中国以115938件居第二位，占全球总量的21%；美国、德国分列第三、第四位，分别占全球总量的12%、7%，以上4个国家的专利申请量占全球总量的76%。虽然农业机械领域最早的专利申请在美国提

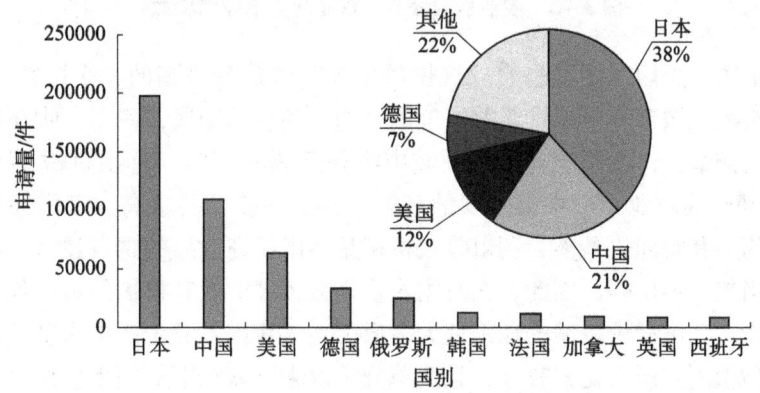

图3-2 农业机械领域全球专利申请排名前十位的国家

出，但是日本的专利申请量已经大大超越了美国，可见，日本在农业机械领域的研发上具有强大的实力。我国的专利保护制度和农业机械化发展虽然起步晚，但在专利申请量上已经迎头赶上。

如图3-2所示，农业机械领域全球专利申请排名前十位的国家，全球十大粮食生产国（中国、美国、印度、巴西、俄罗斯、乌克兰、澳大利亚、哈萨克斯坦、法国、加拿大）中的5个国家均位列全球专利申请量的前十名。

三、专利申请技术构成

根据研究的范围，将农业机械分为耕整机械、种植机械和收获机械3个部分，其中，耕整机械主要包括对土地进行翻耕的耕地机械和翻耕后对土地进行种植前的预备工作的整地机械，还包括能同时实现耕地和整地作业或将耕地机械与整地机械联合其他农业作业的耕整联合作业机械；种植机械主要包括对土地进行均匀播种的播种机械和将预植秧苗引入耕地的移栽机械，也包括未翻耕土地直接播种的免耕播种机械；收获机械指通过收割、挖掘、采摘等手段收获粮食作物、经济作物和牧草作物的机械、割草机及脱粒机。如图3-3所示，农业机械领域全球专利申请的技术构成，其中，收获机械占比42%、耕整机械占32%、种植机械占26%。由于收获作业劳动强度大，缺乏可辅助的工具，广大农机企业、研究机构、大专院校及科研人员一直以来将实现作物收获的机械作为研究重点。

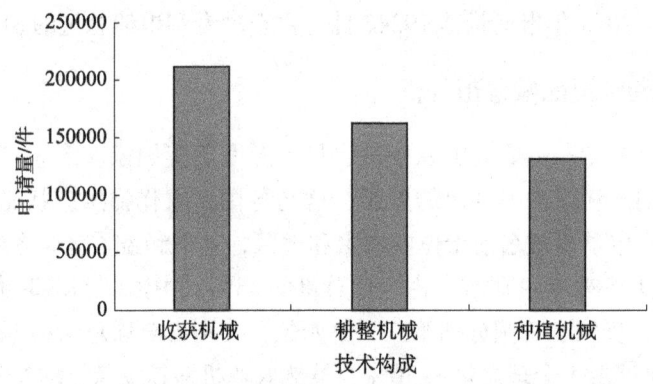

图3-3 农业机械领域全球专利申请技术构成

日本、中国、美国及德国是农业机械领域专利申请量最多的4个国家。如图3-4所示，农业机械领域专利申请排名前四位国家的专利技术构成，其中，收获机械专利申请量占据的比例最大，我国农业机械领域中收获机械占36%、种植机械34%、耕整机械30%。收获作为农业生产中最重要的环节，其工序多、要求高、工作环境复杂，耗费的人力、物力和时间也最多，所以收获机械是各国研究发展的重点技术，我国作为农业生产大国当然也不例外，因此，在我国农业机械领域中收获机械的占比最大。与全球技术构成相比，我国种植机械的比重偏大，原因在于我国农业生产中水稻、小麦、玉米等粮食作物种植面积所占比重较大，且改革开放以来国家长期鼓励粮食作物生产的全程机械化。

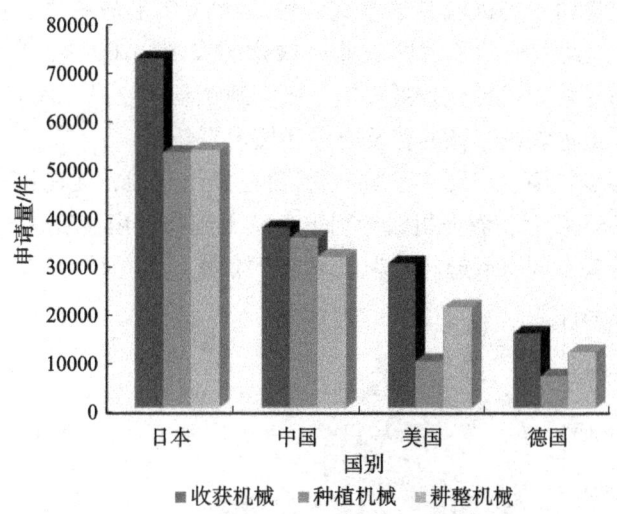

图 3-4　农业机械领域主要申请国专利申请技术构成

四、全球主要申请人分析

如图 3-5 所示，全球排名前十的主要申请人中，日本农机企业久保田、井关农机、洋马农机、三菱农机分列全球第一、第二、第三及第五位，排名前十位的农机企业均为日本和欧美的企业。

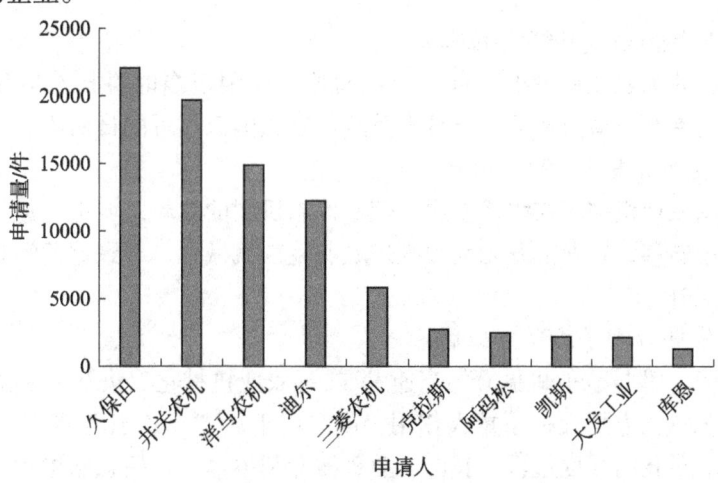

图 3-5　农业机械领域全球专利申请排名前十位的申请人

第三节　国内专利申请总体态势

一、国内专利申请趋势

我国农业机械化的发展起步于 19 世纪末期，从在学习西方先进技术的启蒙运动中，结合我国国情适当改良西方先进农具的模式开始。1959年毛泽东主席提出"农业的根本出路在于机械化",大力推动了我国农业机械化的发展。2004年《农业机械化促进法》颁布实施,改善了农业机械化发展环境,极大地调动了农民、农业生产组织购买和使用农机的积极性,促进农机装备的普及应用和技术更新。

我国专利制度起步较晚,1985年前的专利数据处于空白,无法准确反映当时农业机械的发展情况。1985年后,农业机械专利申请从无到有,由少变多。根据图3-6所示,可将中国农机装备专利申请趋势分为以下3个阶段:

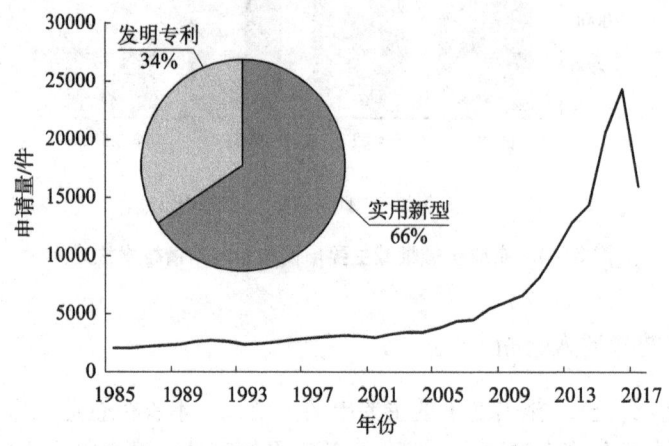

图3-6 农业机械领域中国专利申请趋势

(1) 起步发展阶段(1996年以前)

在此期间,我国农业机械处于起步发展阶段,受限于当时科技水平和体制机制制约,农业机械的专利申请量较低,与日本及欧美发达国家不可同日而语。

(2) 缓慢发展阶段(1997~2006年)

该阶段我国农业机械正在缓慢发展,随着体制机制的改革,城市化进程的发展,农村劳动力向城市转移,农业部开始大力推进农业生产机械化,导致这期间农业机械专利申请开始稳步上升。

(3) 高速发展阶段(2007年以后)

2007年以后,我国农业机械开始高速发展,《农业机械化促进法》的颁布实施在促进和保障农业机械化方面发挥了重大作用,同时由于从"十一五"到"十三五"国家发展规划对农业科技的高度重视,我国农业机械专利申请量开始急剧增大,年平均增长率达到19.2%。截至2017年12月,我国农业机械领域专利申请共109271件,其中,实用新型申请量为71888件,占比66%,发明专利为37383件,占比34%。

二、国内专利申请地域分布

我国有七大农业主产区,分别是:东北平原主产区、黄淮海平原主产区、长江流域主产区、华南主产区、汾渭主产区、河套灌区主产区、甘肃新疆主产区。我国农业机械专利申请量较大的省市均位于我国七大农业主产区。农业机械的创新主体主要由大专院校、研究机构、农机企业及科研人员等构成,创新主体的数量和规模直接决定了该地区的专利申请量，此外，我国的农业机械专利申请地域分布还与各省市农业产业发展状况息息相关。

如图 3-7 所示，我国农业机械领域专利申请量排名前十位的省市分别是山东、江苏、浙江、安徽、黑龙江、河南、重庆、广西、新疆及四川。其中，山东以 11819 件申请排在第一位，江苏以 11728 件申请紧随其后，上述省市的申请量占全国申请总量的 69.9%，且均位于我国七大农业主产区，具体分布如下：位于东北平原主产区的黑龙江，位于黄淮海平原主产区的山东、河南，位于长江流域主产区的广西，位于华南主产区的江苏、浙江、安徽、重庆、四川，位于甘肃新疆主产区的新疆。

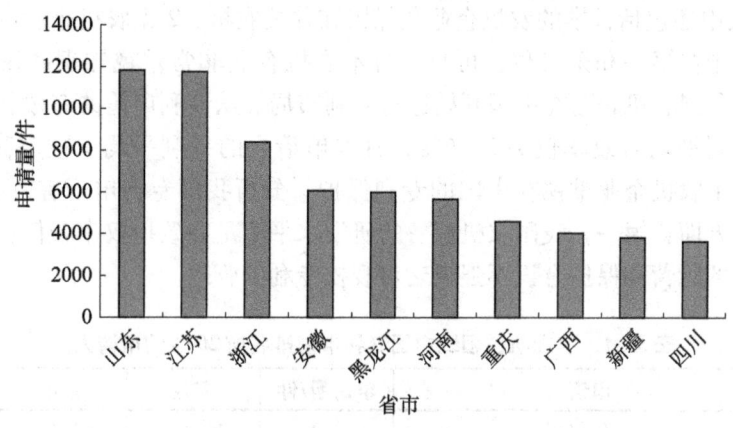

图 3-7 农业机械领域中国专利申请排名前十位的省市

三、国内专利申请人分析

如图 3-8 所示，我国农业机械领域专利申请人类型可以分为企业、高校及科研院所和个人，其中，企业申请量占 39.3%，高校及科研院所占 21.8%，个人占 38.9%。农业机械要求的知识水平和专业技能不高，专利技术门槛较低，所以在广大从事农业生产的群体中具有较高的发明热情，这也是个人申请占比较高的原因所在，而农机企业的专利申请量优势不明显，说明国内农业机械领域的专利技术产品化、产业化还应持续加强。

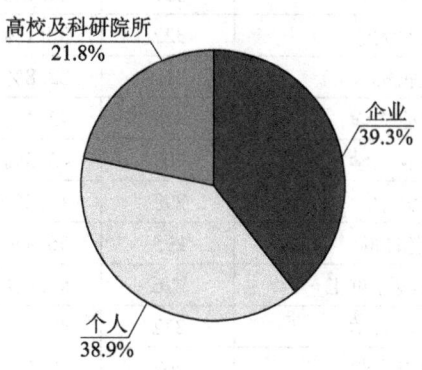

图 3-8 农业机械领域中国专利申请人类型

我国农机企业和从事农机研究的高校及科研机构较多，其中，知名度较高的企业有中国一拖集团、福田雷沃重工、山东五征集团和现代农装集团等，科研实力较强的高校及科研院所有中国农业大学、浙江大学、江苏大学、西北农林科技大学、中国农业机械化科学研究院、农业部南京农业机械化研究所、农业部规划设计研究院、山东省农业机械化科学研究院等。如表 3-1 所示，我国农业机械领域专利申请量排名前 20 位的申请人，排名先后以专利申请的数量为依据，从表 3-1 中可以看出，排名前 20 位的中国申请人以高校及科研院所为主，共有 16 家，仅有 2 家农机企业，这表明我国的农业机械研究水平主要停留在科研层面，科研技术产品化、产业化是下一步的重点工作。排名前 20 位的申请人中还包括日本的农机企业久保田和井关农机，2 家农机企业申请量在企业申请人中分别排在第一和第二位，可见，日本农机企业非常重视知识产权在中国的保护，已经先于我国农机企业在中国开始进行专利布局。从专利申请的有效状态来看，我国申请人的专利平均有效率仅为 38.6%，日本申请人的专利平均有效率高达 79.1%，这也说明了日本农机企业重视在中国的专利保护。分析我国专利申请有效率低的原因，主要包括两个方面：第一，我国农机装备的研发水平不足导致授权率较低；第二，我国申请人对专利的运营和保护意识不强缺乏对授权专利的管理。

表 3-1 农业机械领域中国专利申请排名前 20 位的申请人

排名	申请人	申请量/件	有效	审中	失效
1	久保田	848	75.3%	18.7%	6.0%
2	南京农机所	769	56.3%	14.9%	28.8%
3	中国农业大学	620	36.1%	10.9%	53.0%
4	浙江理工大学	512	29.7%	6.8%	63.5%
5	江苏大学	502	39.1%	20.7%	40.2%
6	西北农林科技大学	476	24.4%	22.3%	53.3%
7	东北农业大学	472	30.3%	17.3%	52.4%
8	石河子大学	416	43.2%	22.6%	34.2%
9	甘肃农业大学	365	28.1%	9.6%	62.3%
10	山东农业大学	330	47.1%	24.8%	28.1%
11	四川农业大学	327	44.9%	10.6%	44.5%
12	湖南农业大学	322	32.1%	15.8%	52.1%
13	井关农机	319	82.8%	10.4%	6.8%
14	青岛农业大学	312	42.1%	12.7%	45.2%
15	华中农业大学	303	45.5%	17.7%	36.8%
16	广西大学	298	18.4%	29.1%	52.5%
17	苏州宝时得	295	56.9%	26.4%	16.7%
18	福田雷沃国际重工	276	58.0%	41.6%	0.4%
19	华南农业大学	272	48.9%	23.4%	27.7%
20	山东理工大学	262	42.5%	22.3%	35.2%

注：由于对数据进行了四舍五入处理，故百分数总和可能不等于 100%。

四、国内申请/进入中国的国际申请

如图 3-9 所示,农业机械领域国内申请人提交的国际申请和进入中国的国际申请。在农业机械领域专利申请中,国内申请人向中国专利局提交的国际申请以及进入中国国家阶段的国际申请共 8365 件,其中进入中国的国际申请有 8033 件,申请国包括日本、美国、德国、法国等,而国内申请人提交的国际申请仅有 332 件,占国际申请总量的 4.0%。相比较而言,我国提出的国际申请远低于发达国家向中国提出的国际申请,这表明欧美及日本等发达国家的申请人相当重视农机装备在中国的专利布局,而我国农机装备申请人在海外的专利保护意识还不够。同时,也说明我国在农业机械领域的研发水平与发达国家相比还有较大差距,应当加强对高端农业装备的研发力度,重视农业机械在全球范围的专利布局。

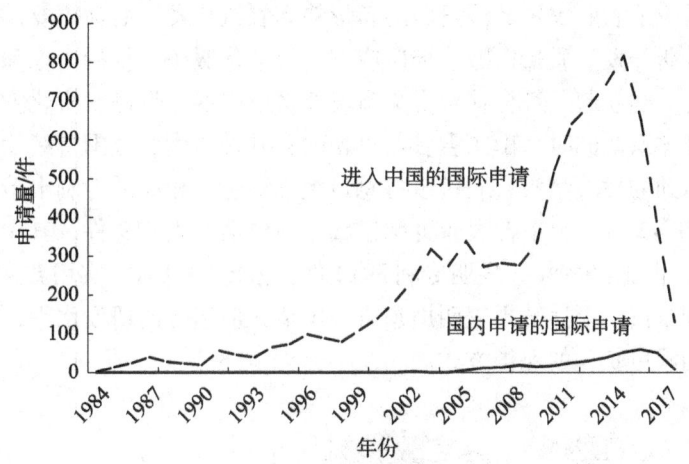

图 3-9 农业机械领域国内申请/进入中国的国际申请

五、主要省份专利情况

(一)主要省份专利申请趋势

山东省地处东部沿海,黄河下游,土地面积 15.67 万平方千米,耕地 1.15 亿亩。山东是我国的农业大省,也是农机制造和使用的大省。农业机械化经历了国家投入为主的国有国营农机发展期和国家补贴、集体投入为主的国营、集体经营农机发展期。农业机械化从无到有、由弱变强。改革开放以来,山东省的农机化伴随着整个社会经济的发展和农村改革开放的深入,发生了翻天覆地的变化。

山东、江苏、浙江是我国农业机械领域专利申请量排名前三位的省份。如图 3-10 所示,山东、江苏和浙江省农业机械领域专利申请趋势,以上 3 个省份农业机械领域专利申请趋势与全国申请趋势相同,均从无到有,再由少变多,最后蓬勃发展。纵观山东省农业机械化发展历程,大体经历了 3 次"热潮"。

(1) 1978~1996 年,随着以家庭联产承包责任制为基础、统分结合的双层经营机制的确定,1983 年中央一号文件《当前农村经济政策的若干问题》指出:"农民个人或

联户购置农副产品加工机具、小型拖拉机和小型机动车从事生产和运输，对于促进农业生产、活跃农村经济是有利的，应当允许。"国家政策使农民获得自主购买、经营农业机械的权利，掀起农村千家万户搞农机的热潮，农业机械相关的专利申请开始出现。

（2）1997~2005年，党的十五大确定了建立社会主义市场经济体制的改革目标，农业机械化进入了以市场为导向，以服务经济效益为中心的发展阶段。山东省农机化服务的社会化、市场化进程进一步加快，小麦联合收获跨区作业的服务模式兴起。在小麦联合收获跨区作业的带动下，机耕、机播等其他生产环节的跨区作业也开始起步，迎来了山东省农机销售淡季不淡、旺季不断的"购机热潮"。随之而来，农业机械的发展受到了大力刺激，农机企业如雨后春笋一般出现，农业机械的专利申请量也开始稳步增长。

（3）2006年以后，《山东省农业机械管理条例》和《山东省农业机械化促进条例》的颁布实施，适应了农业农村经济发展的新形势和农机化发展的新需要，从农机化发展的社会环境、科研开发、质量保障、推广应用、社会化服务、扶持措施和安全监管等方面做出明确规定，建立起了符合社会主义市场经济要求的，促进农机化发展、规范农机管理工作的制度体系。同时，山东省农业机械购置补贴力度和范围持续增加，全省农业机械化出现了强劲的发展势头，农机装备总量突飞猛进，相应的专利申请量也爆发式增长。截至2017年12月，山东省农业机械领域专利申请共11819件，其中，实用新型申请量为7907件，占比66.9%，发明专利3912件，占比33.1%，实用新型专利申请比例远大于发明专利申请。上述结果表明山东省内申请人应当提高研发水平，寻求专利权更加稳定、保护期限更长久的保护方式。

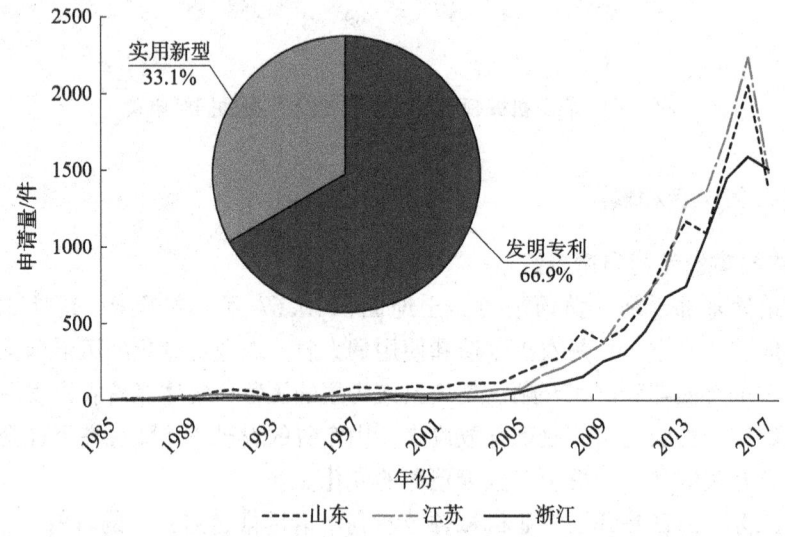

图3-10 农业机械领域主要省份专利申请趋势

（二）主要省份专利有效性

如表3-2所示，全国专利申请有效性为有效35.1%、失效48.3%、审中16.6%；山东省专利申请有效性为有效32.7%、失效51.7%、审中15.6%；江苏省专利申请有效性为有效34.8%、失效45.5%、审中19.7%；浙江省专利申请有效性为有效42.3%、失效41.8%、审中15.9%。对比可知，山东省有效专利的占比低于全国平均水平，失效专利的占比也高于全国平均水平，且有效比例低于江苏和浙江，失效比例高于江苏和浙江。为提高山东省专利申请的有效比例，可以从两方面着手：首先，提升省内专利申请的申请质量，从而提高授权率，增加有效专利的数量；其次，加强对授权后专利的管理，降低授权后专利的失效数量，从而提高有效专利的比例。

表3-2 主要省份农业机械领域专利申请有效性对比

区域	有效	失效	审中
山东	32.7%	51.7%	15.6%
江苏	34.8%	45.5%	19.7%
浙江	42.3%	41.8%	15.9%
全国	35.1%	48.3%	16.6%

（三）主要省份专利运营情况

如表3-3所示，国内主要省份农业机械领域专利运营情况。全国专利运营情况为质押316件、转让3699件、许可785件，专利利用率4.3%；山东省运营情况为质押37件、占全国11.7%，转让282件、占全国7.6%，许可77件、占全国9.8%，利用率3.3%；江苏省运营情况为质押23件、占全国7.3%，转让378件、占全国10.2%，许可111件、占全国14.1%，利用率4.3%；浙江省运营情况为质押17件、占全国5.4%，转让498件、占全国13.5%，许可54件、占全国6.9%，利用率6.7%。对比发现，虽然山东省专利质押占比高于江苏和浙江，但是转让占比低于江苏和浙江，许可占比远低于江苏，总的专利技术利用率明显低于江苏和浙江，且低于全国平均水平。因此，山东省应加强对专利技术的运营管理，促进专利技术与经济社会深度融合，进一步提高专利技术的利用率。为此可以从两方面着手：首先，建立农机科研和成果转化专项资金，鼓励高校及科研院所采取转让、许可等方式向企业转移科技成果，加强农机企业与高校及科研机构对专利技术的协同运营，从而提高专利技术的许可实施和转让比例；其次，完善农机装备企业金融资本扶持政策，鼓励金融机构向符合产业政策的农机装备企业提供专利质押和信贷支持等服务，加大对民营农机装备企业尤其优质中小企业的资金支持，增大专利技术质押比例。

表3-3 主要省份农业机械领域专利运营情况对比   单位：件

区域	质押	转让	许可	申请量	利用率
山东	37	282	77	12011	3.3%
江苏	23	378	111	11991	4.3%
浙江	17	498	54	8544	6.7%
全国	316	3699	785	111179	4.3%

(四) 主要省份申请人类型对比

如表3-4所示,全国农业机械领域申请人类型比例为企业占39.4%、高校及科研院所占22.0%、个人占38.6%;山东省申请人类型比例为企业占36.6%、高校及科研院所占19.5%、个人占43.9%;江苏省申请人类型比例为企业50.2%、高校及科研院所占24.1%、个人占25.7%;浙江省申请人类型比例为企业占33.8%、高校及科研院所占20.8%、个人占45.3%。山东省企业申请人和高校及科研院所申请人的比例低于全国平均水平,且远低于江苏省,说明山东省专利技术成果转化率较低,高校及科研院所创新能力不足,全省应继续鼓励高校及科研机构进行科技创新,同时还应持续加强现有专利技术的推广实施。

表3-4 主要省份农业机械领域申请人类型对比

区域	企业	高校及科研院所	个人
山东	36.6%	19.5%	43.9%
江苏	50.2%	24.1%	25.7%
浙江	33.8%	20.8%	45.4%
全国	39.4%	22.0%	38.6%

注:由于对数据进行了四舍五入处理,故百分数总和可能不等于100%。

(五) 主要省份技术构成对比

如表3-5所示,全国专利申请技术类构成比例为收获机械占36.0%、种植机械占33.8%、耕整机械占30.2%;山东省专利申请技术比例为收获机械占38.0%、种植机械占33.8%、耕整机械占28.2%;江苏省专利申请技术比例为收获机械占42.9%、种植机械占28.2%、耕整机械占28.9%;浙江省专利申请技术比例为收获机械占44.7%、种植机械占32.7%、耕整机械占22.6%。山东省农业机械专利申请技术构成与全国技术构成相似,层次相对较为均衡,而江苏省和浙江省均主要以收获机械为主,这与以收获机械为主的宝时得、星光农机、沃得农机、中机南方等大型农机企业落户江浙有关。

表3-5 主要省份农业机械领域专利申请技术对比

区域	收获机械	种植机械	耕整机械
山东	38.0%	33.8%	28.2%
江苏	42.9%	28.2%	28.9%
浙江	44.7%	32.7%	22.6%
全国	36.0%	33.8%	30.2%

注:由于对数据进行了四舍五入处理,故百分数总和可能不等于100%。

(六) 主要省市国际申请对比

江苏、上海、浙江是我国农业机械领域国际申请量排名前三位的省市,而山东省的国际申请量排在全国第六位。如表3-6所示,全国农业机械领域国际申请共322件,有效专利占比46.2%、失效占比28.2%、审中占比25.6%；江苏省国际申请共96件，有效专利占比49%、失效占比27.5%、审中占比23.5%；上海市的国际申请共61件，有效专利占比55.6%、失效占比36.5%、审中占比7.9%；浙江省的国际申请共44件，有效占比为占比60.9%、失效占比39.1%、审中占比0%；山东省的国际申请共12件，有效专利占比60%、失效占比26.7%、审中占比13.3%。不难看出，山东省农业机械领域专利申请量高居全国第一，而国际申请量远少于江苏、上海、浙江，这说明省内申请人应当积极寻求专利技术的全球化，强化境外保护意识。

表3-6 主要省市农业机械领域国际申请对比

区域	申请量/件	有效	失效	审中
江苏	96	49.0%	27.5%	23.5%
上海	61	55.6%	36.5%	7.9%
浙江	44	60.9%	39.1%	0.0%
山东	12	60.0%	26.7%	13.3%
全国	322	46.2%	28.2%	25.6%

注：由于对数据进行了四舍五入处理，故百分数总和可能不等于100%。

第四节 山东省专利申请情况分析

一、山东省专利申请量分布

如图3-11所示，山东省农业机械领域专利申请的地市分布，按各地市的申请量可分为3个梯队：第一梯队包括潍坊、青岛、济南，分别为2622件、1611件、1219件；第二梯队包括泰安、济宁、临沂和淄博，分别为960件、941件、858件、786件；第三梯队包括德州、烟台等地市。前两个梯队的申请量总和占山东省总申请量的74.9%，

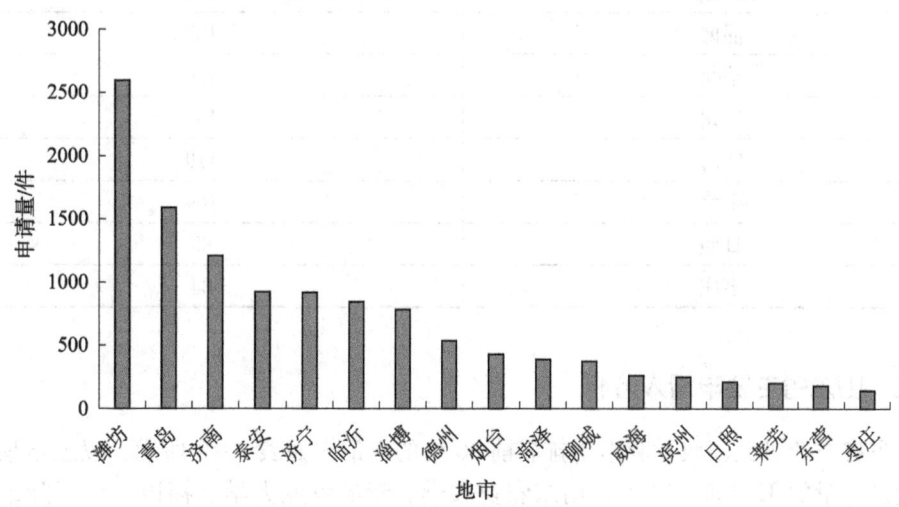

图3-11 山东省农业机械领域专利申请量分布

事实上，各地市的申请量多少由该区域分布的创新主体数量和规模决定。以潍坊市为例，潍坊作为山东省农机装备专利申请量最多的地市，其专利申请人数量也排在山东省第一位，多达631件。此外，山东省胜伟园林、福田雷沃重工和潍坊友容实业等专利申请量多的企业都位于潍坊市，上述三位申请人的申请量分别排在山东省第一、第四、第六位。

二、山东省各地市专利申请人分布

山东省农业机械领域专利申请人共4200余位，潍坊、济南、济宁、青岛及临沂分别排在前五位，以上5个地市的申请人数量占山东省总人数的52.8%（见表3-7）。其中，潍坊市不仅申请量排在全省第一，而且申请人的数量也排名全省第一。同时，排名前十位的申请人中有3位来自潍坊，潍坊市的创新主体不仅数量多且规模大。青岛和淄博虽然申请人数量不占优势，但申请量优势明显，青岛农业大学和山东理工大学位于申请人排名中的前十位，这两个地市的创新主体具有较高的研发热情和技术水平。

表3-7 山东省农业机械领域专利申请人分布　　　　单位：件

地市	申请人数量
潍坊	631
济南	461
济宁	456
青岛	408
临沂	309
泰安	291
烟台	262
德州	211
菏泽	203
聊城	192
淄博	167
莱芜	156
滨州	147
威海	119
东营	109
日照	85
枣庄	84

三、山东省主要申请人分析

山东省农业机械领域专利申请排名前50位的申请人如表3-8所示，以上申请人的申请量占总量的35.3%，其中，山东农业大学、青岛农业大学、福田雷沃国际重工股份有限公司分别排在前三位。排名前50位的申请人分布在山东省13个地市中，其中，青岛有 11 位、潍坊 9 位、济南 6 位、临沂 6 位、淄博 5 位、泰安 3 位、济宁 2 位、聊城 2 位、滨州 2 位、威海 1 位、德州 1 位、菏泽 1 位、日照 1 位。统计并分析排名前 50 位的申请人所属的地市和申请量发现：青岛虽然排名靠前的申请人数量最多，但申请总量并不是最多；泰安虽然申请人数量占据劣势，但申请总量排在山东省前列；聊城、滨州、威海、德州等地市申请人数量不多，申请总量也较少。这证明了山东省农业机械领域专利申请的地市分布与当地的创新主体数量和规模大小有关。排名前 50 位的申请人中企业有 25 位、高校及科研院所有 17 位、个人有 8 位。企业申请人占 50%，远高于全国的 38.9%，可见，山东省申请量排名靠前的农机企业规模较大、技术创新能力较强。

表 3-8　山东省农业机械领域专利申请排名前 50 位的申请人

排名	申请人	申请量/件	类型	地市	区县
1	山东农业大学	330	高校及科研院所	泰安	泰山
2	青岛农业大学	312	高校及科研院所	青岛	城阳
3	福田雷沃国际重工股份有限公司	276	企业	潍坊	坊子
4	山东理工大学	262	高校及科研院所	淄博	张店
5	山东省农业机械科学研究院	174	高校及科研院所	济南	历城
6	山东省农业科学院	144	高校及科研院所	济南	历城
7	山东胜伟园林科技有限公司	144	企业	潍坊	寒亭
8	山东常林农业装备股份有限公司	121	企业	临沂	临沭
9	济南大学	119	高校及科研院所	济南	市中
10	潍坊友容实业有限公司	119	企业	潍坊	寒亭
11	山东五征集团有限公司	95	企业	日照	五莲
12	青岛弘盛汽车配件有限公司	93	企业	青岛	平度
13	山东巨明机械有限公司	89	企业	淄博	桓台
14	昌邑市宝路达机械制造有限公司	83	企业	潍坊	昌邑
15	王伟均	81	个人	济宁	任城
16	山东潍坊烟草有限公司	77	企业	潍坊	奎文
17	山东科技大学	72	高校及科研院所	青岛	黄岛
18	山东宁联机械制造有限公司	71	企业	泰安	宁阳
19	荣成市海山机械制造有限公司	68	企业	威海	荣成
20	山东临沂烟草有限公司	57	企业	临沂	兰山
21	青岛菲尔特工业有限公司	57	企业	青岛	平度
22	山东源泉机械有限公司	56	企业	临沂	沂水
23	淄博大创自动化科技有限公司	56	企业	淄博	周村
24	淄博职业学院	54	高校及科研院所	淄博	张店

续表

排名	申请人	申请量/件	类型	地市	区县
25	肖金丽	54	个人	淄博	临淄
26	青岛嘉禾丰肥业有限公司	48	企业	青岛	即墨
27	青岛仁通机械有限公司	42	企业	青岛	平度
28	山东省花生研究所	39	高校及科研院所	青岛	李沧
29	青岛理工大学	34	高校及科研院所	青岛	黄岛
30	潍坊同方机械有限公司	32	企业	潍坊	潍城
31	山东棉花研究中心	29	高校及科研院所	济南	历城
32	山东省果树研究所	29	高校及科研院所	泰安	泰山
33	青岛科技大学	29	高校及科研院所	青岛	崂山
34	朱崇央	28	个人	临沂	临沭
35	程广森	28	个人	德州	禹城
36	山东华盛农业药械有限责任公司	27	企业	临沂	罗庄
37	滨州市农业机械化科学研究所	27	高校及科研院所	滨州	滨城
38	青岛洪珠农业机械有限公司	27	企业	青岛	胶州
39	于延军	26	个人	潍坊	寒亭
40	马灿魁	26	个人	菏泽	成武
41	山东泉林纸业有限责任公司	25	企业	聊城	高唐
42	山东烟草研究院有限公司	25	企业	济南	历城
43	聊城大学	25	高校及科研院所	聊城	东昌府
44	朱意友	24	个人	临沂	费县
45	滨州学院	24	高校及科研院所	滨州	滨城
46	山东省水稻研究所	23	高校及科研院所	济南	历城
47	山东金亿机械制造有限公司	23	企业	潍坊	高密
48	武际军	23	个人	潍坊	潍城
49	山东省玛丽亚农业机械有限公司	22	企业	济宁	金乡
50	青岛万农达花生机械有限公司	22	企业	青岛	莱西

四、山东省专利申请技术构成

如图3-12所示，山东省各地市农业机械领域专利申请的技术分布。潍坊、青岛、济南在收获机械、种植机械和耕整机械方面的专利申请量均排在全省前三位。潍坊市农业机械领域专利申请中耕整机械占44.1%、种植机械占31.4%、收获机械占24.5%，青岛市耕整机械占22.7%、种植机械占35.2%、收获机械占42.1%，济南市耕整机械占22.5%、种植机械占37.2%、收获机械占40.3%。对比发现潍坊市耕整机械比例远高于青岛和济南,而收获机械的比例远低于青岛和济南,可见,潍坊的专利申请以耕整机械为主,而青岛和济南的专利申请都以收获机械为主。

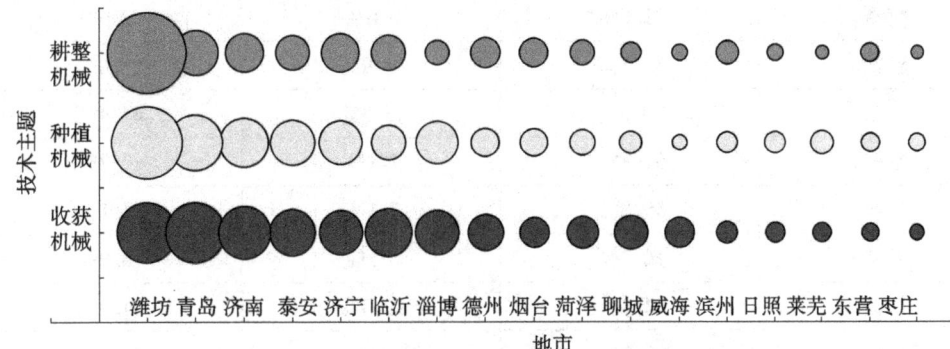

图3-12 各地市农业机械领域专利申请技术分布

五、山东省各地市主要申请人情况

(一) 各地市申请人类型对比

山东省各地市农业机械领域申请人类型对比如表3-9所示,其中,潍坊市企业申量为64.1%,居全省之首,高校及科研院所和个人申请占比不大,这表明潍坊市农业机械的产业化发展进程居全省之首。济南和泰安作为专利申请总量排名第三、第四的地市,企业申请量仅占12.0%和11.9%,由此看出这两个地市相同的特点:高校及科研院所的专利申请量占比最大,说明其专利技术都只停留在研究层面,技术成果应用少、转化率低,当地政府应加大力度推广高质量专利技术的实施,促进专利技术助力地方经济的发展。济宁和临沂两个地市的专利申请主要来源于企业和个人,高校及科研院所的申请量相对较少,这与两个地市缺少具有农业机械类专业的大专院校和涉及农业机械的研究机构有关。

表3-9 各地市农业机械领域申请人类型对比

地市	企业	高校及科研院所	个人
潍坊	64.1%	5.2%	30.7%
青岛	44.8%	44.7%	10.5%
济南	12.0%	65.3%	22.7%
泰安	11.9%	42.2%	45.9%
济宁	47.5%	1.6%	50.9%
临沂	52.0%	3.4%	44.6%
淄博	33.1%	55.1%	11.8%
德州	32.7%	15.0%	52.3%

续表

地市	企业	高校及科研院所	个人
烟台	23.5%	13.2%	63.3%
菏泽	31.6%	6.0%	62.4%
聊城	32.3%	11.9%	55.8%
滨州	30.3%	25.3%	44.4%
威海	52.7%	7.1%	40.2%
日照	55.8%	7.1%	37.1%
莱芜	16.2%	6.9%	76.9%
东营	34.8%	10.3%	54.9%
枣庄	39.2%	8.1%	52.7%

（二）潍坊市主要申请人及分布

潍坊是山东省农业机械领域专利申请量和申请人最多的地市，下属有5个市辖区、6个县级市、2个县，申请量均匀分布在各个区县，其中前五位的区县分别为寒亭28.1%、坊子15.1%、潍城14.0%、奎文7.9%、青州6.5%、昌邑6.2%。如表3-10所示，潍坊市农业机械领域专利申请排名前十位的申请人，从表中可以看出，潍坊的企业专利申请占据明显优势，前十位中有7位申请人都是企业，且前六位的申请人均是企业，分布在潍坊各个区县，各企业侧重技术不同、侧重领域不同，可以实现作物生产全程机械化产业链优势互补。

表3-10 潍坊市农业机械领域主要申请人及分布

排名	申请人	申请量/件	类型	区县	优势领域
1	福田雷沃国际重工股份有限公司	276	企业	坊子	收获机及脱粒装置
2	山东胜伟园林科技有限公司	144	企业	寒亭	耕整机
3	潍坊友容实业有限公司	119	企业	寒亭	播种机
4	昌邑市宝路达机械制造有限公司	84	企业	昌邑	耕整机
5	山东潍坊烟草有限公司	60	企业	奎文	移栽机
6	潍坊同方机械有限公司	32	企业	潍城	插秧机
7	于延军	26	个人	寒亭	播种机
8	山东金亿机械制造有限公司	23	企业	高密	收获机及脱粒装置
9	武际军	23	个人	潍城	插秧机
10	郭保可	21	个人	奎文	插秧机

坊子区农业机械领域专利申请量虽然不是全市最多，但已经成功获得"智能农机—山东潍坊坊子"示范称号，成为全国首个以农机命名的国际级示范基地。坊子区依托龙

头企业福田雷沃国际重工股份有限公司形成了高端农机装备制造及零部件配套的产业聚集区,该产业园区正重点发展大型谷物联合收获机、玉米联合收获机、采棉机、甘蔗收获机及水稻收获机等,玉米精密播种机、精量播种机等播种机,联合整地机械、微耕机、秸秆处理机械等耕整机械,为提高农机装备的智能化水平搭建了良好的平台。寒亭区是申请量最多的地区,在经济开发区聚集着山东胜伟园林科技有限公司、潍坊友容实业有限公司、潍坊中迪机械科技有限公司及潍坊鲁科机械有限公司等涉及农机装备的企业,前两家企业并非传统的农机制造企业,主要业务涉及盐碱地的改良及综合利用,所以其农业机械领域的专利申请主要来源于耕整机械和种植机械等方面。中迪机械主要涉及花生联合收获机的研究,鲁科机械涉及的农机装备相对较广,经济开发区围绕上述企业形成具有一定规模的农机装备产业聚集区。另外,宝路达机械有限公司、潍坊烟草、同方机械、金亿机械等公司分别位于昌邑、奎文、潍城、高密等地区,上述公司农业机械领域的专利申请量较多,各地区可以本区域主要申请人的重点专利技术为突破口,培育主导品牌,形成特色鲜明、技术高端的现代化农机装备产业园。

(三)青岛市主要申请人及分布

青岛下属共有7个市辖区、3个县级市,其中申请量前五位的区县分别为城阳23.3%、平度23.0%、黄岛12.3%、即墨10.2%、胶州7.6%。城阳区半数的专利申请来源于青岛农业大学,黄岛区的专利申请主要来自山东科技大学和青岛理工大学等高校,而农机企业主要集中在平度、即墨和胶州等地。如表3-11所示,青岛的农业机械领域专利申请排名前十的申请人,从表中可以看出,青岛的农业机械领域专利申请主要来源于企业和高校及科研院,前十位中企业和高校及科研院所各占一半,企业申请侧重经济类作物收获机械的研发,高校及科研院所研究的领域各不相同,可以实现作物生产全程机械化产业链优势互补。

表3-11 青岛市农业机械领域主要申请人及分布

排名	申请人	申请量/件	类型	区县	优势领域
1	青岛农业大学	313	高校	城阳	根茎类收获机
2	青岛弘盛汽车配件有限公司	93	企业	平度	根茎类收获机
3	山东科技大学	72	高校	黄岛	采摘机及播种机
4	青岛菲尔特工业有限公司	57	企业	平度	花生收获机
5	青岛嘉禾丰肥业有限公司	48	企业	即墨	施肥机
6	青岛仁通机械有限公司	42	企业	平度	深松机
7	山东省花生研究所	40	科研院所	李沧	花生播种机
8	青岛理工大学	34	高校	黄岛	根茎类收获机
9	青岛科技大学	29	高校	崂山	联合整地机
10	青岛洪珠农业机械有限公司	27	企业	胶州	马铃薯收获机

(四)济南市主要申请人及分布

济南是山东的省会城市,下属共有 7 个市辖区、3 个县级市,其中申请量前五位的区县分别为历城 51.9%、市中 12.2%、历下 7.9%、章丘 6.7%、长清 4.0%。济南市半数以上的专利申请均集中在历城区,原因在于与农机相关的研究机构均集中在历城区。如表 3-12 所示,济南的农机专利申请主要来源于高校及科研院所,前十位的申请人全是高校及科研院所,其研究方向也均集中在收获机、脱粒装置、播种机及插秧机等领域,当地应当加大力度推广高质量专利技术的实施。

表 3-12 济南市农业机械领域主要申请人及分布

排名	申请人	申请量/件	类型	区县	优势领域
1	山东省农业机械科学研究院	174	科研院所	历城	播种和收获机
2	济南大学	119	高校	市中	收获机及脱粒装置
3	山东省农业科学院农产品研究所	41	科研院所	历城	播种机
4	山东省农业科学院作物研究所	33	科研院所	历城	玉米和小麦播种机
5	山东棉花研究中心	29	科研院所	历城	棉花播种和收获机
5	山东省农业科学院玉米研究所	26	科研院所	历城	玉米播种和脱粒机
7	山东省水稻研究所	23	科研院所	历城	插秧机
8	山东省农作物种质资源中心	20	科研院所	历城	播种机
9	山东省农业科学院农业资源与环境研究所	17	科研院所	历城	播种机
10	山东省林业科学研究院	16	科研院所	历城	播种机

(五)泰安市主要申请人及分布

泰安下属共有 2 个市辖区、2 个县级市、2 个县,其中申请量排名靠前的区县分别为泰山 52.1%、东平 16.4%、宁阳 11.1%、新泰 8.5%。泰安市半数以上的专利申请均集中在泰山区,与申请量较大的山东农业大学、山东省果树研究所和泰安市农业机械科学研究所集中在泰山有直接关系。而东平、宁阳和新泰等地专利申请来源于农机企业。如表 3-13 所示,泰安的农业机械领域专利申请排名前十的申请人,泰安的农机专利申请主要来源于山东农业大学、山东果树研究所等高校及科研院所,其研究方向均集中在经济作物的种植和收获机械,当地应当加大力度推广高质量专利技术的实施。

表 3-13 泰安农业机械领域主要申请人及分布

排名	申请人	申请量/件	类型	区县	优势领域
1	山东农业大学	355	高校	泰山	经济作物收获和种植机
2	山东宁联机械制造有限公司	71	企业	宁阳	玉米收获机
3	山东省果树研究所	29	科研院所	泰山	采摘机

续表

排名	申请人	申请量/件	类型	区县	优势领域
4	彭华伟	21	个人	东平	花生收获机
5	张琳	15	个人	泰山	耕整机
6	王运广	8	个人	新泰	播种机
7	泰安市农业机械科学研究所	7	科研院所	泰山	白菜收获机
8	徐传祜	7	个人	新泰	耕整机
9	孟广伦	6	个人	东平	小麦播种机
10	迟玉珍	6	个人	泰山	耕整机

（六）济宁市主要申请人及分布

济宁下属共有2个市辖区、2个县级市、7个县，其中申请量排名靠前的区县分别为兖州30.5%、任城14.8%、金乡10.1%、微山10.0%、市中5.6%。济宁市的专利申请主要由企业申请和个人申请构成，科研院所的申请量仅占1.6%，为提高当地的研发速度和研发水平，应当积极建立研究机构，推动农业装备的研发进程。如表3-14所示，济宁的农业机械领域专利申请排名前十的申请人，王伟均作为任城区宏伟机械技术研发中心主任，一直致力于农业机械的研究，截至目前共提出81件专利申请，但已经失效的专利占82.7%，大部分的专利由于未及时缴纳年费而失效；山东玉丰农业装备有限公司位于山东济宁市兖州经济开发区，主要专业从事玉米收获机的研发，该公司共申请18件专利，且大部分质押给北京同城翼龙网络科技有限公司。因此，当地政府应当适当制定专利申请的奖励政策从而刺激个人的专利申请热情，同时强化知识产权的保护力度。

表3-14 济宁市农业机械领域主要申请人及分布

排名	申请人	申请量/件	类型	区县	优势领域
1	王伟均	81	个人	任城	播种机
2	山东省玛丽亚农业机械有限公司	23	企业	金乡	大蒜播种和收获机
3	山东大丰机械有限公司	20	企业	兖州	玉米收获机
4	山东玉丰农业装备有限公司	18	企业	兖州	玉米收获机
5	山东澳星工矿设备有限公司	17	企业	兖州	甘蔗收获机
6	济宁市凯金农业机械设备有限公司	17	企业	任城	耕整机
7	郑计文	17	个人	兖州	玉米收获机
8	山东大华机械有限公司	16	企业	兖州	耕整机
9	爱科大丰（兖州）农业机械有限公司	16	企业	兖州	谷物联合收获机
10	山东国丰机械有限公司	15	企业	兖州	玉米收获机

（七）临沂市主要申请人及分布

临沂下属共有3个市辖区、9个县，其中申请量排名靠前的区县分别为临沭24.8%、兰山17.0%、沂水12.0%、费县6.8%、罗庄6.7%。山东省农机巨头企业山东常林农业装备股份有限公司位于临沭县，其优势在于谷物、玉米等粮食作物收获机械的研发，但该公司还未开始在海外进行专利布局，为保护自主研发的技术且控制潜在的侵权风险，应重视在全球的专利布局，提高知识产权保护意识。当地产业规划部门可以山东常林农业装备股份有限公司为支柱，打造具有竞争力、高质量的核心产品，建立高端农机装备产业园。如表3-15所示，临沂的农业机械领域专利申请排名前十的申请人，临沂市的专利申请主要由企业申请和个人申请构成，高校及科研院所的申请量仅占3.4%。为提高当地的研发速度和水平，应当积极鼓励高校及科研院所进行技术创新，促进产学研用联合，推动高端农业装备发展进程。

表3-15 临沂市农业机械领域主要申请人及分布

排名	申请人	申请量/件	类型	区县	优势领域
1	山东常林农业装备股份有限公司	121	企业	临沭	粮食作物收获机
2	山东临沂烟草有限公司	57	企业	兰山	烟草种植机
3	山东源泉机械有限公司	56	企业	沂水	耕整机
4	朱崇央	28	个人	临沭	花生联合收获机
5	山东华盛农业药械有限责任公司	27	企业	罗庄	收获机
6	朱意友	24	个人	费县	根茎作物收获机
7	临沂银鑫工程机械有限公司	21	企业	河东	秸秆打捆机
8	凌栋梁	19	个人	费县	马铃薯收获机
9	临沭县东泰机械有限公司	18	企业	临沭	花生收获机
10	临沂大学	17	高校	兰山	播种机

（八）淄博市主要申请人及分布

淄博下属共有5个市辖区、3个县，其中，申请量排名靠前的区县分别为张店50.2%、桓台16.2%、临淄15.3%、周村8.3%、淄川3.2%，淄博市的专利申请半数以上来自于科研院所，企业的申请量为33.1%，还达不到山东省企业申请人的平均水平。如表3-16所示，淄博的农业机械领域专利申请排名前十的申请人，山东理工大学位于淄博市张店，其研究的方向在于经济作物的播种和收获机械，截至目前共申请263件专利，占淄博市申请总量的32%，转让和许可的专利共23件，仍有相当一部分的专利没有得到有效推广实施。当地政府应当尝试资助并建设一批农机企业，积极推动产学研用深度融合。淄博大创自动化科技有限公司于2015年4月30日在周村登记成立，公司经营范围包括机械设备研发、销售，目前在农业机械领域共申请56件专利，且96%的专利处在审查状态中，当地政府可以积极推动农机相关的高新技术企业培育。

表 3-16　淄博市农业机械领域主要申请人及分布

排名	申请人	申请量/件	类型	区县	优势领域
1	山东理工大学	263	高校	张店	经济作物收获和播种机
2	山东巨明机械有限公司	89	企业	桓台	玉米收获机
3	淄博大创自动化科技有限公司	56	企业	周村	播种机
4	淄博职业学院	54	高校	张店	水果采摘机
5	肖金丽	54	个人	临淄	水肥灌溉机
6	朱于敏	19	个人	临淄	割草机
7	淄博市农业机械研究所	8	科研院所	张店	玉米播种机
8	山东亚丰农业机械装备有限公司	7	企业	淄川	谷物联合收获机
9	王心俭	7	个人	临淄	玉米收获机
10	于义学	6	个人	桓台	玉米收获机

（九）德州市主要申请人及分布

德州下属共有2个市辖区、2个县级市、7个县，农业机械领域专利申请均匀分布在各个区县，其中，排名前五位的区县为宁津18.2%、禹城16.9%、乐陵16.4%、德成15.5%、武城13.5%。程广森系禹城亚泰机械公司总经理，申请的专利主要集中在马铃薯和高秆作物的收获机。乐陵市天成工程机械有限公司主营业务比较专一，涉及马铃薯生产的全程机械化，因此，其申请的专利主要集中在马铃薯的种植和收获机等。宁津县的专利申请量虽然是德州市最多的区县，但并没有规模较大的企业和高校及科研院所，可见，该县的专利技术较为分散，缺少领军企业。而农机企业主要集中在平度、即墨和胶州等地。如表3-17所示，德州的农业机械领域专利申请排名前十的申请人，从表中可以看出，德州的农业机械领域专利申请主要来源于企业，企业申请侧重的领域各不相同。山东省农机产业园（德州）虽然坐落于德州，但该产业园的专利申请量并不多，为把产业园打造成为德州市农机装备行业技术创新中心和农机产品生产孵化基地，该产业园应强化知识产权的创造和保护。

表 3-17　德州市农业机械领域主要申请人及分布

排名	申请人	申请量/件	类型	区县	优势领域
1	程广森	28	个人	禹城	马铃薯及高秆作物收获机
2	山东天盛机械制造有限公司	20	企业	禹城	耕整机及撒肥机
3	乐陵市天成工程机械有限公司	14	企业	乐陵	马铃薯种植和收获机
4	乐陵市瑞泽农作物种植专业合作社	14	企业	乐陵	耕整机及撒肥机
5	山东庆云颐元农机制造有限公司	14	企业	庆云	玉米播种机
6	德州学院	14	高校及科研院所	德成	经济作物收获机

续表

排名	申请人	申请量/件	类型	区县	优势领域
7	德州春明农业机械有限公司	13	企业	武城	葵花收获机
8	山东丰神农业机械有限公司	12	企业	武城	玉米收获机配件
9	张丽苹	11	个人	德成	秸秆粉碎机
10	张忠田	11	个人	乐陵	秸秆处理机

（十）烟台市主要申请人及分布

烟台下属共有4个区、1个县、6个县级市和1个省管县，农业机械领域专利申请均匀分布在各个区县，其中，排名前五位的区县为莱州17.3%、招远13.2%、龙口12.7%、芝罘12.3%、莱阳10.7%。烟台市缺少大型农机制造企业和高校及科研院所，如表3-18所示，该地区农业机械领域专利申请排名前十的申请人，从表中可以看出，企业、高校及科研院所、个人的申请量都不多，但各申请人涉及的领域较为广泛。

表3-18 烟台市农业机械领域主要申请人及分布

排名	申请人	申请量/件	类型	区县	优势领域
1	臧均	10	个人	海阳	起垄播种机
2	烟台大学	9	高校	莱山	耕整机械
3	龙口市农业机械推广站	9	科研院所	龙口	耕整机械
4	于明瑞	8	个人	栖霞	果园微耕机
5	莱州市金达威机械有限公司	8	企业	莱州	玉米收获机配件
6	潘学洲	7	个人	芝罘	起垄装置
7	招远云帆五金机械有限公司	6	企业	招远	摘果器
8	莱州市全成机械厂	6	企业	莱州	干草机
9	刘方旭	5	个人	福山	割草机
10	山东众和农业装备技术有限公司	5	企业	栖霞	撒肥机

（十一）菏泽市主要申请人及分布

菏泽下属有2个区、7个县，其中，申请量排名前五位的区县分别为牡丹23.2%、成武14.4%、郓城11.8%、单县9.3%、定陶9.3%。菏泽市的专利有效率低于山东省平均水平32.7%，仅有24.1%。马魁灿主要从事新型农业机械、器械研发，其申请的专利技术主要集中在大蒜收获机领域。袁东明系菏泽市明庆机械制造厂的法定代表人，其专利申请主要集中在玉米联合收获机。如表3-19所示，菏泽农业机械领域专利申请排名前十的申请人，从表中可以看出，该市的农业机械领域专利申请主要来源于个人申请，前十位中企业申请人仅占2席，可见，该市缺少从事农业机械研究的高校及科研院所；该市农机企业规模较小且产品单一，缺乏能凝聚产业的大型农机企业。

表 3-19　菏泽市农业机械领域主要申请人及分布

排名	申请人	申请量/件	类型	区县	优势领域
1	马灿魁	27	个人	成武	大蒜收获机
2	袁东明	22	个人	定陶	玉米收获机
3	菏泽新亚机械设备有限公司	10	企业	牡丹	耕整机
4	李留年	9	个人	郓城	秸秆粉碎机
5	曹振迎	7	个人	郓城	割草机
6	李等全	7	个人	牡丹	耕整机
7	徐保亮	6	个人	牡丹	免耕播种机
8	时丕护	6	个人	单县	大蒜收获机
9	谢化忠	6	个人	曹县	播种机
10	单县浮龙湖现代农业机械设备有限公司	5	企业	单县	玉米收获机

（十二）聊城市主要申请人及分布

聊城下属共有1个区、1个县级市、6个县，其中，申请量排名前五位的区县分别为东昌府30.2%、高唐21.9%、临清14.3%、冠县8.1%、阳谷6.8%。东昌府作为聊城市的主城区，其农业机械领域专利申请量明显多于其他区县，该地区聚集着聊城大学、聊城市农业科学研究院等高校及科研院所，同时还有华盛汽车零部件有限公司和山东双力集团股份有限公司等制造企业。如表3-20所示，聊城农业机械领域专利申请排名前十的申请人，从表中可以看出，该市农业机械领域专利申请主要来源于企业和高校及科研院所，山东泉林纸业有限责任公司并非严格意义上的农机制造企业，其农业机械领域专利集中在玉米秸秆分离装置，向中国知识产权局提出一件PCT申请"一种玉米秸秆原料及得到该原料的方法和设备"（CN103988633），该专利正处于实质审查阶段，且已经进入美国、加拿大、阿根廷、墨西哥及巴西等国家。

表 3-20　聊城市农业机械领域主要申请人及分布

排名	申请人	申请量/件	类型	区县	优势领域
1	聊城大学	26	高校	东昌府	大蒜收获机
2	山东泉林纸业有限责任公司	25	企业	高唐	玉米秸秆分离装置
3	山东润源实业有限公司	17	企业	临清	青储饲料收获机
4	山东时风（集团）有限责任公司	13	企业	高唐	玉米收获机配件
5	陈万才	9	个人	高唐	开沟机
6	刘学林	8	个人	高唐	豆类采摘机
7	聊城市农业科学研究院	7	科研院所	东昌府	点播机

续表

排名	申请人	申请量/件	类型	区县	优势领域
8	山东高唐新航机械有限公司	6	企业	高唐	秸秆粉碎机
9	聊城市华盛汽车零部件有限公司	6	企业	东昌府	玉米收获机配件
10	山东双力集团股份有限公司	5	企业	东昌府	花生收获机

（十三）滨州市主要申请人及分布

滨州下属共有2个市辖区、5个县，其中，申请量排名前五位的区县分别为滨城35.0%、邹平17.3%、无棣12.0%、博兴11.7%、惠民7.9%。滨城区农业机械专利申请在全市占据明显优势，这是因为申请量较大的高校及科研院所，如滨州市农业机械化科学研究所、滨州学院和滨州市农机具科学研究所等集中在滨城区。如表3-21所示，滨州的农业机械领域专利申请排名前十的申请人，从表中可以看出，该市农业机械企业专利申请量较少，从事农业机械研究的高校及科研院所申请量较多，且有效率较高，但是技术成果转化率低，为促进当地农业机械化发展可以结合当地企业和高校及科研院所的优势技术，将现有的专利技术产品化、产业化。

表3-21 滨州市农业机械领域主要申请人及分布

排名	申请人	申请量/件	类型	区县	优势领域
1	滨州市农业机械化科学研究所	27	科研院所	滨城	棉花播种及收获机
2	滨州学院	24	高校	滨城	大蒜播种机及水果采摘机
3	惠民县新东方现代农业有限责任公司	16	企业	惠民	牧草种植机
4	山东华兴机械集团有限责任公司	7	企业	博兴	根茎类作物收获机
5	李宝贵	6	个人	无棣	拾枣器
6	滨州市农机具科学研究所	6	科研院所	滨城	播种机
7	山东滨州国草生态科技有限公司	5	企业	滨城	深松犁
8	王树香	4	个人	无棣	培土机
9	苑国斌	4	个人	沾化	播种机
10	陈丙峰	4	个人	无棣	培土机

（十四）威海市主要申请人及分布

威海下属有2个市辖区、2个县级市，其中，农业机械领域专利集中在荣成、文登和环翠，占比分别为50.8%、20.1%、19.3%。威海农业机械领域专利申请的有效率是山东省各地市中最低的，仅有15.2%。荣成市海山机械制造有限公司共申请68件专利，占威海市申请总量的25.8%，该公司主营的农机产品为四轮拖拉机和玉米联合收获机，农业机械领域专利主要集中在花生和玉米联合收获及其配件，但是有效率较低，仅有3件专利（一种带有秸秆放铺装置的玉米收获台CN103733810A、一种玉米收获机的秸秆收集粉碎装置 CN101731057A、一种小行距玉米收获机收获单元体 CN101647347A）处于有效状态，且都已经转让给山东海山机械制造有限公司。如表3-22所示，威海市的农业机械领域专利申请排名前十的申请人，从表中可以看出，威海市农业机械领域专利申请主要来源于企业，其中农机企业主要集中在荣成市，各农机企业的专利主要集中在花生或玉米收获机的配件。

表3-22 威海市农业机械领域主要申请人及分布

排名	申请人	申请量/件	类型	区县	优势领域
1	荣成市海山机械制造有限公司	68	企业	荣成	花生和玉米收获机配件
2	威海印九红果蔬种植专业合作社	10	企业	环翠	播种机配件
3	徐和平	9	个人	乳山	花生收获机
4	松原市奥瑞海山机械有限公司	9	企业	荣成	玉米收获机配件
5	威海恒基伟业信息科技发展有限公司	8	企业	环翠	收获机配件
6	荣成市佳鑫农业机械有限公司	7	企业	荣成	花生收获机
7	山东牧神机械有限责任公司	6	企业	荣成	玉米收获机配件
8	威海市农业科学院	5	科研院所	环翠	起垄器
9	山东海山机械制造有限公司	5	企业	荣成	玉米收获机配件
10	威海海堡机械科技有限公司	4	企业	环翠	耕整机配件

（十五）日照市主要申请人及分布

日照下属有2个市辖区、2个县，其中，东港区农业机械领域专利申请量占39.7%、莒县占24.7%、五莲占23.7%、岚山占11.9%。位于五莲县的山东五征集团有限公司申请量占日照申请总量的32.9%，该公司比较注重与高校和企业的合作交流，与青岛农业大学联合申请的专利主要集中在花生收获及其零部件，与山东烟草研究院有限公司联合申请的专利集中在培土机和中耕机，该公司自主研发的专利技术主要集中在玉米联合收获机及其零部件。另外，山东中天盛科自动化设备有限公司由日照中盛集团股份有限公司于2013年投资创建，日照中盛集团股份有限公司的9件有效专利已全部转让给该公司，其产品主要应用于农业生产、工业制造、海洋工程等领域，自主研发的自动化穴盘育苗播种设备进入市场后深得国内外客户的认可和好评，其农业机械领域专利技术也多集中在穴盘育苗播种设备。表3-23所示是日照的农业机械领域专利申请排名前十的申请人，可以看出，日照的农业机械领域专利申请主要来源于企业，缺少创新能力较强的高校及科研院所研究，但以山东五征集团有限公司为支柱可以创建现代农机装备产业园，以花生和玉米收获机为核心产品，引进相应的零部件制造企业组建产业园的全产业链。

表3-23 日照市农业机械领域主要申请人及分布

排名	申请人	申请量/件	类型	区县	优势领域
1	山东五征集团有限公司	72	企业	五莲	花生和玉米收获机
2	日照中盛集团股份有限公司	10	企业	东港	播种机
3	山东日照烟草有限公司	9	企业	东港	烟草种植机
4	日照市立盈机械制造有限公司	8	企业	莒县	经济作物收获机
5	赵福勇	7	个人	五莲	花生收获机
6	宋振美	5	个人	岚山	花生收获机
7	山东中天盛科自动化设备有限公司	4	企业	东港	播种机
8	莒县农业技术推广中心	4	高校及科研院所	莒县	播种机
9	邢昌丰	4	个人	东港	播种机
10	孙明珍	3	个人	五莲	播种机

（十六）莱芜市主要申请人及分布

莱芜市是山东省面积最小的地级市，下属仅有2个市辖区，其中，农业机械领域专利申请主要集中在莱城区，占比高达83.8%。刘西厚系莱芜华龙机械厂厂长，该厂主要经营小麦精播机及其配件，虽然申请了17件播种机及其配件相关的专利，但已经全部失效。如表3-24所示，莱芜的农业机械领域专利申请排名前十的申请人，从表中可以看出，莱芜农业机械领域专利申请主要来源于个人，该市不仅缺少大型农机制造企业，而且缺少创新能力突出的高校及科研机构，由于个人申请占比较高，所以该市的专利有效率也低于全省平均水平。

表3-24 莱芜市农业机械领域主要申请人及分布

排名	申请人	申请量/件	类型	区县	优势领域
1	刘西厚	17	个人	莱城	播种机及其配件
2	高迟	10	个人	莱城	大蒜播种机及配件
3	王波	4	个人	钢城	大蒜播种机及配件
4	韩效孟	4	个人	莱城	大蒜播种机及配件
5	莱芜钢铁集团有限公司	3	企业	钢城	播种机配件
6	侯桂伦	2	个人	莱城	小麦播种机
7	刘锡厚	2	个人	莱城	播种机配件
8	吕德湘	2	个人	莱城	播种机配件
9	吴茂广	2	个人	钢城	花椒采摘机
10	周法成	2	个人	莱城	大葱挖掘机

(十七)东营市主要申请人及分布

东营下属有3个市辖区、2个县,其中,农业机械领域专利申请主要集中在东营区,占全市的51.9%,广饶占18.0%、河口占10.6%、垦利占9.5%、利津占9.0%。东营处于山东省北部黄河三角洲地区,农用地面积564.2万亩,未利用地面积451.8万亩,且黄河平均每年淤地造陆3万~4万亩。当地涉及农业机械的企业也多为改良滩涂和盐碱地的科技开发企业,并非传统的农机制造企业,且各企业农业机械的研发重点在于耕整机械及其零部件。山东瑞昊机械有限公司是以农业装备为主体的机械制造企业,该公司致力于现代化农业装备的创新和发展,其产品以大型拖拉机和玉米联合收获机为主,申请的专利也多集中在玉米收获机及配件。如表3-25所示,东营的农业机械领域专利申请排名前十的申请人,从表中可以看出,东营的农业机械领域专利申请主要来源于企业,与威海、日照、莱芜等市一样,缺少农机装备创新能力较强的高校及科研院所。

表3-25 东营市农业机械领域主要申请人及分布

排名	申请人	申请量/件	类型	区县	优势领域
1	山东瑞昊机械有限公司	11	企业	广饶	玉米收获机及配件
2	山东阳光园林建设有限公司	7	企业	东营	耕整机
3	东营百胜客农业科技开发有限公司	6	企业	东营	采藕船和大蒜穴播机
4	李兆连	6	个人	东营	播种机
5	东营乾舜农业开发有限公司	5	企业	东营	耕整机
6	东营格润农业科技开发股份有限公司	5	企业	东营	耕整机
7	东营三明林业发展股份有限公司	4	企业	东营	耕整机
8	东营市华枝工贸有限公司	4	企业	河口	深松铲
9	中国石化集团胜利石油管理局银杏开发中心	3	企业	东营	挖掘机
10	冷亮	3	个人	垦利	铁锹

(十八)枣庄市主要申请人及分布

枣庄下属有5个市辖区、1个县级市,农业机械领域专利主要集中在滕州、山亭和市中,占比分别为31.8%、24.3%、23.6%。枣庄海纳科技有限公司是一家集煤矿自动化控制设备、高端农业装备研发、生产、销售于一身的高新技术企业,其中,农机装备主要包括40~180马力的轮式拖拉机、农业植保无人机和马铃薯生产全程机械化产品,其专利申请主要集中在马铃薯播种机及其零部件。如表3-26所示,枣庄的农业机械领域专利申请排名前十的申请人,主要来源于企业和个人,且均位于滕州、山亭和市中。与威海、东营等地市相同,枣庄缺少农机装备创新能力突出的高校及科研院所。

表3-26 枣庄市农业机械领域主要申请人及分布

排名	申请人	申请量/件	类型	区县	优势领域
1	枣庄海纳科技有限公司	16	企业	市中	马铃薯播种机及配件
2	山东常发工贸有限公司	9	企业	滕州	玉米和马铃薯收获机配件
3	滕州金薯王农业机械研制有限公司	8	企业	滕州	马铃薯收获机
4	马德举	6	个人	市中	点播施肥器
5	滕州市隆力机械有限责任公司	5	企业	滕州	马铃薯播种机
6	枣庄市福强商贸有限公司	4	企业	山亭	花椒采收机
7	葛全成	4	个人	山亭	犁和锄头
8	杜泽启	3	个人	滕州	马铃薯播种机
9	孙康	2	个人	市中	花椒采收机
10	孟令强	2	个人	滕州	蒜苔收割刀

六、山东省国际申请统计分析

山东省农业机械领域共计12件国际申请，其中，7件专利已在国内授权，2件处于审查状态中，3件已失效，值得一提的是有5件申请来自于福田雷沃国际重工股份有限公司，具体信息请参见表3-27。

表3-27 山东省市农业机械领域国际申请

序号	公开（公告）号	申请日	申请人	关键部件	技术效果	状态
1	CN105144924A	2015/7/28	济南华庆铸造有限公司	播种器	提高工作效率，降低漏播率	授权
2	CN204244725U	2014/10/20	山东科乐收金亿农业机械有限公司	操作箱和操作杆	节约空间，降低操作难度	授权
3	CN203675672U	2014/1/26	山东明沃机械有限公司	剥皮辊和压送装置	提高剥皮效果，降低籽粒破损率	授权
4	CN203057867U	2013/2/4	福田雷沃国际重工股份有限公司	滚筒盖	提高脱净率，降低损失率	授权
5	CN202722072U	2012/7/27	福田雷沃国际重工股份有限公司	切碎装置	降低功率损耗，防堵塞	授权
6	CN202680006U	2012/8/3	福田雷沃国际重工股份有限公司	防护罩	便于散热器清理和维修	授权
7	CN102696336A	2012/5/24	福田雷沃国际重工股份有限公司	卸粮筒	便于脱粒装置的调整和维修	授权

续表

序号	公开（公告）号	申请日	申请人	关键部件	技术效果	状态
8	CN105359689A	2015/12/1	刘立功	定植器	实现定植器的自动闭合	审中
9	CN103988633A	2013/2/20	山东泉林纸业有限责任公司	皮瓤叶分离装置	改善玉米秸秆分离后的使用性能	审中
10	CN102668804A	2012/5/24	福田雷沃国际重工股份有限公司	控制装置	提高操纵自动化程度	失效
11	CN201238443Y	2008/8/11	刘森	手柄和锄头	适用于小块田地作业	失效
12	CN1977580A	2005/12/5	山东理工大学	舵轮式穴播器	提高投种、投肥可靠性	失效

七、山东省主要企业介绍

（一）福田雷沃国际重工股份有限公司

福田雷沃重工成立于1998年，位于潍坊市坊子区，是一家以工程机械、农业装备、车辆、发动机为主体业务的大型产业装备制造企业，是目前国内最大的农业装备制造企业、成长最快的工程机械制造企业，2016年雷沃品牌价值405.18亿元，位列中国500最具价值品牌榜第76位，2017年实现销售收入506.68亿元，较2016年增长101.5亿元。该公司被认定为"国家重点高新技术企业"，其工程技术研究院被认定为"国家认定企业技术中心"，主导的品牌被认定为"中国名牌""中国驰名商标""最具市场竞争力品牌"。该公司农业装备业务主要承担雷沃重工小麦机、玉米机、水稻机、拖拉机与农机具的研发、生产与销售，是目前国内最大的农业装备制造企业。其农业装备产业生产基地主要分布在潍坊、黑龙江、意大利三地，共有3个研发中心、5个专业化生产工厂以及各类生产车间30多座，具备了20万台/年的生产能力，拥有行业一流的科研技术中心、液压电控中心、车身设计中心、试制测试中心、焊接车间、涂装车间、装配车间、整机实验区等，车间配备了国际先进的流水生产线、自动涂装烘干线、焊接机器人、定扭矩系统、装配机械手等自动化生产设备，形成了国际先进的生产装配车间。福田雷沃国际重工的谷神收获机械产品包括小麦机、玉米机和水稻机三大产品线，其中小麦机涵盖横轴流、纵轴流、静液压驱动等机型，喂入量覆盖2.5~12kg/s，可用于小麦、水稻、玉米籽粒等作物的收获作业；玉米收获机械涵盖板式摘穗、辊式摘穗、果穗剥皮、静液压驱动等机型，收获行数覆盖2~7行，可用于玉米果穗收获机茎穗兼收、秸秆还田等作业；水稻机涵盖横轴流、纵轴流、HST液压无级变速驱动等机型，喂入量覆盖2~8kg/s，可用于水稻、小麦、油菜籽等作物的收获作业。

福田雷沃国际重工股份有限公司是国内联合收获机领域专利申请量最多的申请人，从2002年开始申请专利，已申请专利1057件，其中，涉及耕整机械、种植机械和收获机械方面的专利共231件，占总申请量的21.8%，该公司有效专利占总量的59.3%，40.3%的专利已经失效，仅有0.4%的专利申请还处于审查状态，向世界知识产权组织申请5件PCT申请，但尚未进入国家阶段。如图3-13所示，该公司从2006年开始在耕整机械、种植机械和收获机械方面申请专利，其专利申请呈波动增长态势，2016年开始农业机械领域专利申请开始明显下降，这与最近两年农机市场整体下滑有明显关系，为节约成本企业不得不开始减少研发投入。

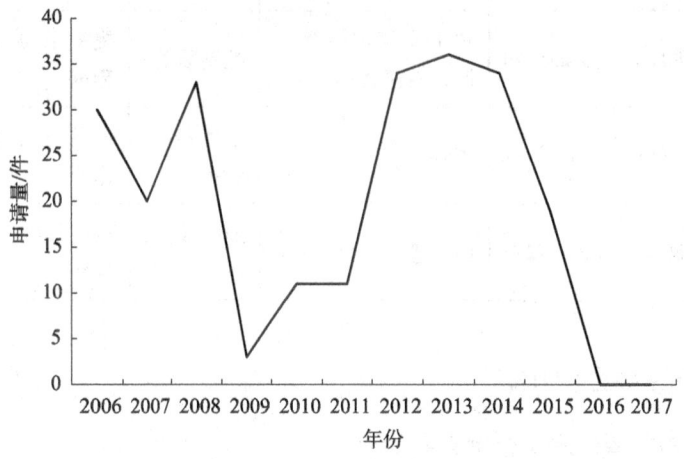

图3-13 福田雷沃国际重工股份有限公司专利申请趋势

如图3-14所示，福田雷沃国际重工股份有限公司的专利申请类型比例为发明专利16.9%、实用新型专利83.1%，实用新型专利的占比远高于发明专利，表明该公司应当加大研发力度且注重专利布局，积极寻求专利权更加稳定、保护期限更长的保护方式。

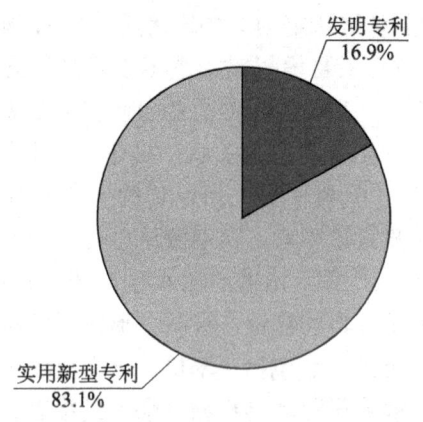

图3-14 福田雷沃国际重工股份有限公司专利申请类型

如图3-15所示，福田雷沃国际重工股份有限公司专利申请技术构成。该公司申请的专利技术中收获机械占比为95.2%、种植机械3.9%、耕整机械0.9%，其中，在收获机械中粮食作物收获机械占97.3%、牧草作物收获机械占2.7%，种植机械中播种机械占98%，耕整机械全部为耕地机械。从以上数据可以看出，福田雷沃国际重工股份有限公司的专利技术以收获机械为主，种植机械和耕整机械方面的专利申请较少，其中，收获机械方面的专利主要集中在小麦、水稻、玉米等粮食作物，种植机械涉及的专利全部为水稻插秧机，在经济作物收获机械、移栽机械及整地机械等方面存在专利技术空白。

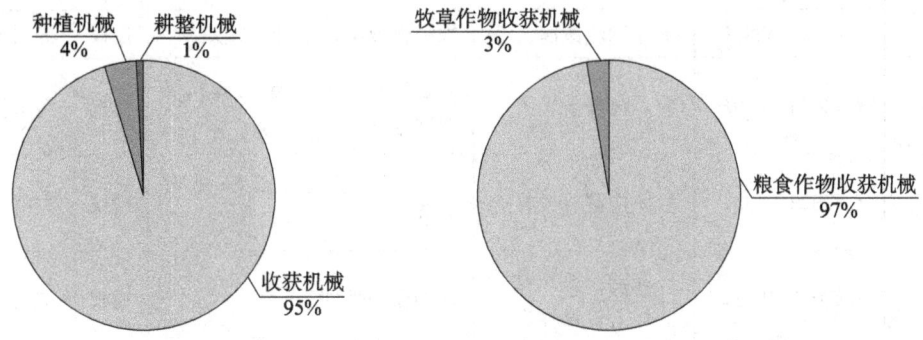

图 3-15 福田雷沃国际重工股份有限公司专利申请技术构成

如表 3-28 所示，福田雷沃国际重工股份有限公司的重点专利技术，其中，主要涉及收获机的零部件及控制系统等。

表 3-28 福田雷沃国际重工股份有限公司重点专利技术

领域	公开（公告）号	关键部件	技术效果	状态	类型
粮食作物收获机	CN101200179A	驾驶室乘用梯装置	避免作业时刮倒农作物	授权	发明申请
	CN102696336A	粮箱与脱粒清选部件的连接件	降低劳动强度，提高操纵轻便性	授权	发明申请
	CN102106221A	卸粮装置	降低损毁，提高自动化程度	授权	发明申请
	CN102090218A	液压系统	减少工作原件对整机的冲击负荷	授权	发明申请
	CN101228824A	升运器	降低籽粒破损率、减少磨损	授权	发明申请
	CN203340634U	脱粒滚筒连接件	避免堵塞，减少事故发生率	授权	实用新型
	CN203057888U	脱粒清选装置	减少堵塞，提高脱粒性能	授权	实用新型
	CN203057867U	滚筒盖	提高脱尽率，减少脱粒损失	授权	实用新型
	CN202722072U	秸秆切碎装置	减少堵塞，提高切碎性能	授权	实用新型
	CN202617706U	操控装置	降低劳动强度，提高自动化程度	授权	实用新型
	CN202617705U	粮箱与脱粒清选部件的连接件	降低劳动强度，提高操纵轻便性	授权	实用新型
	CN202565773U	脱粒清选装置	提高脱尽率，降低破损率	授权	实用新型

续表

领域	公开（公告）号	关键部件	技术效果	状态	类型
粮食作物收获机	CN202455836U	卸粮结构	减轻劳动强度，提高作业效率	授权	实用新型
	CN202455881U	轴流滚筒	提高作业适应性和工作效率	授权	实用新型
	CN202455869U	报警装置	防止籽粒溢出，避免造成浪费和损坏	授权	实用新型
	CN202251533U	液压控制离合装置	减轻劳动强度，提高皮带寿命	授权	实用新型
	CN202121961U	纵轴流滚筒喂入口部件	提高脱粒性能	授权	实用新型
	CN201666180U	自动除尘装置	节省成本，提高自动化程度	授权	实用新型
	CN201323787Y	轴流滚筒	提高脱离性能，减少堵塞	授权	实用新型
插秧机	CN1939112A	秧船	降低劳动强度，保护苗床床土	授权	发明申请

（二）山东常林农业装备股份有限公司

山东常林农业装备股份有限公司是山东常林集团下属的六大子公司之一，位于山东省临沭县，由山东手扶拖拉机制造厂、山东常林发动机厂、临沭县锻造厂、临沭县东方机械厂组成。公司从锻造简单农具、生产制造播种机、脱粒机等农业机械，发展为开发手扶拖拉机、柴油机、四轮拖拉机、卷帘机、植保机械、深松机、地膜覆盖种植机、微耕机、稻麦联合收获机、玉米收获机、花生收获机等现代农业装备的大型农业装备企业，研制生产的玉米收获机投放市场后，短时间内实现产能过万，已经成功进入国内收获机械主导品牌，其沭河系列手扶拖拉机、微耕机、旋耕机以及谷丰系列玉米联合收获机等产品大量出口到俄罗斯、乌克兰及东南亚等国家和地区。常林农装2010年与德国道依茨公司开展合作研发，2017年5月正式更名为山东大启机械有限公司，先后获得"中国农机博览会金奖""中国农机工业AAA级信用企业""用户最心仪的特种收获机械十佳品牌""最具市场竞争力品牌"，商标入选《中国最有价值商标500强》并获"山东省名牌"称号。

山东常林农业装备股份有限公司从2003年开始申请专利，已申请专利211件，其中，涉及耕整机械、种植机械和收获机械方面的专利共121件，占总申请量的57.3%，有效专利占54%、失效占42.7%、审中占3.3%。如图3-16所示，该公司2006年开始在耕整机械、种植机械和收获机械方面申请专利，从申请专利之初到2014年申请量稳步增长，2015年专利申请量出现下滑，与福田雷沃国际重工一样，为节约成本开始减少研发力度的投入，作为国内农业机械领域的龙头企业，该公司还未开始在海外进行专利布局。

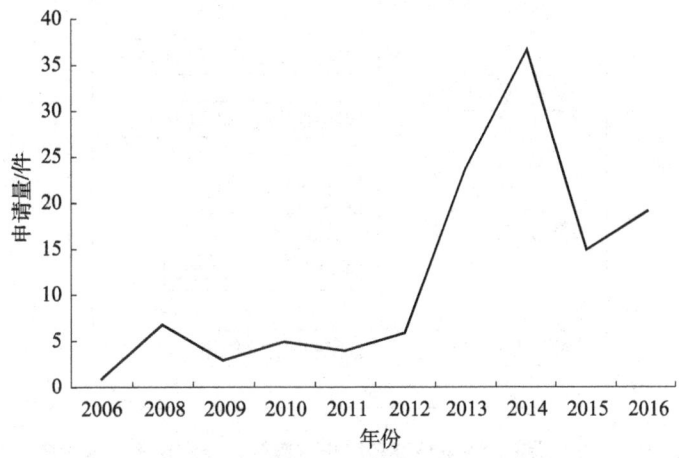

图 3-16　山东常林农业装备股份有限公司专利申请趋势

如图 3-17 所示，山东常林农业装备股份有限公司的专利申请类型比例为发明专利 36.4%、实用新型专利 63.6%，发明专利申请的占比明显高于福田雷沃国际重工股份有限公司，表明该公司注重专利申请的稳定性和长久性，但相比于国外龙头企业仍有明显不足。

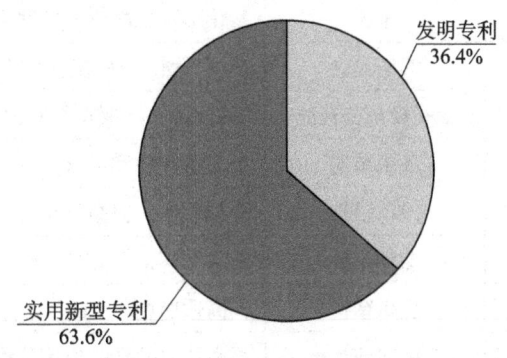

图 3-17　山东常林农业装备股份有限公司专利申请类型

如图 3-18 所示，山东常林农业装备股份有限公司专利申请技术构成。该公司农业机械领域专利申请中，收获机械占比为 66.9%、耕整机械占 31.4%、种植机械占 1.7%，其中，在收获机械中粮食作物收获机械占 83.9%、经济作物收获机械占 16.1%，耕整机械中耕地机械占 63.1%、整地机械占 21.1%、联合作业机械占 15.8%，而种植机械全部为播种机械。从以上数据可以看出，山东常林农业装备股份有限公司的专利技术较为全面，覆盖了作物生产从整地到收获的全程机械化，而又注重收获机械的研发投入，牢牢把握当今农机装备的市场。该公司的收获机械主要涉及玉米、小麦、水稻、花生、棉花等作物，种植机械涉及的专利全部为小麦免耕精播，耕整机械方面既包含耕地机械和整地机械，还在联合作业机械方面进行专利布局。

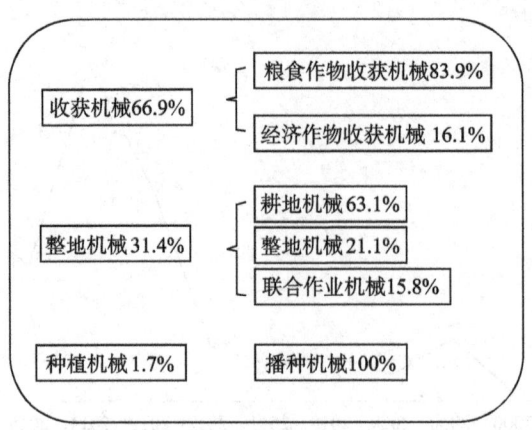

图3-18 山东常林农业装备股份有限公司专利申请技术构成

如表3-29所示,山东常林农业装备股份有限公司的重点专利技术,其中,主要涉及玉米收获及其零部件、花生收获机零部件及耕整机等。

表3-29 山东常林农业装备股份有限公司重点专利技术

领域	公开(公告)号	关键部件	技术效果	状态	类型
玉米收获机	CN104192071A	车梯	简化结构,减小整机宽度	授权	发明申请
	CN103210742A	液压装置	提高可靠性、适应性及作业效率	授权	发明申请
	CN102893758A	梭式换挡变速箱	提高适应性,转向简便、灵活	授权	发明申请
	CN102812816A	整机结构	提高适应性和可靠性	授权	发明申请
	CN103404311A	传动机构	降低成本,提高可靠性	授权	发明申请
	CN206092585U	操纵系统	节省空间,提高自动化程度	授权	实用新型
	CN204811023U	整机结构	提高适应性	授权	实用新型
	CN204047185U	茎秆切碎机构	提高切碎效果和应用范围	授权	实用新型
	CN204014498U	剥皮籽粒回收机构	实现果皮剥落和籽粒回收功能	授权	实用新型
	CN203912579U	防进粮口漏粮机构	提高作业效率	授权	实用新型
	CN203575102U	卸粮机构	减少整机体积	授权	实用新型
	CN203423980U	整机结构	提高可靠性和适应性	授权	实用新型
	CN203423995U	割台	提高作业适应性	授权	实用新型
	CN203289918U	变速箱总成	降低劳动强度,提高舒适性	授权	实用新型
花生收获机	CN104067763A	扶禾分秧装置	增强适应性,提高作业效果	授权	发明申请
	CN103195883A	分动力箱总成	提高通过性和适应性	授权	发明申请
	CN103703910A	分禾扶秧装置	提高适应性,可扶起倒伏秧苗	授权	发明申请

续表

领域	公开（公告）号	关键部件	技术效果	状态	类型
耕整机械	CN104160797A	碎土装置	实现深松碎土功能，且耕深可调	授权	发明申请
	CN104160798A	仿形整地机架	提高整地效果，避免漏耕	授权	发明申请
	CN104160799A	碎土高度调节装置	实现耕深的自动调节	授权	发明申请

（三）山东胜伟园林科技有限公司

山东胜伟园林科技有限公司成立于2003年，位于潍坊滨海经济技术开发区，2010年与棕榈园林股份有限公司在设计、施工、技术、管理等方面进行全方位合作，同年12月正式成为棕榈园林股份有限公司的控股子公司。2011年3月21日由原潍坊市胜伟园林绿化有限公司更名为山东胜伟园林科技有限公司，是一家集盐碱地治理与综合利用、景观生态系统规划设计与施工运营于一体的高新技术企业，该公司的业务范围涉及苗圃生产、景观设计、工程施工、养护管理及盐碱地治理利用等。

山东胜伟园林科技有限公司从2011年开始申请专利，已申请1140件专利，涉及农业机械领域的专利申请共149件，占其总申请量的13.1%。如图3-19所示，山东胜伟园林科技有限公司成立以来农业机械领域的专利申请情况，其中，发明专利40件、实用新型专利109件。2014年以前，该公司农业机械领域的专利申请仅有6件，2016年开始急剧增长，占申请总量的95.9%，由于该公司近两年开始大规模进行专利布局，所以有效专利占总量的30.2%，69.8%的专利申请还处于审查状态。其专利申请全部集中在国内，尚未开始在海外进行布局。

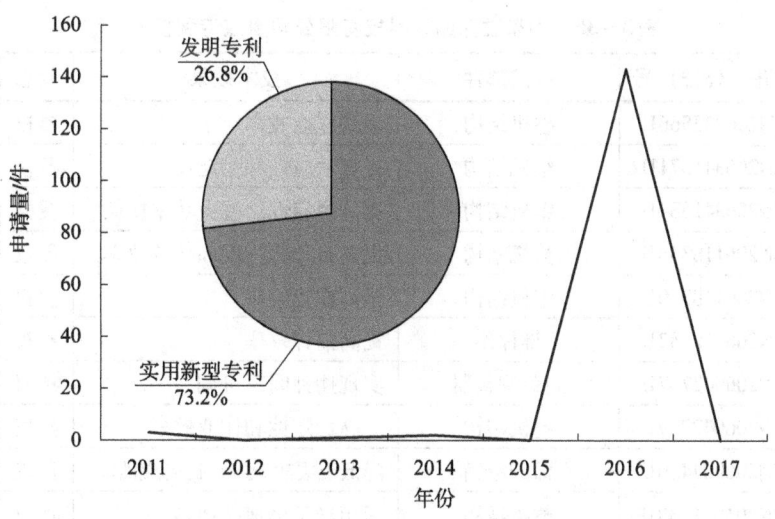

图3-19 山东胜伟园林科技有限公司专利申请趋势

如图3-20所示，山东胜伟园林科技有限公司专利申请技术构成。该公司申请的专利技术占比为耕整机械占56.5%、种植机械占35.2%、收获机械占8.3%，其中，在耕整机械中整地机械占78%、耕地机械占22%，种植机械中播种机械占98%、移栽机械占2%，收获机械中牧草作物收获机械占91.7%、经济作物收获机械占8.3%。从以上数据可以看出，山东胜伟园林科技有限公司的专利技术以耕整机械为主，收获机械方面的专利申请较少，在粮食作物收获机械和联合耕整机械方面尚未开始进行专利布局。由于该公司主要致力于盐碱地改良和综合利用技术，所以，耕整机械主要适用于盐碱地；种植机械涉及范围较广，主要包括小麦、水稻、玉米、棉花、牧草等作物；收获机械领域的专利技术集中于盐碱地的牧草收获，而在粮食作物收获机械方面的专利技术存在空白。

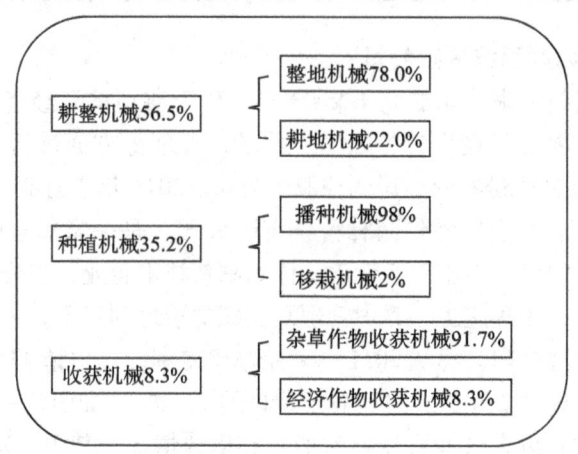

图3-20 山东胜伟园林科技有限公司专利申请技术构成

如表3-30所示，山东胜伟园林科技有限公司的重点专利技术，主要涉及种植机械和耕整机械等。

表3-30 山东胜伟园林科技有限公司重点专利技术

领域	公开（公告）号	关键部件	技术效果	状态	类型
种植机	CN206835566U	整机结构	提高作业效率	授权	实用新型
	CN206341571U	整机结构	提高适应性和稳定性	授权	实用新型
	CN206341584U	整机结构	提高稳定性，减少功率损耗	授权	实用新型
	CN206118358U	整机结构	提高自动化程度和作业效率	授权	实用新型
	CN206118380U	整机结构	提高作业效率	授权	实用新型
	CN206118382U	排种器	提高播种效率	授权	实用新型
	CN206042767U	间距调整器	实现播种间距可调	授权	实用新型
	CN206042729U	整机结构	提高稳定性和作业效率	授权	实用新型
	CN206024450U	稀酸液箱	降低土壤盐碱度，提高成活率	授权	实用新型
	CN205961768U	整机结构	适用半干旱地区播种	授权	实用新型
	CN205961775U	整机结构	实现多行播种且步距可调	授权	实用新型
	CN205611185U	整机结构	提高作业效率	授权	实用新型
	CN205454447U	旋耕机构	细化土壤	授权	实用新型

续表

领域	公开（公告）号	关键部件	技术效果	状态	类型
耕整机械	CN205961704U	整机结构	提高刮平效果	授权	实用新型
	CN205961747U	激光平整机构	提高平整精度	授权	实用新型
	CN206118311U	整机结构	实现耕整联合作业	授权	实用新型
	CN206042717U	整机结构	提高自动化程度和作业效率	授权	实用新型
	CN206042718U	平整机构	提高作业质量，延长使用寿命	授权	实用新型
	CN206042719U	耕地装置	降低土壤盐碱度，提高成活率	授权	实用新型
	CN206042720U	整机结构	提高作业效率	授权	实用新型

八、山东省主要创新团队

（一）山东农业大学创新团队

以侯加林院长为首的山东农业大学创新团队，在农业机械领域共申请91件专利，占山东农业大学农业机械领域申请总量的24.5%。侯加林系山东农业大学机械与电子工程学院院长、山东省农机顾问团成员、国家特色蔬菜农业机械化岗位专家、山东省智能化农业机械化与装备实验室首席专家、国家农业机械化及其自动化专业虚拟仿真实验室中心主任等。其主要研究方向为农业机械与装备和智能检测与自动化仪表，参与的主要项目有高效节能设施装备与能源综合管理系统、大蒜和大葱全产全程机械化装备、智能型果园升降平台、智能型玉米秸秆青贮打捆包膜一体机及自走式大葱收获机等。

如图3-21所示，该团队从2014年开始申请专利，专利申请量逐年增长，年平均增长率为260.9%，其中，发明专利占比34.4%、实用新型专利占比65.6%，有效专利占比59.3%、失效占比13.2%、审中占比27.5%，但申请的专利尚未开始运营。

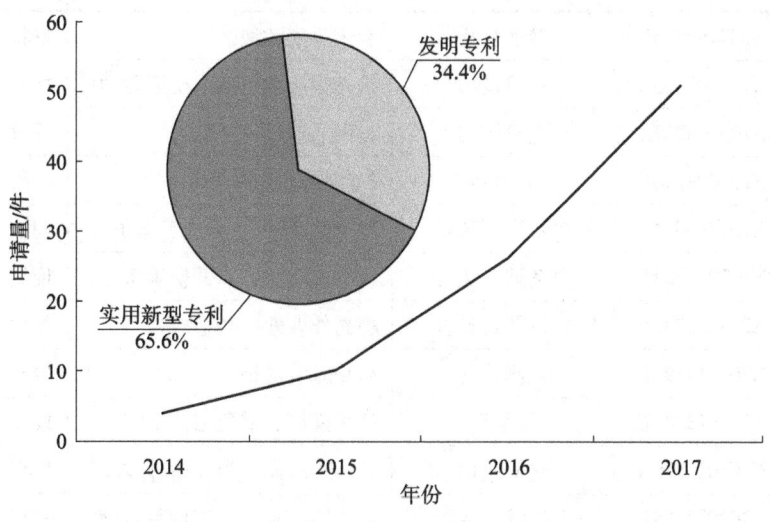

图3-21 山东农业大学创新团队专利申请趋势

如图 3-22 所示，山东农业大学创新团队的专利申请主要分布在收获机械和种植机械，占比分别为 53.8%、46.2%。收获机械中主要以大蒜、大葱、果蔬等经济作物的收获为主；粮食作物的收获仅涉及玉米；种植机械中主要以大蒜、大葱的播种机和移栽机为主。

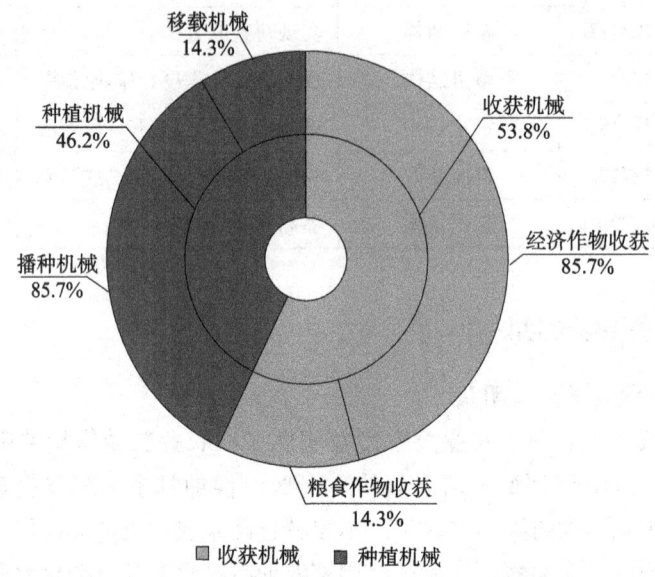

图 3-22 山东农业大学创新团队专利申请技术构成

如表 3-31 所示，山东农业大学创新团队的重点专利技术，主要涉及大蒜种植机和收获机。

表 3-31 山东农业大学创新团队重点专利技术

领域	公开（公告）号	关键部件	技术效果	状态	类型
大蒜收获机	CN207167055U	抛秧装置	利于收集蒜秧	授权	实用新型
	CN105103766A	整机结构	提高适应性，减小土壤阻力	授权	发明申请
	CN105103767A	整机结构	提高适应性，降低伤蒜率	授权	发明申请
	CN207099728U	分禾器	提高作业效率	授权	实用新型
	CN207099674U	扶禾限深装置	调节挖掘深度，防止蒜茎歪斜	授权	实用新型
	CN207022494U	角度调节装置	提高适应性，降低伤果率	授权	实用新型
	CN207022505U	夹持输送装置	提高作业效率和适应性	授权	实用新型
大蒜播种机	CN207114796U	检测装置	防止蒜种漏提	授权	实用新型
	CN207022387U	压平辊	便于灌溉，避免出苗不齐	授权	实用新型
	CN104025776A	整机结构	株行距可调，提高播种效率	授权	发明申请
	CN207022468U	去杂回弹装置	可去除杂物，提高播种精度	授权	实用新型

续表

领域	公开（公告）号	关键部件	技术效果	状态	类型
大蒜播种机	CN207022469U	排种碗控制机构	提高自动化程度和播种精度	授权	实用新型
	CN206993682U	控制系统	提高作业效率和自动化程度	授权	实用新型
	CN206993683U	分种装置	提高播种精度，防止重播	授权	实用新型
	CN206993673U	自动扶正装置	提高作业效率和稳定性	授权	实用新型
	CN206302730U	整机结构	提高自动化程度和作业效率	授权	实用新型
蔬菜移栽机	CN206629432U	投苗装置	实现自动投苗，提高作业速度	授权	实用新型
	CN105794376A	整机结构	株行距及播深可调	授权	发明申请
白菜收获机	CN207151212U	整机结构	降低劳动强度，提高作业效率	授权	实用新型
葡萄采摘机	CN105900610A	整机结构	提高作业效率，降低损伤率	授权	发明申请

（二）青岛农业大学创新团队

以尚书旗院长为首的青岛农业大学创新团队，在农业机械领域共申请138件专利，占青岛农业大学农业机械领域申请总量的42.8%。尚书旗系青岛农业大学机电工程学院院长，国际田间试验机械化协会主席、教育部高等学校教学指导委员会委员、全国农业推广硕士学位专业教育指导委员会成员、农业部农机动力与收获机械重点实验室学术委员会主任、中国农业工程学会常务理事及田间育种试验机械化专业委员会主任委员、中国农业机械学会理事、山东农业工程学会副理事长、山东省主要农作物机械化生产装备协同创新中心主任、山东省根茎类作物生产装备工程技术研究中心主任、山东省种业生产装备工程研究中心主任等。其主要从事新型农业机械化设计与性能试验的研究，主要参与的项目有"十一五"科技支撑计划重点项目"机械化挖掘收获技术研发与示范"，国家公益性行业（农业）科研专项"根茎类作物生产机械化关键技术提升与装备优化研究"，国家"十二五"科技支撑计划重点项目"大型多功能花生、甜菜收获技术和装备研究与示范"，国家公益性行业（农业）科研专项"作物品种小区精确种植与收获装备研发与示范"，国家农业科技成果转化资金项目"育种试验播种机关键技术的示范与推广"，国家"948"项目"育种试验小区联合收获机智能控制装备"，山东省农业良种工程项目"良种繁育机械化技术及装备研发与应用"等。

如图3-23所示，该团队从2008年开始申请专利，到目前为止，专利申请量逐年增长。这与该团队主持和参与的国家项目有关，其中，发明专利占比47.8%，实用新型专利占比52.2%，有效专利占比36.2%、失效专利占比57.3%、审中占比6.5%。在申请的专利技术中，已经有3件专利成功转让给企业和农业部规划部门。其中，发明专利"一种马铃薯漏播检测装置与一种马铃薯播种装置"（公开号CN105284226A）转让给青岛洪珠农业机械有限公司，发明专利"花生收获机工况检测与控制系统"（公开号CN104521416A）转让给山东五征集团有限公司，发明专利"一种株行条播机排种单体"（公开号CN03283360A）转让给农业部规划设计研究院。

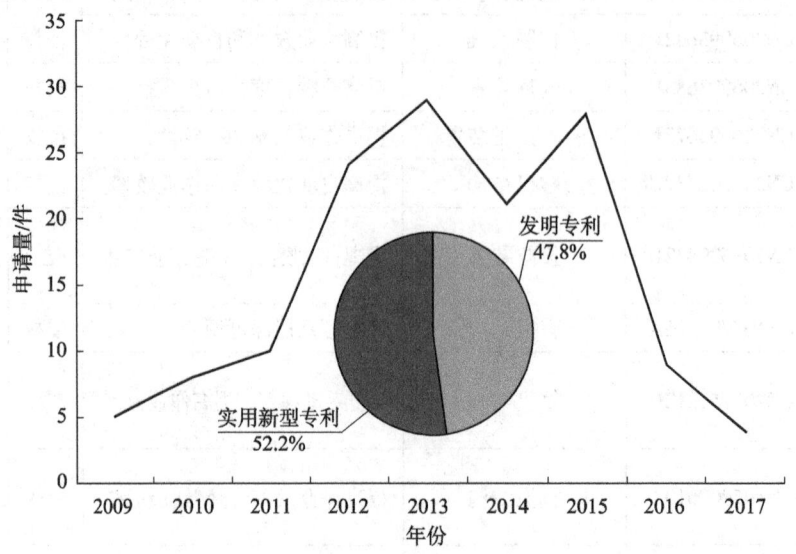

图3-23　青岛农业大学创新团队专利申请趋势

如图3-24所示，青岛农业大学创新团队的专利申请主要分布在收获机械和种植机械，占比分别为66.7%、33.3%，收获机械中主要以花生、胡萝卜、马铃薯、大蒜、棉花等经济作物的收获机为主，粮食作物的收获仅涉及谷物，种植机械中主要以花生、胡萝卜、马铃薯、大蒜、西洋参的播种机为主。

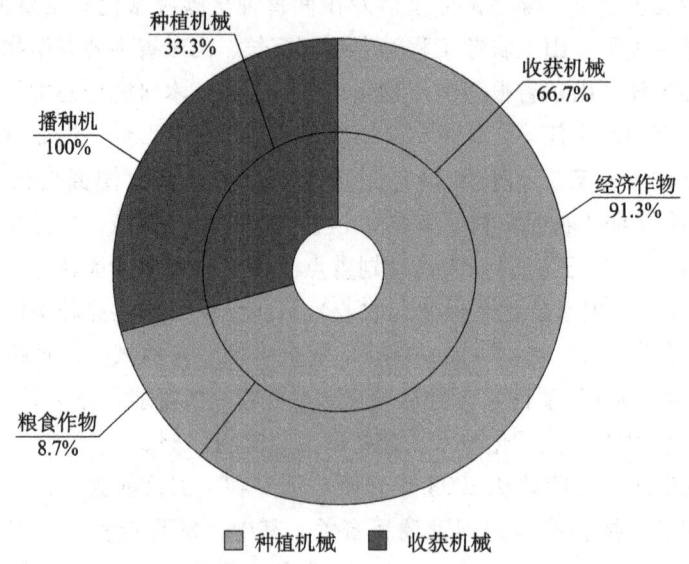

图3-24　青岛农业大学创新团队专利申请技术构成

青岛农业大学创新团队的重点专利技术主要涉及根茎类作物种植机和收获机,具体信息见表3-32。

表3-32 青岛农业大学创新团队重点专利技术

领域	公开(公告)号	关键部件	技术效果	状态	类型
根茎类作物收获机械	CN105325095A	定位标记装置	便于精确补种	授权	发明申请
	CN105284226A	漏播检测装置	减少漏播率	授权	发明申请
	CN105230217A	铲体	减少受力面积,提高入土性能	授权	发明申请
	CN104396424A	整机结构	提高作业效率,降低劳动强度	授权	发明申请
	CN104521416A	控制系统	提高自动化程度	授权	发明申请
	CN104255171A	整机结构	提高作业效率,降低劳动强度	授权	发明申请
	CN104067762A	碎土拔秧装置	减少含土率,利于清选	授权	发明申请
	CN104067788A	摘果装置	提高摘果率、降低破损率	授权	发明申请
	CN103262704A	测产装置	实现花生产量即时测量	授权	发明申请
	CN102177783A	整机结构	提高作业效率,降低劳动强度	授权	发明申请
	CN103918397A	整机结构	提高秧果分离和清选效果	授权	发明申请
	CN103039178A	防缠绕装置	防止秧蔓缠绕,避免设备损坏	授权	发明申请
	CN103609247A	整机结构	提高秧果分离和清选效果,降低漏果率	授权	发明申请
	CN102907205A	对行装置	减少伤果率和丢果率	授权	发明申请
根茎类作物播种机	CN103477764A	取种器	减少伤种率和漏种率	授权	发明申请
	CN105340401A	整机结构	提高作业效率和地面仿形性	授权	发明申请
	CN103329665A	调节装置	实现行长的精准调节	授权	发明申请
	CN103329667A	整机结构	实现多品种同时播种	授权	发明申请
	CN103329669A	漏播检测装置	实现漏播精确检测、处理和报警功能	授权	发明申请
	CN102487633A	整机结构	提高播种机自动化和精准化	授权	发明申请

(三)山东理工大学创新团队

以李其昀所长为首的山东理工大学创新团队,在农业机械领域共申请59件专利,占山东理工大学农业机械领域申请总量的22.4%。李其昀系山东理工大学农业机械化技术与装备研究所所长、中国农业机械学会耕作机械分会理事、中国农业机械学会农机化分会委员、山东农业工程学会理事。其主要从事农业机械设计研究,科研项目包括国家"九五"科技攻关课题"机械化育苗移栽工艺及机具装备研究"、山东省"九五"科技攻关课题"机械化旱作农业系列机具研究"、农业部农业结构调整重大技术研究专项项目"棉花工厂化育苗、移栽技术与设备的研究"、国家"十一五"支撑计划"玉米收获机械化技术研究与示范"、山东省科技攻关项目"玉米秸秆覆盖及促腐技术研发""新型玉米联合收获机的研制"等。

如图3-25所示，该团队从2007年开始申请专利。到目前为止，发明专利占比93.2%，实用新型专利占比6.8%，有效专利占比67.8%、失效专利占比23.7%、审中占比8.5%。申请的专利以发明专利为主且有效专利占比明显，可见，该团队注重专利申请的稳定性和长久性。虽然该团队的专利申请具有较高的质量，但是，申请的专利技术尚未得到有效运营。

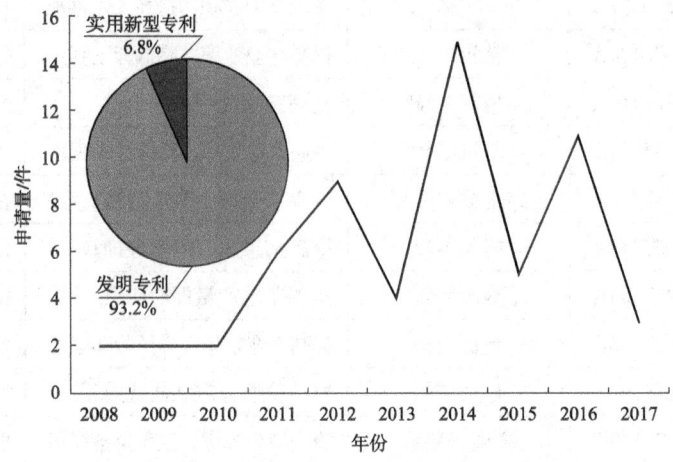

图3-25　山东理工大学创新团队专利申请趋势

如图3-26所示，山东理工大学创新团队的专利申请涉及收获机械、种植机械和耕整机械，占比分别为54.2%、25.4%、20.4%，收获机械中主要以玉米和小麦等粮食作物的收获为主，种植机械主要涉及小麦和玉米的精密播种，耕整机械仅涉及整地机械。

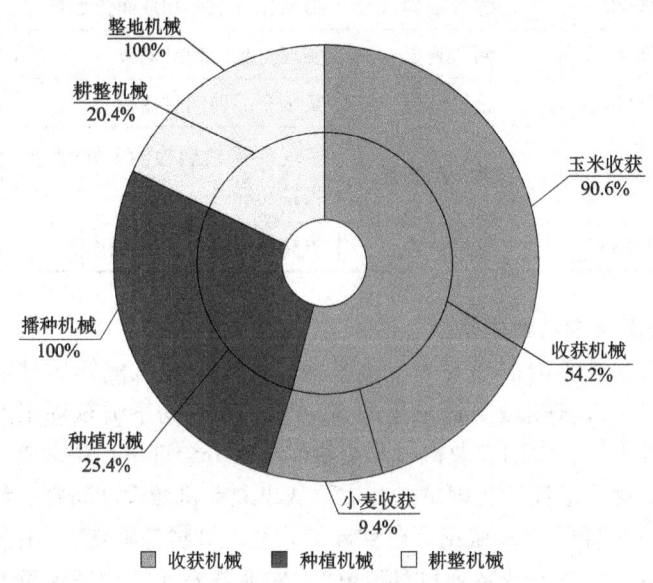

图3-26　山东理工大学创新团队专利申请技术构成

山东理工大学创新团队的重点专利技术主要涉及玉米收获机及其零部件和小麦、玉米播种机,具体信息见表3-33。

表3-33 山东理工大学创新团队重点专利技术

领域	公开(公告)号	关键部件	技术效果	状态	类型
播种机	CN103797936A	开沟器	实现等深精确播种,提高播种质量	授权	发明申请
	CN103782692A	开沟器	实现等深精确播种,保证播种质量	授权	发明申请
	CN102771225A	开沟器	实现种肥分离,保证播深和施肥深度一致	授权	发明申请
	CN104996033A	开沟装置	实现等高精确播种,提高播种质量	授权	发明申请
	CN104335725A	刮土整苗器	实现等高精确播种,提高播种质量	授权	发明申请
收获机	CN103703926A	割台	减少挤压造成玉米损伤,降低功耗	授权	发明申请
	CN103493646A	摘穗机构	提高仿生效果,减小动力消耗	授权	发明申请
	CN103477798A	掰穗装置	提高仿生效果,减小动力消耗	授权	发明申请
	CN103430694A	掰穗装置	提高仿生效果,减小动力消耗	授权	发明申请
	CN103430695A	掰穗装置	提高仿生效果,减小动力消耗	授权	发明申请
	CN102771211A	茎秆切碎装置	减少动力消耗,保证作业质量	授权	发明申请
	CN102612931A	切碎还田装置	提高粉碎率,减小动力消耗	授权	发明申请
	CN102523843A	切碎回收装置	提高作业效率,减小动力消耗	授权	发明申请
	CN102440117A	割台	提高工作效率,降低损伤率	授权	发明申请
	CN102428771A	破茬防堵装置	防止缠绕,提高播种效率和质量	授权	发明申请
	CN101878700A	整机结构	避免漏切,减少道具磨损	授权	发明申请
	CN101080976A	整机结构	同时完成玉米收获和小麦播种,节约能耗	授权	发明申请
	CN102668810A	割台	实现小行距长果穗玉米收获	授权	发明申请
	CN105612919A	掰穗加速机构	提高掰穗速度,降低能耗	授权	发明申请
	CN105519305A	割台	减少籽粒损失,提高适应性	授权	发明申请

九、山东省农机装备企业"301调查"应对分析

2018年3月23日,美国总统特朗普签署总统备忘录,依据"301调查"结果,将对中国进口的商品大规模征收关税,并限制中国企业对美国投资并购,对中国出口商品征收25%的关税,总金额达500亿美元,涉及的中国出口商品近1300个类别,涵盖的领域(见图3-27)包括高性能医疗机械、生物医药、新材料、农机装备、工业机器人、新一代信息技术、新能源汽车、航空产品及高铁装备等。

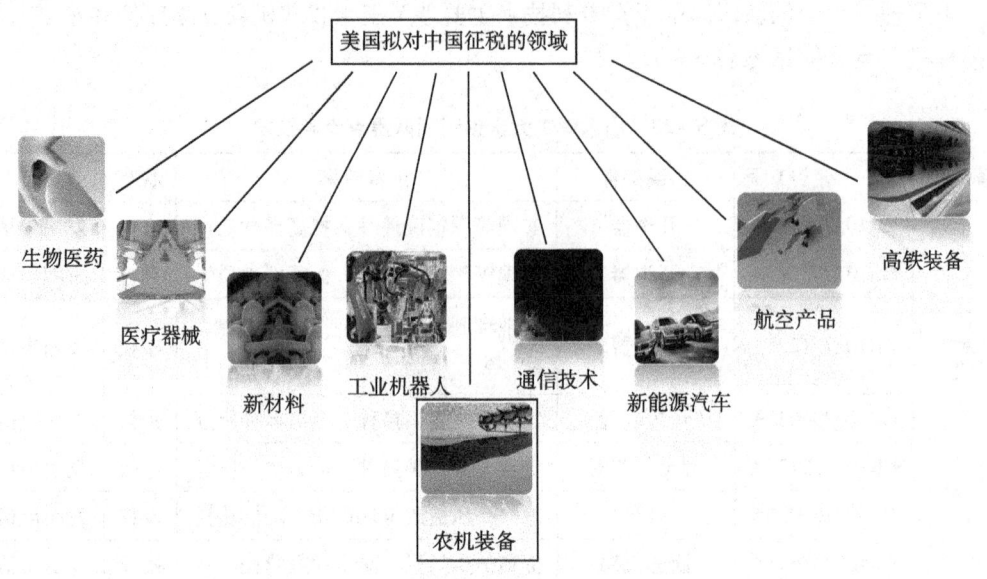

图 3-27 美国对中国征税的领域

（一）美国"301 条款"

美国"301 条款"有狭义和广义之分，狭义的"301 条款"仅指 1974 年修订的贸易法第 301 条，可称为"一般 301 条款"。广义的"301 条款"是指 1988 年综合贸易与竞争法第 1301~1310 节的内容，包含"一般 301 条款"（关于不公平措施）、"特别 301 条款"（关于知识产权）、"超级 301 条款"（关于贸易自由化）和具体配套措施，以及"306 条款"（监督制度）。在这个意义上，美国"301 条款"又称其为 301 条款制度。一般 301 条款是美国贸易制裁措施的概括性表述，而"超级 301 条款""特别 301 条款"、配套条款等是针对贸易具体领域做出的具体规定，构成了美国"301 条款"法律制度的主要内容和适用体系。具体说就是："特别 301 条款"是针对知识产权保护和知识产权市场准入等方面的规定；"超级 301 条款"是针对外国贸易障碍和扩大美国对外贸易的规定；配套措施主要是针对电信贸易中市场障碍的"电信 301 条款"及针对外国政府机构对外采购中的歧视性和不公正做法的"外国政府采购办法"，而且其范围有逐渐扩大的趋势。"一般 301 条款"是其他"301 条款"的基础，其他"301 条款"是"一般 301 条款"的细化。即使没有其他"301 条款"，美国贸易代表一样可以适用"一般 301 条款"的规定解决贸易争端。美国狭义和广义的"301 条款"之间的关系是辩证统一的，构成一个完全的体现美国法律文化的价值体系，为美国的利益发挥着作用。

（二）美国发起贸易战原因

美国发起贸易战源于其政治诉求与经济诉求。美国发起贸易战的背后原因主要有以下两点：一是共和党的政治诉求，即试图通过贸易战扭转贸易逆差局面，为换取中期选举的政治和经济筹码；二是中国的技术追赶对美国造成威胁，《中国制造 2025》更是激起美国强烈的危机意识，为确保美国在研究和技术方面的领先地位，特朗普以保护知识产权为由，对中国战略新兴产业进行遏制，以此限制中国高新技术行业的发展。

根据弗里德里希·李斯特《政治经济学的国民体系》的定义,贸易战不仅要阻止对方销售商品获取利润,更要通过关税培育本国的产业,这是贸易战的核心。因此贸易战的制裁对象应该是本国能够生产,但是产品竞争力不强的行业,以此配合本国的产业升级。而对于本国尚无法生产的产品,如果加征关税,国内无法实现替代,那就得不偿失。从这个视角出发,中美贸易战的关税武器或应优先打击两类目标:一是对中国向美国出口在美国进口中占比较适中的行业(如传统劳动密集型行业)进行施压,以改善贸易逆差和美国制造业就业;二是以知识产权问题为理由,对中国战略新兴产业进行精确打击,如航空航天、高速铁路、新能源汽车、农机装备等领域,以维护美国制造业的尖端优势。

(三) 美国点燃"农机装备"贸易战

美国总统特朗普签署总统备忘录,将对从中国进口的500亿美元商品大规模征收关税,其中一项就涉及农机装备,并限制中国企业对美投资并购。

全球的主要农机生产地区主要分布在欧洲、中国和北美,其中欧洲农机产量占全球产量的27.3%,中国、北美分别占21.2%、19.3%。

据海关数据显示,2016年我国农业机械出口总额为273.59亿美元,其中主机(不含内燃机和发电机组)出口79.03亿美元。结合"一带一路"倡议,亚洲成为我国农机出口的最大市场。

据统计,2016年出口排名前五位的省市为江苏、浙江、广东、上海和山东,出口总额达到175.79亿美元,占出口总额的64.25%。其中,亚洲仍是我国农机出口的最大市场,小型拖拉机、耕种、收获机械等以亚非拉市场为主,整机出口也主要集中在亚洲,市场份额一直稳定在40%左右。

在国家"一带一路"倡议的引导下,越来越多的农机企业不断对外出口产品和技术,走出国门在海外寻求更大的市场。

雷沃旗下阿波斯集团主打"全系列"概念,在德国汉诺威农机展中展出了代表国内最高技术水平的"高颜值"阿波斯P7000拖拉机,完善了阿波斯的高端产品组合,成为雷沃重工全球化创新发展的又一硕果。

中国一拖的东方红LF2204动力换挡拖拉机,装配有北斗系统导航,共有48个前进挡和41个倒挡,其动力换挡和动力换向技术组合不仅为驾驶员带来舒适的操作体验,而且有效降低油耗30%,只需经过简单的后处理,即可满足欧洲市场的技术要求。

作为"一带一路"倡议重点受益的装备制造龙头企业,中联重科深耕海外市场,在意大利、德国、荷兰、白俄罗斯、印度等9个"一带一路"沿线国家拥有工业园或生产基地,有20个海外贸易平台、8个境外备件中心库,产品出口到31个沿线国家。

除了国内的农机大企业外,中小企业以及部分地区的本土企业也都搭上了"一带一路"的顺风车,走上了快车道。肯尼亚政府前农业和畜牧业部长一行到双峰农友机械集团考察访问,寻商机、觅合作。双峰农友集团作为全国中小农机企业走出国门的先锋,生产的小型收割机和履带自走式旋耕机、谷物烘干机深受东南亚国家用户青睐;中国农业机械化科学研究院向埃塞俄比亚赠送多台农业机械设备,助力该国农业发展。

（四）美中贸易战对中国农机装备的影响

对于美国挑起贸易战，中国政府表示"有充足实力对贸易战奉陪到底"。其实，美国过度的贸易保护极有可能让在中国深耕多年的农机制造企业如约翰迪尔、爱科、凯斯等美国品牌遭遇尴尬。据数据显示，2018年3月23日，美国知名农机制造商的约翰迪尔，股票跌幅高达4.95%，如此跌幅在美国股票市场实属罕见。当然，这样的冲击波同样使得中国A股农业机械板块集体跳水，全球农机装备市场将受美中贸易大战的影响产生剧烈震动。

纵观中国农业机械企业的海外市场，海外营业收入占比逐年递增，2018年拓展海外市场已成为各企业的重点和共识。中国农业机械企业共同的表现为：对美出口主要以零部件、附加值较低的小机具和合资企业出口为主，在美国市场的销量占比并不高，大多出口在欧洲、中东、南亚、西非、北非、亚太地区。

因此，美国发动贸易战，虽然对我国农机制造业有一定的影响，但因占比较低，且我国农机企业抗风险能力不断提升，所以，给中国的农机企业带来的影响有限，最严重的后果是给正在发展的中国本土农机企业关上未来可能走向美国的大门而已，但是受影响大的应该还属合资企业。

美国以知识产权问题为由，对中国战略新兴产业实施报复打击，虽然不会严重阻碍我国农机装备的发展，但也为我国高端农机装备走出国门敲响了警钟。作为中国制造业的重要组成，农业机械企业想在新一轮冰火相交的经济周期中破茧而出，在更加复杂多变的国际市场中强势崛起，一方面要求加大核心技术研发力度，突破技术瓶颈制约；另一方面需要利用知识产权这一法律武器，优化国内专利布局，加速海外专利布局，增强海外专利预警、诉讼与维权能力，为我国农机装备走向世界保驾护航。

第四章 现代种业专利情况分析

第一节 研究概况

当今世界，以粮食为主的农产品已经上升为国家战略物资，粮食安全始终关系我国的国计民生。"农以种为先"，种子是农业产业发展的首要环节和重要载体，是国内外竞争的源头和焦点。然而目前我国主要农作物的品种选育大部分仍停留在以表型选择为主的传统育种模式，这种经验育种模式不仅周期长而且品种改良进度缓慢，难以满足我国强劲的经济发展需求。

据相关统计了解，我国目前的粮食产量已经能基本满足人民需求，但我国每年仍进口大量粮食用作饲料、加工等其他用途，主要原因是我国粮食生产投入较高，而国外粮食生产能很好地控制成本，以低廉的价格出口。同时，国外种业巨头纷纷在中国设立办事机构，从事种子的研发与销售，长此以往，我国的粮食安全很难得到保证。为此，培育高品质的农作物种子，研究先进种子处理方法迫在眉睫。本章对于我国乃至全球的种业相关专利进行统计分析，以期为相关政府部门及企业提供一定的指导建议。

为便于统计分析，本章将现代种业相关专利申请分为4类，分别是种子预处理、组织培养、杂交育种及基因工程育种。种子预处理技术是指在播种前对种子的处理技术，包括包衣、拌种及浸泡等技术；组织培养是通过从植物体分离出符合需要的组织、器官或细胞，在人工控制条件下进行培养以获得完整的再生植株或生产具有经济价值的其他产品的技术，是基于染色体变异或细胞杂交培育新植物品种的关键手段，同时也是各种育种手段中的基础技术；杂交育种是指利用具有不同基因组成的同种（或不同种）生物个体进行交配，获得所需要的表现性类型的方法，其原理是基因重组；基因工程育种泛指人为地精确干预作物的基因重组过程，利用测序技术对群体进行研究，然后通过序列辅助筛选或改造基因的方法来选育新的品种。本章将对以上4类专利申请进行具体研究。

第二节 全球专利申请总体态势

一、全球申请趋势分析

截至2017年12月，现代种业相关专利全球申请共159583件，从图4-1中可以看出，全球现代种业相关专利申请的总体发展趋势可以分为以下几个阶段：

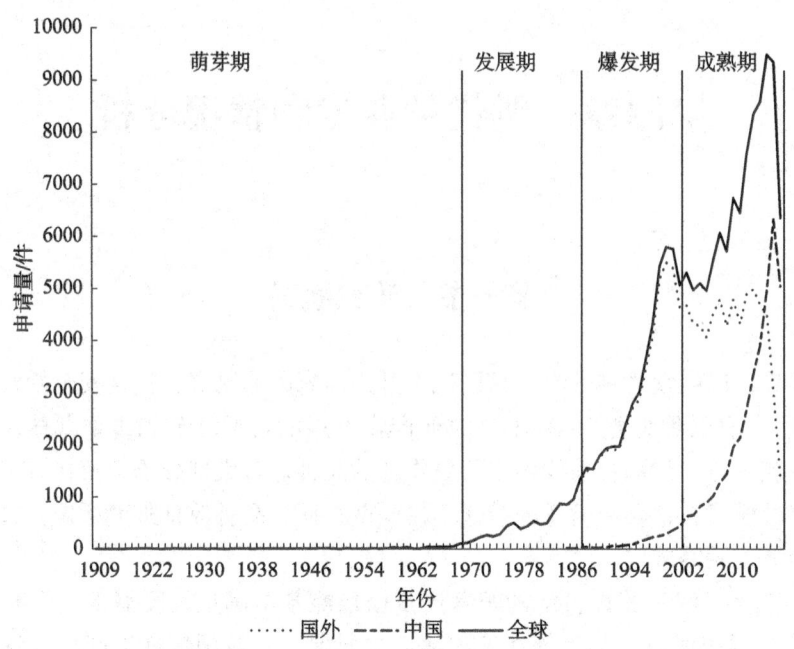

图 4-1 全球现代种业专利申请趋势

萌芽期（1909~1965 年）：从 1909 年英国第一篇专利开始，美国、德国、苏联、瑞士、西班牙等国家分别进行了相关的专利申请，主要涉及种子预处理和少量的杂交育种专利申请。

发展期（1966~1984 年）：在此阶段，种子预处理技术日渐成熟，杂交育种技术逐渐增加，同时，出现了少量诱导基因突变的育种技术，20 世纪 80 年代初，辉瑞、诺华、孟山都等公司已经出现了零星的转基因技术申请。

爆发期（1985~2000 年）：在此阶段，转基因技术迅速发展，美国、日本、澳大利亚和加拿大的相关专利申请量迅速增加，造成全球专利申请量快速增长，在此阶段，中国专利制度建立，大量外国公司纷纷在中国布局转基因技术相关专利申请，而在此阶段国内申请大多为高校与科研院所申请，此时国内申请人布局的专利大多为杂交育种技术。

成熟期（2001 年至今）：在此阶段，国外专利申请数量趋于平稳，能加快育种速度的分子标记辅助育种技术快速发展，相关专利申请逐渐增多，转基因技术也继续发展，中国专利申请数量快速增长，使得全球申请数量继续上升，在此阶段的中国专利申请，呈现多种育种技术同步发展的格局。

二、全球申请地域分布分析

现代种业全球专利申请总量为 159583 件，如图 4-2 所示，美国、中国和日本是申请现代种业相关专利的主要来源国。在全球专利申请中，美国的专利申请量最大，为 44991 件，占全球专利申请总量的 28.19%，中国相关专利申请量为 39521 件，占全球专利申请总量的 24.77%，申请数量已经超过日本、澳大利亚、加拿大等国家，居全球第二位。

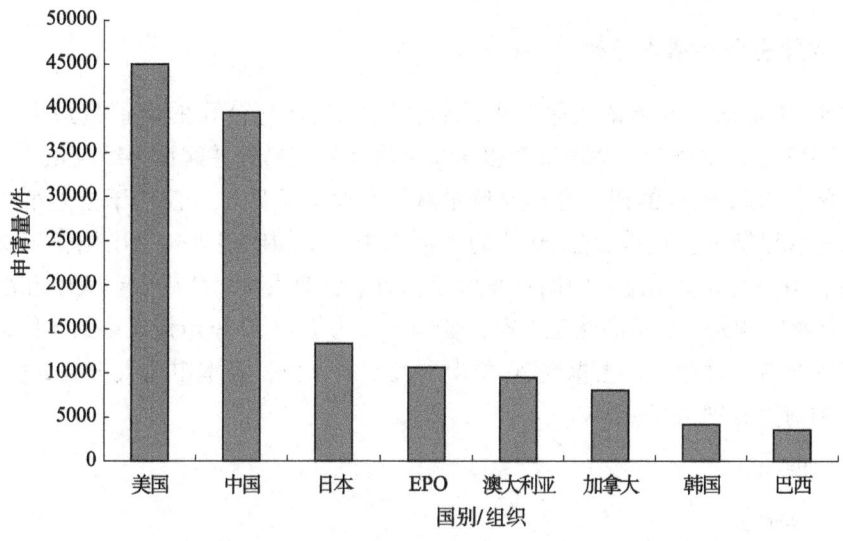

图4-2 全球现代种业专利申请地域分布

三、全球主要国家技术构成

从图4-3中可以看出,在各国现代种业相关申请中,基因工程育种相关专利申请量最大,而中国和美国的杂交育种相关专利申请量也较大,杂交育种是培育世界主要作物新品种的主要方式之一,而基因工程育种具有育种速度快、不受种属限制、可根据人类的需要、有目的地进行育种等优点,同时技术难度较大,从而成为世界上各个国家布局的热点。从国家分布上来看,美国的基因工程育种相关专利申请量居全球第一位,反映了美国较强的科研实力,中国在4个技术分支的申请分布比较均衡,其种子预处理和组织培养相关专利申请量均居世界首位。

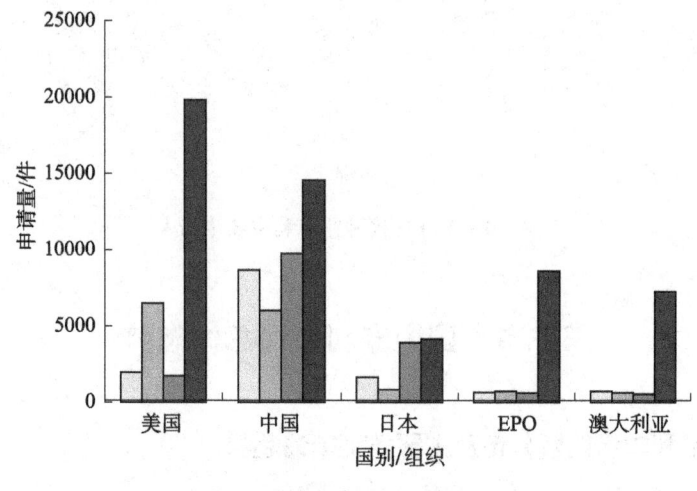

图4-3 全球主要国家技术构成

四、全球主要申请人分析

从图4-4全球专利申请人排名可以看出，陶氏杜邦公司的申请量最大，达到了8991件。2017年，中国化工集团宣布以430亿美元的交易额并购世界级农化和种子企业先正达，使其以2230件的相关专利申请量跃居至全球第四位，仅次于位列第二、第三位的孟山都和巴斯夫。在排名前20位的申请人中，中国申请人包括中国化工集团、中国科学院、中国农业科学院、中国农业大学、南京农业大学、华中农业大学和浙江大学7位，但企业申请人只有中国化工1家，美国企业占据前20位申请人中的5位，且前两位均是美国企业，德国企业占据前20位申请人中的3位，日本申请人占据2位，瑞士、澳大利亚和荷兰分别占据一席。

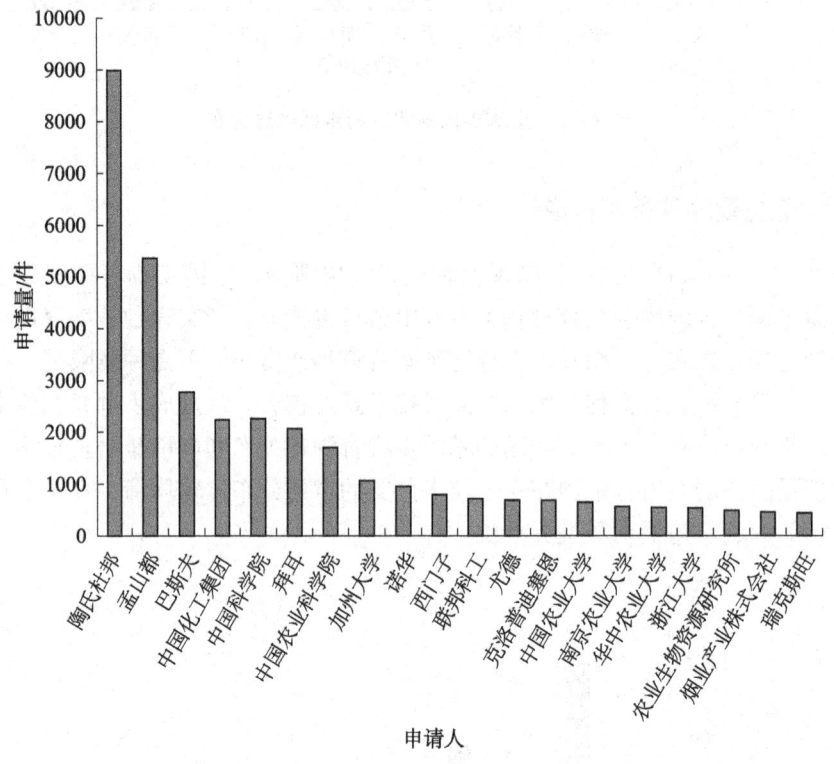

图4-4 全球现代种业专利主要申请人

第三节 国内专利申请总体态势

一、国内专利申请地域分布及主要省市申请趋势

从图4-5国内专利申请地域分布可以看出，北京市以4467件申请排在第一位，山东省排在第四位，申请量为2176件。

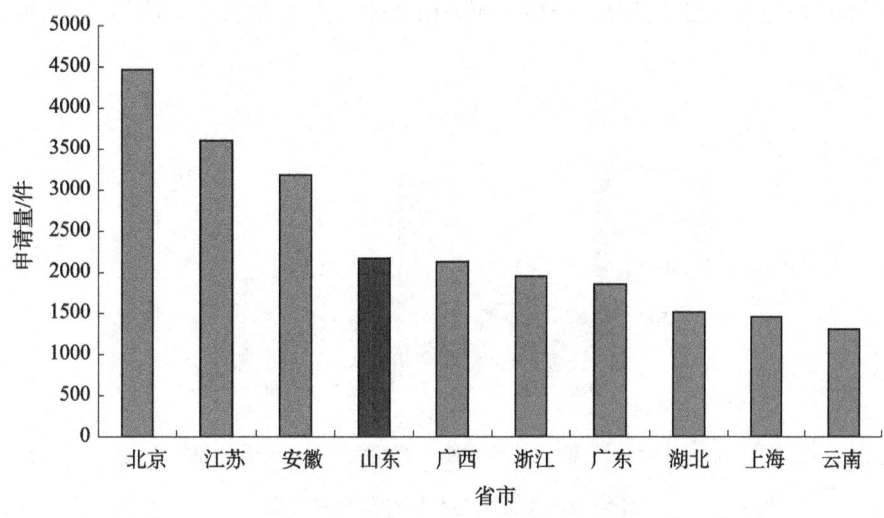

图 4-5 国内专利申请地域分布

从申请趋势（见图 4-6）上来看，北京自 1995 年开始申请量出现明显增长，在总量上与其他省市拉开差距，自 2001 年开始，江苏和山东申请量出现明显增长，但自 2006 年开始江苏申请量增速明显，安徽自 2007 年申请量开始增长，但近 5 年增速明显，2014 年的申请量已经超过了山东，在 2015 年和 2016 年，申请量已经达到了全国第一位。

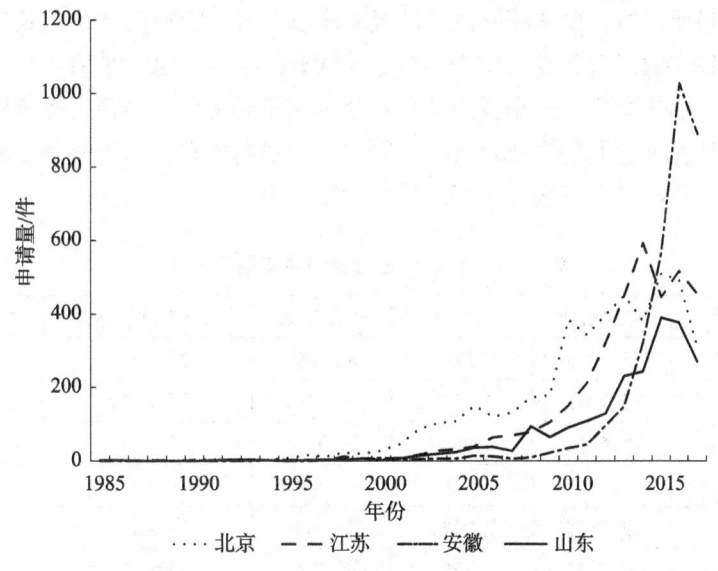

图 4-6 国内专利申请主要省市申请趋势

二、主要省市技术分支分布情况

4 个分支中，基因工程育种的技术难度较高，而组织培养和种子预处理的技术难度相对较低，从图 4-7 中的技术分布可以看出，北京在基因工程育种方面优势明显，得益于全国主要申请人的聚集，比如中科院、中国农业科学院、中国农业大学等，山东在 4 个方向的分布比较均衡，与江苏的分布相似，而安徽在种子预处理方面布局了大量专利。

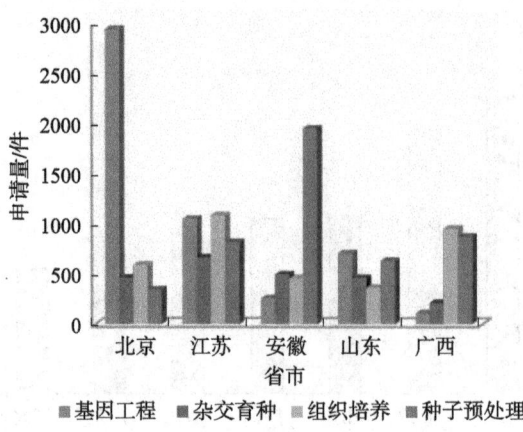

图4-7 主要省市技术分支分布情况

三、前五名省市专利质量情况对比

从表4-1中可以看出，北京的专利有效占比最高，达到了35.23%，而江苏和山东基本与全国平均水平持平，安徽的专利有效占比较低，同时，专利的利用率也是这几个省市中最低的。从企业申请占比可以看出，北京和山东的企业申请占比较低，多数申请集中在高校和科研院所，而从国际发展的经验来看，育种行业的产业化是较好的发展模式，也能带来较高的经济收益。山东的企业申请有效率处于全国平均水平，但企业申请的利用率偏低，总体而言，山东应当结合自身企业发展特点，培育一批育种行业的龙头企业，带动当地育种行业的产业化进程，同时，加强高校和科研院所的专利对企业的许可，或者进行合作研发，将技术更好地转化为生产力。

表4-1 前五名省市专利质量情况对比

区域	专利数量/件	有效占比	利用率	企业申请	企业申请有效率	企业申请利用率
全国	39521	25.19%	4.52%	30.30%	25.39%	7.00%
北京	4467	35.23%	4.05%	13.83%	35.92%	10.52%
江苏	3605	25.60%	3.86%	29.96%	23.05%	7.78%
安徽	3183	12.56%	1.82%	49.04%	9.39%	0.96%
山东	2176	22.61%	2.94%	17.28%	24.20%	3.99%
广西	2130	20.46%	2.77%	30.42%	25.92%	3.86%

四、国内主要申请人分析

从图4-8中国专利申请人排名可以看出，中国科学院及下属各院所申请量达到了2198件，居第一位，在国内申请的前20名申请人中，国内申请人全部是高校或科研院所，达到了17家，而其他3个申请人陶氏杜邦、孟山都和巴斯夫均为国外企业。对比全球申请人可以看出，国内育种技术的产业化程度还比较滞后，大多数技术掌握在国外企业或科研院所中。山东农业大学以219件申请排在第18位。

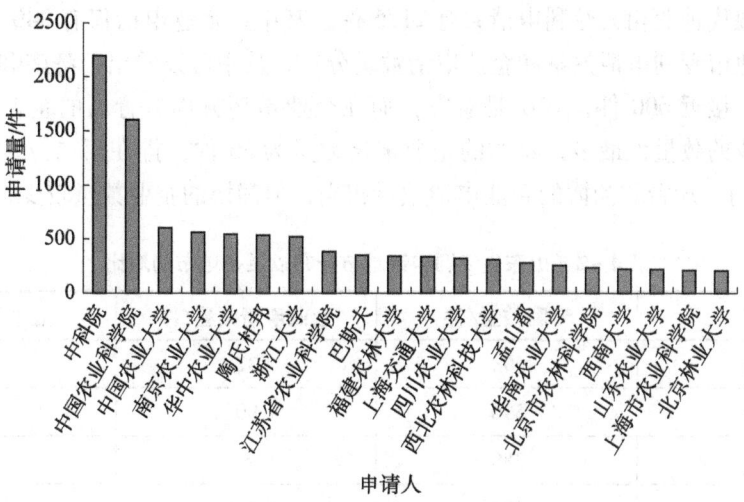

图4-8 中国专利申请主要申请人分析

第四节 山东省专利申请情况分析

一、山东省主要申请人分析

从图4-9山东专利申请人排名可以看出，排名前十位的申请人全部是高校或科研院所，山东农业大学和山东省农业科学院是申请量最多的两位申请人，排名第十位的山东省林业科学研究院申请量仅为31件，山东省的育种相关企业应加强相关专利布局。

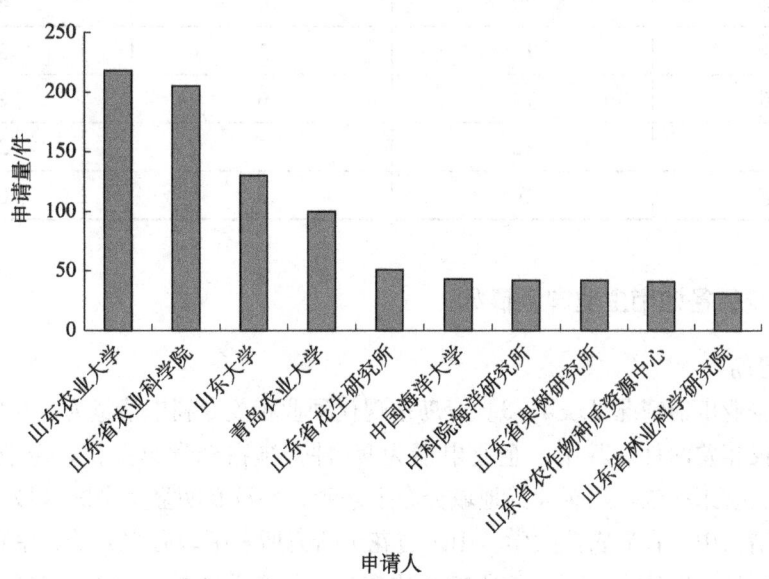

图4-9 山东省主要申请人

二、山东省专利申请地市分布以及各地市的对比

山东省现代种业相关专利申请共有 2176 件，其中，企业申请仅有 340 件，表 4-2 为山东省各地市专利申请数量和企业申请数量分布，从中可以看出，济南和青岛的专利申请量最多，接近 600 件，其次是泰安；而在企业申请方面，青岛的企业申请数量最多，同时企业的数量也最多，潍坊的企业申请数量为 55 件，排在第二位，企业数量为 14 家，而济南、烟台和淄博的企业申请数量相当，但淄博的企业数量较少，仅为 5 家。

表 4-2 山东省专利申请地市分布以及各地市的对比

地市	专利数量/件	企业申请数量/件	企业数量/个
济南	598	32	17
青岛	596	90	34
泰安	380	6	6
潍坊	125	55	14
烟台	105	30	14
淄博	78	36	5
临沂	62	15	12
滨州	46	24	10
济宁	36	13	10
德州	35	10	4
聊城	26	6	2
菏泽	24	8	6
威海	20	6	4
东营	17	5	5
日照	13	6	2
枣庄	12	5	3
莱芜	5	0	0

三、山东省各地市企业申请情况

（一）青岛

青岛市企业申请情况见表 4-3。青岛市现代种业相关专利申请量为 596 件，与排名第一的济南仅相差两件。其中，企业申请为 90 件，排在全省第一位。企业数量为 34 家，也排在全省第一位。从企业的地域分布上来看，并没有明显集中的区域。山东省排名前十的申请人中，青岛农业大学、山东省花生研究所、中国海洋大学、中科院海洋研究所均位于青岛，申请人中高校院所的占比较高。从企业的技术分布上来看，有 20 家

企业申请为种子预处理技术，如种子的包衣或拌种，或在种植前的种子处理，9家企业申请为组织培养技术，传统的杂交育种企业仅两家，分别是青岛金妈妈农业科技有限公司和青岛创升生物科技有限公司，青岛金妈妈农业科技有限公司注重于蔬菜的杂交育种，专利申请质量较高，有效专利数量排在本省的前列，有较好的研发实力。在先进技术方面，青岛捷安信检验技术服务有限公司申请了一篇分子标记的相关专利，目前还在审查当中。青岛自身具有蔬菜花卉育种的产业园青岛（移风）国际蔬菜花卉种子产业园，青岛企业应当结合相应产业园和自身优势，增强产业聚集，同时结合高校院所较多的特点，大力推进产学研一体化。

表4-3 青岛市企业申请情况

申请人	专利数量/件	有效情况	研究领域
青岛百瑞吉生物工程有限公司	13	全部审中	组织培养 种子预处理
青岛中天信达生物技术研发有限公司	7	全部失效	种子预处理
青岛佰众化工技术有限公司	7	3有效4失效	组织培养
青岛金妈妈农业科技有限公司	7	4有效3审中	蔬菜杂交育种 种子处理
青岛蓝农谷农产品研究开发有限公司	6	3失效3审中	种子处理
青岛海之星生物科技有限公司	5	全部审中	种子处理
青岛博之源生物技术有限公司	4	2有效2失效	种子处理
青岛高次团粒生态技术有限公司	4	2有效2失效	组织培养
青岛优百粒种子处理设备有限公司	3	2有效1失效	种子处理
青岛奥迪斯生物科技有限公司	3	1审中2失效	种子处理
青岛松良基因科技有限公司	3	3审中	组织培养
青岛博智汇力生物科技有限公司	2	2审中	组织培养
青岛友成机电有限公司	2	1有效1审中	种子处理
青岛文创科技有限公司	2	1有效1失效	组织培养
青岛海之源智能技术有限公司	2	2审中	种子预处理
青岛清泉生物科技有限公司	2	2审中	组织培养
青岛爱华高科仪器有限公司	2	2审中	种子预处理
青岛茂丰有机蔬菜有限公司	2	2失效	种子预处理
山东海利尔化工有限公司	1	1失效	种子预处理
海利尔药业集团股份有限公司	1	1失效	种子预处理
青岛中人智业生物科技有限公司	1	1失效	种子预处理

续表

申请人	专利数量	有效情况	研究领域
青岛中天智诚科技服务平台有限公司	1	1审中	种子预处理
青岛冠中生态股份有限公司	1	1审中	种子预处理
青岛创升生物科技有限公司	1	1失效	杂交育种
青岛力天宏泰新能源科技有限公司	1	1审中	诱变育种
青岛华盛绿能农业科技有限公司	1	1有效	组织培养
青岛博洋生物技术有限公司	1	1失效	种植前种子预处理
青岛和协生物科技有限公司	1	1审中	拌种剂
青岛宝依特生物制药有限公司	1	1失效	组织培养
青岛捷安信检验技术服务有限公司	1	1审中	分子标记
青岛正杰实业有限公司	1	1有效	组织培养
青岛海威机械有限公司	1	1失效	种子预处理
青岛漾花湖农业科技有限公司	1	1审中	种子预处理
青岛蔚蓝生物集团有限公司	1	1审中	拌种剂

(二) 济南

济南市企业申请情况见表4-4。济南市现代种业相关专利申请量为598件，排名山东省第一位，拥有山东省的主要申请人山东省农业科学院。其中，企业申请为32件，企业数量为17家。从地域分布上来看，相关企业如连发农业科技、山东奥克斯生物技术有限公司、山东鲁研农业良种有限公司、中玉金标记（北京）生物技术股份有限公司、山东天泰种业有限公司及济南麒麟花卉有限公司集中在济南市历城区工业北路的农业科学院附近，并且相关申请多数为与农业科学院的合作研发申请，在该地区形成了以山东农业科学院为主的聚集区；同时，历城区桑园路也聚集了一批实力较强的种子企业，如黎明种业、登海宇玉种业及伟丽种业等。从技术分布上来看，传统的杂交育种企业有4家，同时，由于山东农业科学院的带动作用，相关企业也进行了分子标记等基因工程育种方面的专利申请。济南市在山东省农业科学院的带动下，聚集了一批优秀的种业企业，但还未形成整体实力较强的龙头企业，应注重产业资源整合，培育龙头企业，同时加大科研院所对企业研发的支撑力度。济南虽然企业数量少于青岛，但已经形成了一定规模的产业聚集区，并且能够依托山东农业科学院的科研实力进行合作研发，在这两方面走在了山东前列。但也应该注意到，济南的企业近年来申请量增长不足，表明研发投入有所下降，同时，在基因工程方面的专利申请较少。济南应当进一步加强企业与相关科研院所的合作，对聚集区的企业给予相应的政策扶持，同时，重点发展基因育种技术，对于发展基因工程育种技术的企业给予资金支持。

表4-4 济南市企业申请情况

申请人	专利数量/件	有效情况	技术领域
山东连发农业科技有限公司	5	4有效	杂交育种 基因工程育种
山东黎明种业科技有限公司	5	1新型有效 2发明有效	种子处理
山东登海宇玉种业有限公司	3	3审中	杂交育种
济南浩隆生物科技有限公司	3	2有效1审中	组织培养
山东奥克斯生物技术有限公司	2	2失效	分子标记
山东润博生物科技有限公司	2	2审中	种子处理
山东鲁研农业良种有限公司	2	1有效1审中	杂交育种
中玉金标记（北京）生物技术股份有限公司	1	1审中	分子标记
山东万路达园林科技有限公司	1	1有效	种子处理
山东天泰种业有限公司	1	1失效	杂交育种
山东安信种苗股份有限公司	1	1审中	种子处理
山东省种子有限责任公司	1	1有效	种子处理
山东高端蓝莓生物技术有限公司	1	1失效	组织培养
济南伟丽种业有限公司	1	1失效	种子处理
济南峰畅农业科技有限公司	1	1审中	种子处理
济南永丰种业有限公司	1	1有效	种子处理
济南麒麟花卉有限公司	1	1审中	组织培养

（三）烟台

烟台市企业申请情况见表4-5。烟台市现代种业相关申请为105件，与青岛、济南差距较大，排在山东省第五位。其中，企业申请30件，相关企业数量为14家，并具有本省的种业龙头企业登海种业股份有限公司。从地域分布上看，主要分布在莱州市、莱阳市，经济技术开发区和高新区；从企业申请的技术分布上来看，传统的杂交育种企业有6家，组织培养技术有3家，吉林长白绿叶人参产业有限公司和海阳市黄海水产有限公司分别申请了分子标记相关专利申请。烟台的高校院所对产业的支撑能力较弱，但种子产业发展与临近地市相比并不落后，应进一步培育壮大本省龙头企业登海种业，鼓励其发展基因工程育种技术，并发挥省内高校院所的研发优势，加强合作。

表4-5 烟台市企业申请情况　　　　　　　　　　　单位：件

申请人	专利数量	有效情况	研究领域
山东登海种业股份有限公司	9	2有效1失效6审中	玉米杂交育种
山东东方海洋科技股份有限公司	5	2有效3失效	组织培养

续表

申请人	专利数量	有效情况	研究领域
烟台汇鹏生物科技有限公司	4	4失效	组织培养
烟台康锐生物医药科技有限公司	2	2失效	组织培养
中化（烟台）作物营养有限公司	1	1审中	杂交育种
吉林长白绿叶人参产业有限公司	1	1审中	分子标记
山东登海华玉种业有限公司	1	1审中	杂交育种
山东连胜种业有限公司	1	1失效	杂交育种
山东鲁花种业有限公司	1	1失效	杂交育种
招远市玲珑镇林果器材制造厂	1	1失效	杂交育种装置
海阳市黄海水产有限公司	1	1审中	分子标记
烟台民大生航天育种产品开发公司	1	1有效	种子预处理
烟台鲜明种业有限公司	1	1有效	杂交育种
莱州市宏顺梅花种植科技有限公司	1	1审中	种子预处理

（四）潍坊

潍坊市企业申请情况见表4-6。潍坊市现代种业相关专利申请为125件，排在山东省第四位，其中，企业申请数量为55件，排在山东省第二位，潍坊市具有育种相关企业14家，从地域分布上看，主要分布在寿光市和滨海经济开发区；从技术分布上来看，多为蔬菜育种企业，传统的杂交育种企业有6家，组织培养技术有3家，山东寿光蔬菜种业集团/产业集团有限公司是本省分子标记领域申请较多的企业。

潍坊市的相关企业已经开展了基因工程育种的相关研究，取得了一定的成果，应当鼓励相关企业进一步加大研发投入，加强与科研单位的合作，对于重点产业和主要企业给予扶持，政府牵头大力推广优势企业的成熟产品，鼓励本省种植，提高相关企业竞争力。

表4-6 潍坊市企业申请情况

申请人	专利数量/件	有效情况	研究领域
山东胜伟园林科技有限公司	14	4有效 10审中	种子预处理
潍坊友容实业有限公司	13	3有效 10审中	杂交育种
寿光市新世纪种苗有限公司	5	5审中	杂交育种
山东柽霖生态科技股份有限公司	5	5有效	组织培养
山东寿光蔬菜种业集团有限公司	4	1有效	分子标记

续表

申请人	专利数量	有效情况	研究领域
山东省华盛农业股份有限公司	4	1有效	分子标记
寿光市永盛种子有限公司	3	3审中	杂交育种
山东鲁寿种业有限公司	3	3审中	杂交育种
寿光市科园春种业有限公司	2	2审中	杂交育种
山东中艺生态科技开发有限公司	1	1审中	种子预处理
山东亿嘉农化有限公司	1	1审中	种子预处理
山东省寿光市三木种苗有限公司	1	1有效	杂交育种
山东金必来生物科技有限公司	1	1审中	种子预处理
新世纪种苗有限公司	1	1审中	杂交育种

（五）滨州

滨州市企业申请情况见表4-7。滨州共有育种相关企业10家，企业分布未形成聚集区域，技术领域上来看，主要有杂交育种、组织培养和种子预处理，位于惠民县的农兴种业有限公司拥有5件有效的专利申请，有效专利申请量处于全省企业第一位，但近年来申请量有所减少，主要领域涉及棉花的杂交育种。

表4-7 滨州市企业申请情况

申请人	专利数量/件	有效情况	技术领域
山东农兴种业有限责任公司	5	5有效	棉花杂交育种
山东博华高效生态农业科技有限公司	5	5审中	组织培养 种子预处理
滨州市沾化区冬枣实业总公司	4	4审中	组织培养 杂交育种
中喜生态产业股份有限公司	3	3审中	组织培养 种子预处理
山东省滨州市秋田种业有限责任公司	2	2审中	种子预处理
山东康乔生物科技有限公司	1	1有效	种子预处理
山东滨州黑马种业有限公司	1	1审中	杂交育种
山东鑫诚现代农业科技有限责任公司	1	1有效	杂交育种
滨州泰裕麦业有限公司	1	1审中	种子预处理
黄河三角洲京博化工研究院有限公司	1	1审中	基因工程（诱变育种）

四、山东省企业主要申请人与其他省市企业主要申请人对比

从表4-8可以看出，山东省主要企业以杂交育种为主，极少有基因工程相关专利，

仅有连发科技 1 件和寿光蔬菜的 3 件分子标记相关申请。综合来看，登海种业、青岛金妈妈、山东农兴是传统的杂交育种企业，山东在传统杂交育种领域产业链比较完整，而对比国内主要企业申请人可以发现，传统的杂交育种已经不再是主要申请方向，申请人均将精力投入基因工程育种的研发当中。基因工程育种具有育种速度快，不受种属限制，可根据人类的需要，有目的地进行育种等传统育种方式无法比拟的优势，山东省的企业与国内其他省市申请人对比，不论是从专利的数量、专利的有效性以及专利的技术构成上，均存在较大差距，因此，山东省相关企业应尽快调整研发思路，加快基因工程育种的技术研发。

表 4-8 山东省企业主要申请人与其他省市企业主要申请人对比

申请人	申请数量/件	有效占比	研究领域
山东登海种业股份有限公司	发明 15	有效 4 审中 4	玉米杂交育种 种子预处理
青岛金妈妈农业科技有限公司	发明 6 新型 1	发明有效 3 新型有效 1 审中 3	蔬菜杂交育种 种子预处理
山东农兴种业有限责任公司	发明 5	有效 5	棉花杂交育种
山东寿光蔬菜种业集团有限公司	发明 3 新型 1	新型有效 1	分子标记（番茄）
山东连发农业科技有限公司	发明 2 新型 2	新型有效 2 发明有效 1	种子预处理 杂交育种
大北农	发明 109	发明有效 56 发明审中 47 发明失效 4	基因工程育种
创世纪种业	发明 92	发明有效 22 发明审中 64 发明失效 6	基因工程育种
华大基因	发明 134	发明有效 101 发明审中 26 发明失效 7	基因工程育种

五、国内外主要申请人分析

在基因工程育种过程中，主要包括分子设计（通过对育种程序中的诸多因素进行模拟、筛选和优化，提出最佳的符合育种目标的基因型以及实现目标基因型的亲本选配和后代选择策略，以提高作物育种中的预见性和育种效率），基因编辑技术｛对现有基因有目的地进行编辑［删除或添加（转基因）］，实现或消除某一性状｝，分子标记辅助育种技术（分子标记辅助育种是利用分子标记与决定目标性状基因紧密连锁的特点，通过检测分子标记，即可检测到目的基因的存在，达到选择目标性状的目的），其中，分子标记辅助育种作为一种辅助手段能大幅提高传统育种的效率，而且基因型并未进行改变，技术难度相对较低，山东省相关企业可以引进。同时从全球主要申请人陶氏杜邦、孟山都以及国内主要申请人的前三名（中国科学院、中国农业科学研究院、中国农业大学）的申请分布和申请趋势来看（见图 4 - 10），基因编辑技术一直以来都是研究的热点，而分子标记辅助育种技术逐渐成为近年来的研究热点，其中，分子标记辅助育种技术由于其不需引入外源基因，使得操作难度相对较低，同时满足了普通民众对农产品安全性的需求，最关键的是，作为一种辅助手段，它能够与传统育种技术有机结合，提高育种效率，因此，山东省相关企业在寻求技术突破时应首先考虑分子标记辅助育种技术。

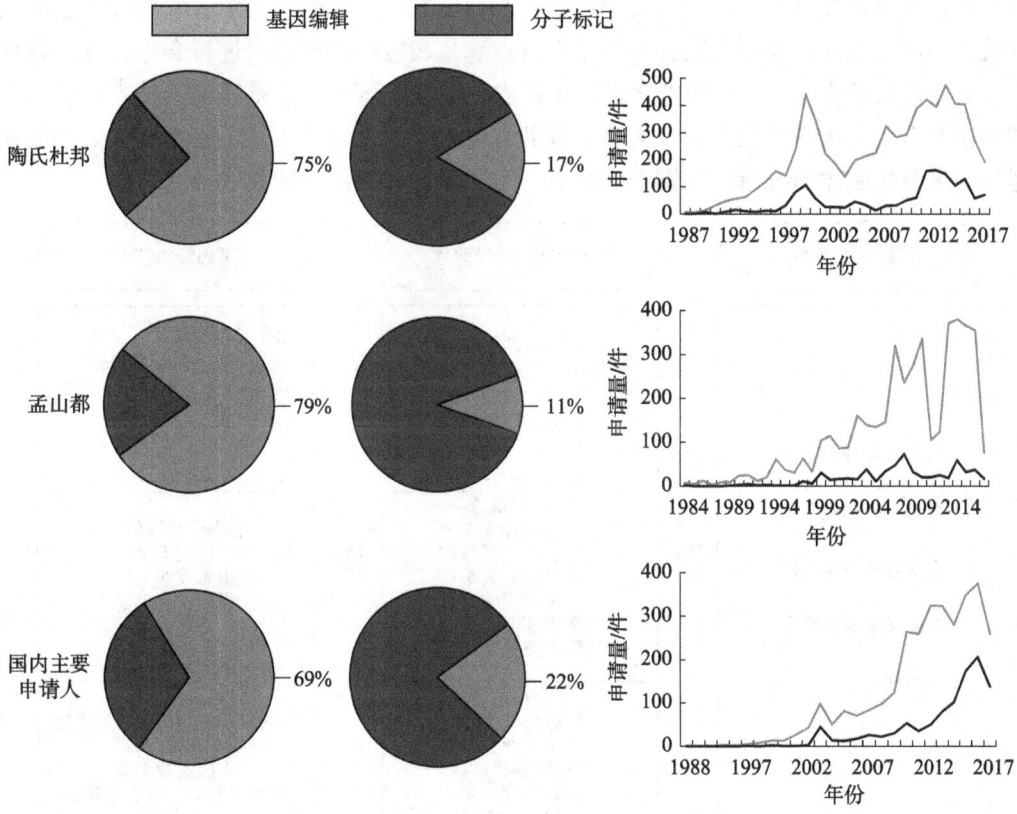

图 4 - 10　国内外主要申请人分析

六、山东企业技术现状及引进路径研究

山东企业技术现状及引进路径见图 4 - 11。以下是分子标记辅助育种技术及基因编辑技术在山东的产业基础：

（1）分子标记辅助育种：山东共有分子标记相关申请293件，大部分集中在山东农业大学、山东省农业科学院等科研单位。北京和江苏分别拥有913件和540件。在山东省企业中，分子标记相关申请仅有14件，而北京企业拥有123件，广东和江苏分别拥有96件和43件；山东的企业申请比较分散，未形成领头企业，山东寿光蔬菜种业集团独立申请了番茄分子标记相关专利，还有山东卧龙种业（花生）、山东省华盛农业股份有限公司（辣椒），山东奥克斯生物技术有限公司（奶牛），吉林长白绿叶人参产业有限公司（人参），青岛捷安信检验技术服务有限公司（小麦、棉花），而山东东方海洋科技股份有限公司、章丘伟丽种苗有限公司、海阳市黄海水产有限公司、山东纪华家禽育种有限公司分别与相关高校及科研单位合作申请了相关专利。

（2）基因编辑：山东省共有基因编辑相关申请284件，北京和上海分别拥有1518件和393件，山东省的相关专利申请大部分集中在山东农业大学、山东大学、青岛农业大学、山东省农业科学院。在山东省企业中，仅有山东连发农业科技有限公司的1件有关玉米抗除草剂基因的申请。根据山东省的企业现状，应考虑优先发展分子标记辅助育种技术，在引进途径方面，山东省的科研院所如山东农业大学、山东省农科院等已经具有较好的研究成果，企业应结合自身技术特点选择相应的科研院所进行合作，省外合作单位有中国农业大学、华中农业大学、中国农业科学院等，对于基因编辑技术，省内申请人主要有山东大学、山东农业大学、青岛农业大学等，省外申请人主要有中国科学院遗传与发育生物学研究所、中国农业大学、中国农业科学院生物技术研究所。

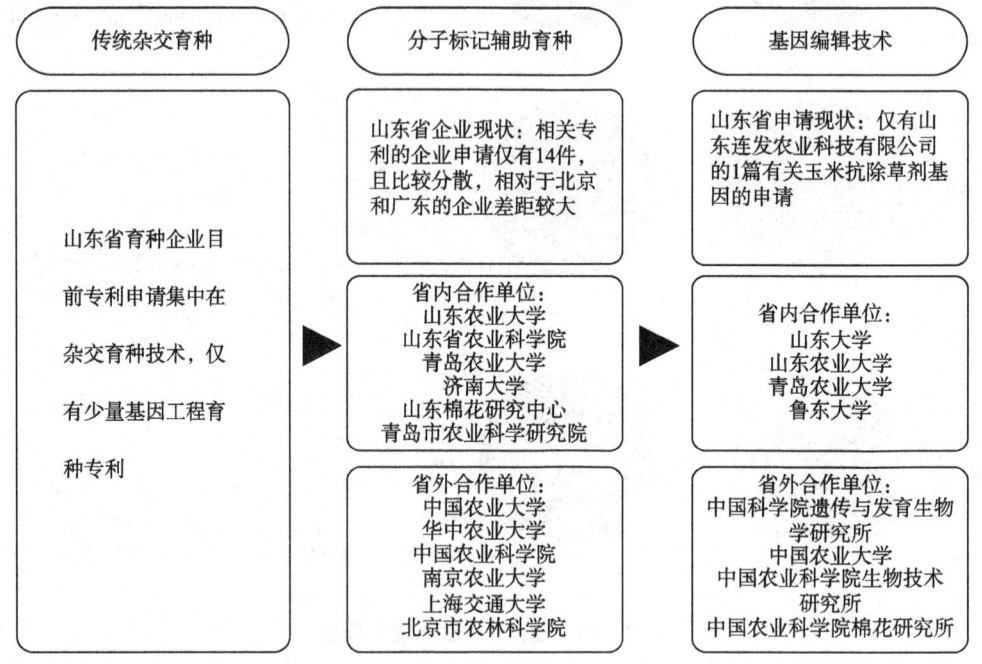

图4-11　山东企业技术现状及引进路径研究

表4-9、表4-10、表4-11、表4-12是山东省主要企业进行省内外合作的相关专利及发明人团队名单。

(1) 分子标记

表4-9 分子标记省内合作

企业名称	发明人团队	合作单位	代表性专利	状态	总申请件数
登海	刘保申	山东农业大学	CN106148558A	审中	3
	李慧	济南大学	CN107058526A	审中	2
			CN106929579A	审中	
	关海英	山东省农科院	CN104975030A	审中	2
农兴	张军	山东棉花研究中心	CN104745701A	有效	7
	刘国栋		CN105695587A	审中	
	张鹏	青岛捷安信检验技术服务有限公司	CN106755557A	审中	1
金妈妈	李凤梅	青岛市农业科学研究院	CN105907869A	审中	5
	张守才		CN105969860A	审中	
	李凤梅		CN107385055A	审中	
	任仲海	山东农业大学	CN104805216A	有效	2
寿光蔬菜	王富	青岛农业大学	CN105647920A	审中	4
	姜国勇	姜国勇	CN102108358A	有效	1

表4-10 分子标记省外合作

企业名称	发明人团队	合作单位	代表性专利	状态	总申请件数
登海	徐瑷聪	中国农业大学	CN107354215A	审中	26
	陈绍江		CN106544423A	审中	
	陈绍江		CN104846104A	有效	
	代明球	华中农业大学	CN106480075A	审中	16
	张祖新		CN104878018A	有效	
	严建兵		CN102994496A	有效	
农兴	陈伟	中国农业科学院棉花研究所	CN104561284A	有效	56
	石玉真		CN104313016A	有效	
	付小琼		CN103589799A	有效	
	张天真	南京农业大学	CN103571852A	有效	20
	张天真		CN103255139A	有效	

续表

企业名称	发明人团队	合作单位	代表性专利	状态	总申请件数
金妈妈	张圣平	中国农业科学院蔬菜花卉研究所	CN105420235A	有效	23
	张宝玺		CN104862411A	有效	
	王云莉	上海交通大学	CN105543218A	有效	19
	蔡润		CN104152446A	有效	
	温常龙	北京市农林科学院	CN103882017A	有效	12
	许勇		CN105256031A	审中	
寿光蔬菜	黄三文	中国农业科学院蔬菜花卉研究所	CN104087576A	有效	16
	刘磊		CN103849686A	有效	
	王银磊	江苏省农业科学院	CN105176978A	有效	8
	赵统敏		CN106755357A	审中	

（2）基因编辑

表4-11 基因编辑省内合作

企业名称	发明人团队	合作单位	代表性专利	状态	总申请件数
登海	张举仁	山东大学	CN104450742A	有效	27
	李坤朋		CN103981187A	有效	
	赵翔宇	山东农业大学	CN103627716A	有效	14
	封德顺		CN102660556A	有效	
农兴	张可炜	山东大学	CN103820489A	有效	16
			CN101624604A	有效	
金妈妈	张修国	山东农业大学	CN102268445A	有效	5
寿光蔬菜	任仲海	山东农业大学	CN107630022A	审中	1
	马倩	青岛农业大学	CN107142275A	审中	1
	张洪霞	鲁东大学	CN106854652A	审中	1

表4-12 基因编辑省外合作

企业名称	发明人团队	合作单位	代表性专利	状态	总申请件数
登海	高彩霞	中国科学院遗传与发育生物学研究所	CN103667338A	有效	52
	左建儒		CN102070707A	有效	
	胡赞民		CN101037693A	有效	
	徐明良	中国农业大学	CN104877973A	有效	51
	倪中福		CN104611359A	有效	
	周涛		CN104388463A	有效	
农兴	朱祯	中国科学院遗传与发育生物学研究所	CN104694548A	有效	39
	杨维才		CN101864429A	有效	
	胡赞民		CN101037693A	有效	
	郭三堆	中国农业科学院生物技术研究所	CN1888052A	有效	25
	贾士荣		CN1782084A	有效	
	叶武威	中国农业科学院棉花研究所	CN103468655A	有效	24
	李付广		CN101701035A	有效	
金妈妈	权瑞党	中国农业科学院生物技术研究所	CN104561036A	有效	10
	郭三堆		CN101984065A	有效	
	周涛	中国农业大学	CN104388463A	有效	8
寿光蔬菜	朱祯	中国科学院遗传与发育生物学研究所	CN1654662A	有效	32
	赵婷		CN101050462A	有效	
	权瑞党	中国农业科学院生物技术研究所	CN101775070A	有效	13

第五章 农产品加工专利情况分析

第一节 研究概况

农产品加工业以粮棉油、肉蛋奶、果蔬茶、水产品等优势、特色农产品的资源转化、加工增值、纵深开发为主,涵盖农副食品加工业、食品制造业、饮料制造业、烟草制造业、纺织业、木材加工制造业等子行业。农产品加工业是国民经济基础性和保障民生的重要支柱产业,其产业关联度高、涉及面广、吸纳就业能力强,在服务"三农"、促进就业、扩大内需、增加出口等方面发挥重要作用。当前的形势下,随着联通成本降低,各地区将某一生产环节专业化以提高总体利润,农产品加工业也参与到全球的价值链分工中,当下世界地区之间的农业竞争,也演变成为地区之间整个农业产业链的竞争,该产业在目前已经是各个地区发展速度较快的行业之一。本章中将农产品加工分为以下5个分支:蔬菜水果类、粮食谷物类、肉类、蛋乳类和酒类。

第二节 全球专利申请总体态势

一、全球申请趋势分析

图 5-1 为农产品加工领域的全球专利申请趋势。从农产品加工领域的专利出现以

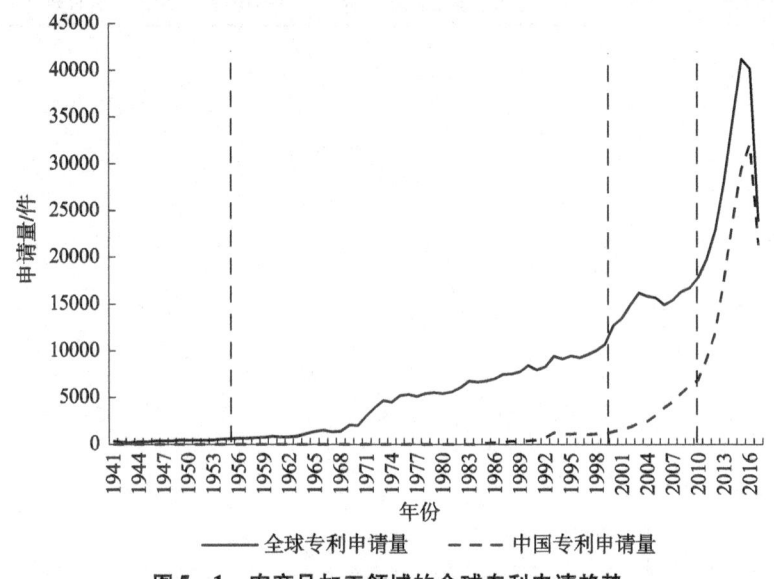

图 5-1 农产品加工领域的全球专利申请趋势

来,一直到1962年技术处于萌芽期,发展较为缓慢,1963~2001年专利申请量逐年上升,在2002~2009年发展趋于平稳,技术处于停滞期,而在2010年以后,农产品加工技术又一次进入飞速发展期,全球的相关专利申请量增速较快,创新势头较为强劲。

中国在农产品加工领域的技术起步较晚,1985年才出现相关专利申请,但之后的发展一直呈稳步上升趋势,2002~2009年全球技术发展平稳期,中国专利的申请量依旧是稳步增长。在2010年以后,技术进入飞速发展期,中国专利申请量的激增也是引起2010年后全球专利申请量飞速发展的主要原因,2010年后专利申请的总体趋势与全球的发展状况类似。

二、全球申请区域分布分析

根据全球主要申请国的专利申请趋势分析,农产品加工领域的专利申请主要集中在中国、日本、美国、韩国、德国。中国申请量占5个国家总和的44%,自2006年申请量超过日本后,进入飞速发展期。之后一直处于领先位置,在2017年相关专利申请略有回落。日本的专利申请量较为稳定,增幅不明显,申请量占5个国家总和的27%,自2005年以后发展缓慢。美国申请量占5个国家总和的15%,1999~2014年稳步增长,之后出现回落。韩国和德国总的申请量占比14%,韩国在1999年以后一直保持稳定的增长趋势(见图5-2)。

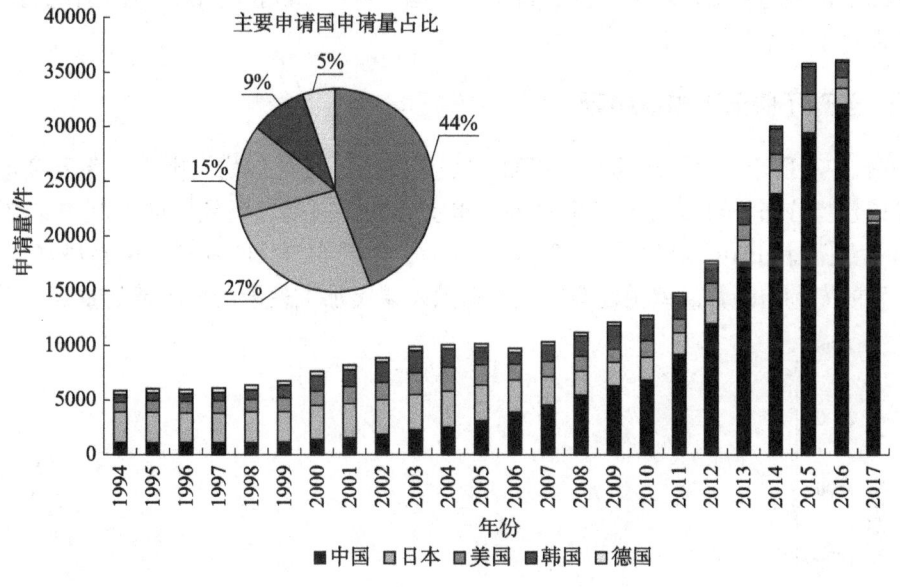

图5-2 全球主要申请国的专利申请趋势

三、全球申请流向分析

表5-1是农产品加工领域全球申请流向分布表,其中列表示农产品加工领域专利申请的主要原创国家或地区,行表示目标国家或地区。

表 5-1 全球申请流向分布　　　　　　　　　　　　　单位：件

区域	中国	日本	美国	韩国	欧洲专利局	世界知识产权组织	德国	澳大利亚
中国	186255	13678	459	36	122	687	20	77
日本	2741	70781	5241	2683	3157	4686	615	393
美国	1853	2432	30523	794	6299	7388	1935	1555
韩国	481	929	587	26188	258	1029	449	119
德国	565	607	3222	165	3232	2037	14520	233
丹麦	326	20611	813	90	941	938	1819	217
瑞士	828	1503	7013	209	2157	1554	730	2064
法国	295	523	6173	128	1647	1637	793	551
澳大利亚	110	777	692	10328	359	672	64	1488

农产品加工的技术原创国集中在中国、日本、美国、韩国、德国、丹麦等地，中国原创申请数量远超其他各国，日本虽然紧随其后，但日本国内申请有相当多的一部分来源于中国和丹麦，日本的原创专利申请数量不多，但日本以及美国、德国非常重视国际申请，在世界知识产权组织中申请了较多专利，中国虽然原创专利数量较多，但目标区域集中在日本，国际申请的数量远低于发达国家，只有 687 件。目标国家或地区表示了农产品加工领域的主要市场为中国、日本、美国、韩国、欧洲等地，中国国内的别国申请主要来自于日本和美国。

四、全球不同分支申请趋势

如图 5-3 所示，从农产品加工领域在蔬菜水果、粮食谷物、肉类、蛋乳类的全球专利申请趋势分布，可以看出蔬菜水果、粮食谷物、肉类、蛋乳类的专利申请在 2006 年以前一直保持相似的申请量，但 2006 年以后，不同农产品的专利申请趋势发生变化，不同类别的专利申请数量差距逐渐变大，蔬菜水果类加工逐渐成为申请的重点，其次是

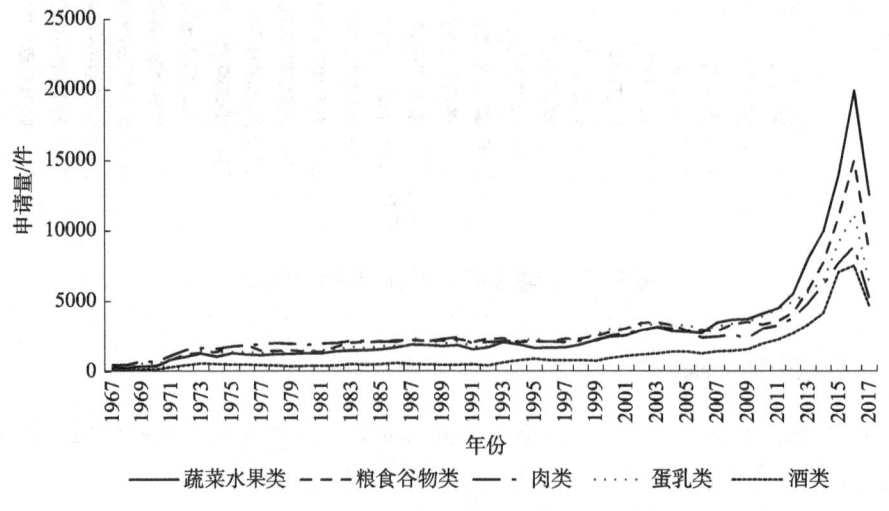

图 5-3　农产品加工领域不同分支申请趋势

粮食谷物的申请，蛋乳类成为近7年内排名第三的申请。酒类申请虽然一直少于另外4类，但其一直呈稳步增长的状态。

为避免中国专利激增而导致全球市场的不稳定性，而将中国的专利剔除，再一次针对蔬菜水果类、粮食谷物类、肉类、蛋乳类、酒类的专利申请变化趋势进行分析，发现除中国外的区域在蔬菜水果类、粮食谷物类、肉类、蛋乳类的申请比例类似，且从2003年以后技术呈现回缩趋势，但蔬菜水果类占较大比例，同时，酒类申请虽然一直少于另外4类，但其一直呈稳步增长的状态（如图5-4所示）。

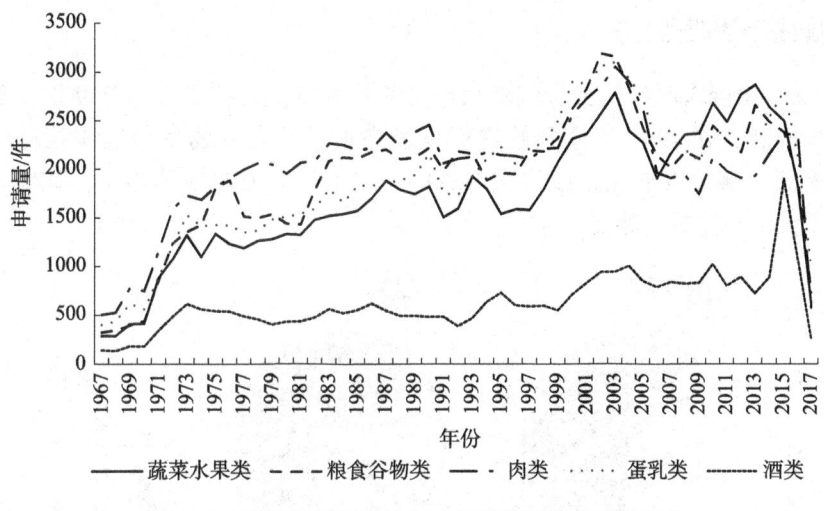

图5-4　除中国外农产品加工领域不同分支申请趋势

五、全球主要申请人分析

图5-5为农产品加工领域的全球主要申请人，全球前十名主要申请人大多属于国际综合性公司：联合利华、雀巢、卡夫等。而中国申请量最大的是江南大学，排第12

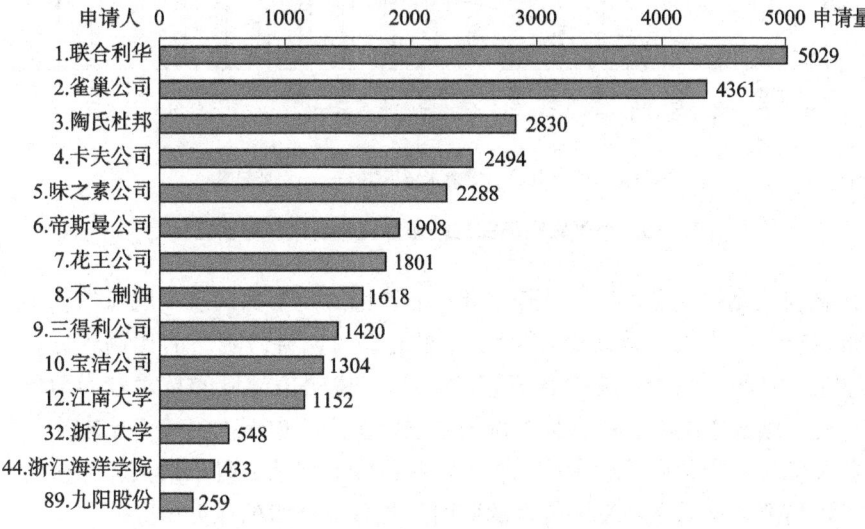

图5-5　农产品加工领域的全球主要申请人

名，另外浙江大学排第 32 名，浙江海洋学院排第 44 名，山东的九阳股份有限公司排第 89 名。中国的主要申请人是高校和研究院所，同时，国内的相关企业较为分散，无法形成较有优势的核心技术，针对这种情况，可以通过产业聚集区的形式发展相关的农产品加工技术。

第三节 国内专利申请总体态势

一、国内申请趋势分析

图 5-6 是中国农产品加工领域专利申请趋势和状况，我国在农产品加工领域的专利申请起步较晚，在 1985 年才开始进行专利申请，但之后的发展紧跟国际步伐，在 2010 年以后进入飞速发展期，成为该领域的技术大国，而与中国相比，其他各国申请数量变化不大，一直较为稳定。

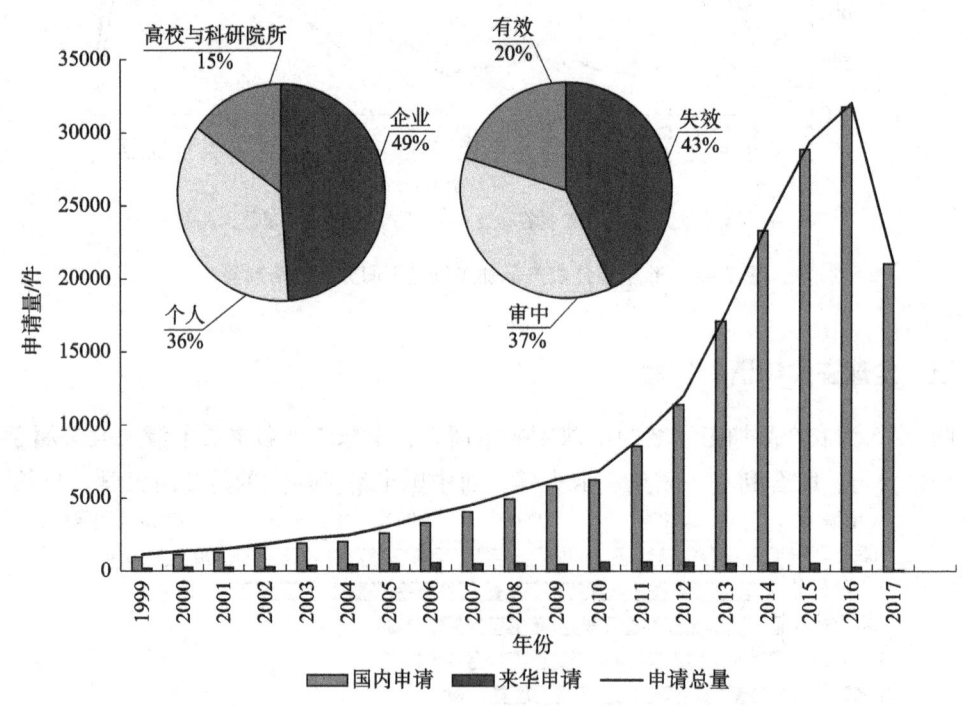

图 5-6 中国农产品加工领域专利申请趋势和状况

我国在该领域专利的主要申请人是企业，农产品加工方面的技术起点低，所以个人申请的比例也较大，个人申请和企业申请共占比 85%，科研院所的比例较低，技术研发的力量不足，且相关专利的有效比率仅为 20%，说明该领域的技术较为薄弱，相关专利质量不高。结合中国在农产品加工领域在国际上主要申请人高校占比较大的情况可以得出，相关领域的专利充斥较多技术含量不高的专利申请，且申请人较为分散，没有先进的技术。需要在申请专利发展技术的同时，加强对技术的深度研究。

二、国内主要省市申请趋势分析

图5-7为农产品加工领域中国主要省份专利申请趋势，目前专利申请量较多的省份为：安徽、江苏、山东、广东、浙江，浙江的技术发展较早，但从2007年开始被江苏、山东、广东赶超，安徽在2012年赶超山东，之后处于领先位置，山东从2011年进入快速发展期，并在2013年赶超江苏，成为我国第二大申请省份。广西的申请量一直是稳定上升的趋势。

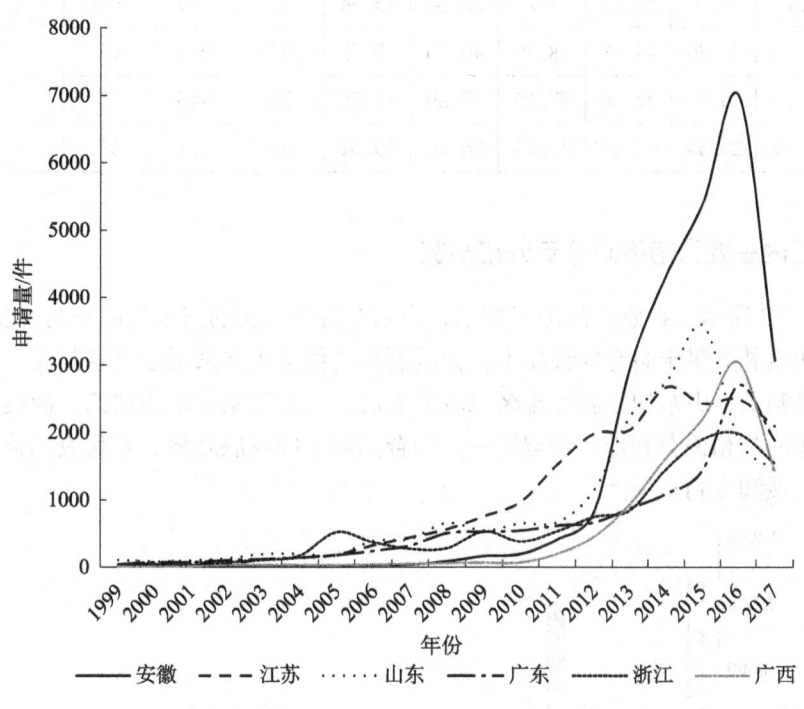

图5-7 中国主要省份专利申请趋势

三、国内主要省市专利质量情况对比

表5-2为农产品加工领域主要省份专利状况，山东的专利申请量靠前，但专利的有效性仅为18.84%，低于全国的平均有效比例20.13%，主要是因为撤回和权利终止的专利比例较大，证明申请人在进行专利申请或者维持的过程中，因为专利质量不高或者转化率低，没有进行专利的维持，专利的运营和转化需要加强。山东的企业申请所占比例为48.79%，比全国企业申请的比例要低，科研院所的申请比例为10.25%，也低于全国科研院所的申请比例，个人申请比例过高，技术发展不够成熟，进一步的研究也略显乏力。但山东的专利在质押、转让、海关备案等状态的专利件较多，说明山东存在高质量的专利以及已经产生明显经济效益的专利。但山东的国际申请过少，仅为31件，远低于广东的130件。

表 5-2 农产品加工领域主要省份专利状况

区域	专利有效性/%			申请人类型/%			法律事件/件				国际申请
	有效	审中	失效	企业	个人	科研院所	质押	转让	许可	海关备案	
全国	20.13	36.88	42.97	49.75	36.93	13.32	656	7652	962	24	8891
安徽	9.90	61.35	28.74	61.91	32	6.09	80	615	38	1	5
江苏	16.73	31.27	51.98	46	38.04	15.96	8	609	115	1	53
山东	18.84	36.76	44.38	48.79	40.96	10.25	69	610	65	5	31
广东	31.10	36.22	32.66	47.15	37.89	14.96	20	940	125	2	130
浙江	27.59	29.58	42.82	43.43	36.96	19.61	49	714	99	0	36

四、国内主要省市不同分支分布情况

如图 5-8 所示，在农产品加工领域，山东在各个分支的技术发展较为均衡，其中，粮食谷物和蛋乳类属于略有优势技术，但乳制品的优势主要来源于豆浆制品，除去九阳公司的豆浆制品，山东的蛋乳类排名也较为靠后。山东蔬菜水果类加工、酒类加工略显弱势，但啤酒类相关专利排名全国第一。结合国际上的发展趋势，尤其应加强蔬菜水果类的技术发展和专利布局。

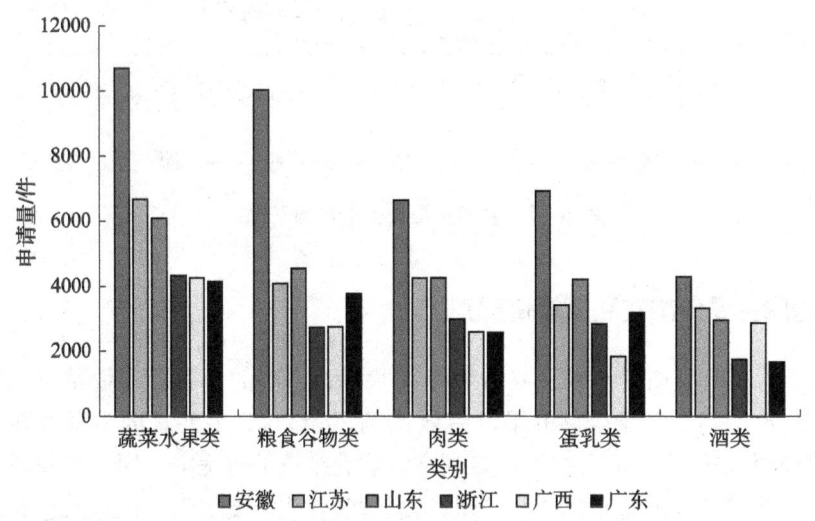

图 5-8 国内主要省市不同分支分布情况

五、国内主要申请人分析

图 5-9 为中国农产品加工领域前 20 位主要申请人，其中有 13 位属于高校研究机构，主要申请企业有 6 位：内蒙古伊利实业集团股份有限公司、哈尔滨膳宝酒业有限公司、内蒙古蒙牛乳业（集团）股份有限公司、光明乳业股份有限公司、安徽燕之坊食

品有限公司，山东的九阳股份有限公司排第17位。综合分析，山东高校在农产品加工领域的研究不够充分，优势企业数量较少。

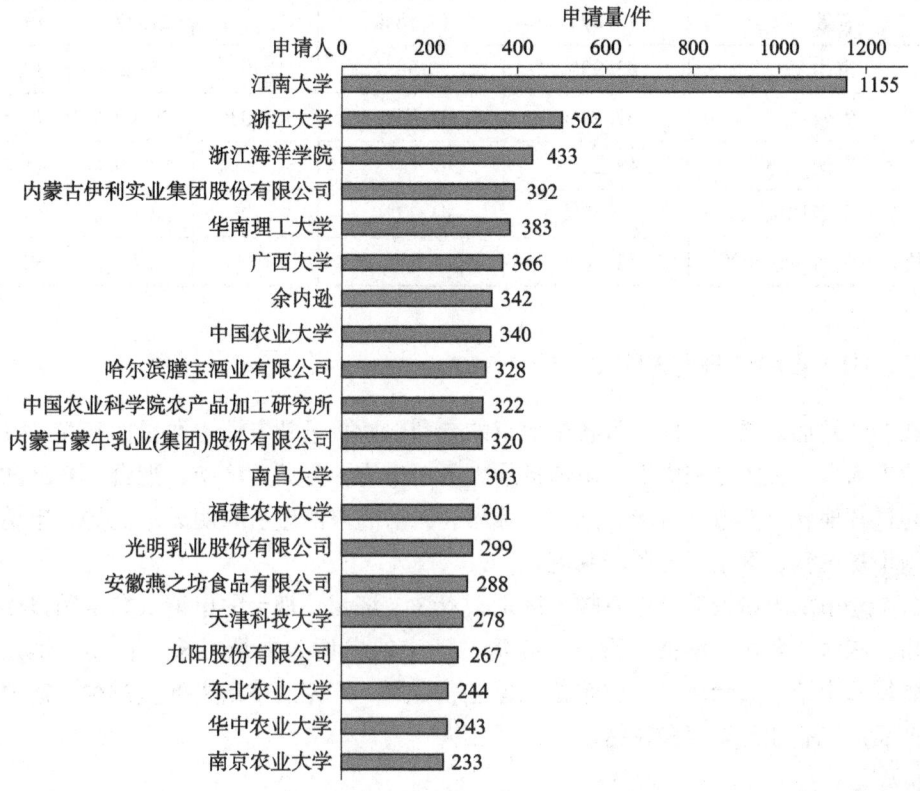

图5-9 中国农产品加工领域主要申请人

第四节 山东省专利申请情况分析

一、山东省农产品加工分支对比

表5-3为山东省农产品加工不同分支的对比图，可以看出，山东省在蔬菜水果加工的相关企业占比最大，但专利有效性居中，且失效的比例较大。另外，山东在粮食谷物类的后续发展较有优势，但酒类加工申请逐年递增，在这种趋势下，应该加强对酒类加工的后续投入。

表5-3 山东省农产品加工各分支情况

类别	蔬菜水果类	粮食谷物类	肉类	蛋乳类	酒类
专利数量/件	6089	4544	4254	4210	2945
申请人数量/人	2304	1656	1454	1254	1181
企业数量/个	921	593	529	522	379

续表

类别	蔬菜水果类	粮食谷物类	肉类	蛋乳类	酒类
有效	18.87%	17.18%	17.37%	21.37%	19.28%
审中	43.93%	50.96%	45.79%	48.62%	39.01%
失效	37.19%	31.84%	36.83%	30.00%	41.69%
企业申请比例	48.21%	49.84%	54.20%	57.19%	44.44%
个人申请比例	40.43%	44.12%	37.72%	34.34%	45.70%
高校研究院所申请比例	11.36%	6.04%	8.08%	8.47%	9.86%

二、山东省地市分布对比

在农产品加工领域，山东省各个地市的专利申请数量及申请人数量如表5-4所示，各个地市都有相关的专利申请，申请量最大的地市为：青岛、济南、烟台。青岛的申请量远超过其他各个地市，济南、烟台、威海、潍坊的申请量也有明显的优势，申请量较少的地市是东营、枣庄、日照、莱芜。

各个地市的申请人数量也有较大区别，青岛、济南、烟台的申请人数量明显多于其他地市，威海、潍坊、淄博、泰安、临沂、济宁的申请人数量较多，德州、滨州、菏泽、聊城的申请人数量较少，但东营、枣庄、日照、莱芜的申请人数量过少，需要加强对农产品加工企业的培育和扶持。

表5-4 山东省各个地市的专利申请量及申请人分布

地市	青岛	济南	烟台	威海	潍坊	淄博	泰安	临沂	济宁
申请量/件	6370	2699	1784	1550	1103	749	626	535	472
申请人量/人	1075	881	697	301	363	286	266	261	229
地市	德州	滨州	菏泽	聊城	东营	枣庄	日照	莱芜	
申请量/件	441	434	362	332	228	191	132	85	
申请人量/人	166	178	172	180	128	105	84	55	

如表5-5所示，青岛的专利申请量最大，且专利申请集中在2014年后，有55%的专利处于审查过程中，专利有效率较低，说明青岛相关技术的后续发展较好，但国际申请数量较少，应加强在国际申请方面的专利布局。

济南有效专利比例大，科研院所申请比例高，但企业的申请比例较低，其技术的转化应用需要加强，国际申请的数量在山东省较多，科研能力强。

烟台作为专利申请的第三大城市，个人申请较多，而个人申请专利的质量普遍不高，也说明烟台企业的创新能力略显弱势，应该加强企业对专利进行布局的意识。

从威海开始，申请人数量有大幅减少，说明相关企业数量不足，但威海的企业申请比例较多的同时专利整体的有效性较低，说明威海的企业创新势头强劲，但创新能力需要加强，淄博、泰安的企业创新能力较差。对于其他城市，专利质量较好的城市有：潍坊、济宁、滨州、莱芜，专利的后续发展力需要加强的城市为：东营、枣庄、莱芜，同时，东营、枣庄、日照、莱芜的个人申请比例过高，科研院所申请比例过低，说明企业、科研单位的数量，创新力不足，需要加强相关的政策指引。

表5-5 山东各地市专利申请状况　　　　　　　　　　　　单位：件

地市	有效	审中	企业	个人	科研院所	国际申请	集中区县
青岛	10.41%	55.05%	51.82%	38.63%	9.55%	7	莱西、城阳、胶州、市南
济南	28.57%	23.08%	37.35%	38.95%	23.71%	9	历城、历下、淮阴
烟台	16.98%	24.94%	34.66%	59.08%	6.26%	2	芝罘、蓬莱、莱山
威海	14.19%	42.00%	75.31%	14.45%	10.24%	0	环翠、荣成
潍坊	31.37%	31.82%	70.05%	27.87%	2.08%	4	诸城、安丘
淄博	14.55%	17.76%	21.74%	59.29%	18.97%	4	张店、桓台
泰安	25.88%	19.65%	20.76%	47.70%	31.54%	1	泰山、东平
临沂	24.67%	31.40%	42.62%	49.16%	8.22%	0	兰山、沂水
济宁	30.51%	25.21%	50.42%	42.23%	7.35%	1	兖州、泗水、任城、金乡
德州	26.08%	28.80%	65.53%	31.07%	3.40%	0	禹城、乐陵、德城
滨州	37.10%	19.12%	64.43%	31.54%	4.03%	1	邹平、博兴、滨城
菏泽	23.76%	29.83%	46.72%	51.37%	1.91%	0	牡丹、曹县
聊城	22.59%	35.24%	44.05%	47.62%	8.33%	2	东昌府、阳谷
东营	15.35%	11.40%	32.19%	66.95%	0.86%	0	东营、广饶
枣庄	18.32%	15.18%	33.51%	64.40%	2.09%	0	市中、山亭
日照	19.70%	23.48%	30.37%	66.67%	2.96%	0	东港
莱芜	31.76%	12.94%	37.65%	61.18%	1.18%	0	莱城

三、山东省地市国际申请情况

表5-6为山东在农产品加工领域的国际申请分布和状态，国际申请的主要申请人有：晶叶（青岛）生物科技有限公司、青岛海尔股份有限公司、山东九阳小家电有限公司，且申请都处于有效或者审查过程中的阶段，国际申请的质量较高。济南的九阳小家电有限公司、潍坊的诸城市浩天药业有限公司、淄博的山东理工大学、聊城的山东东阿阿胶股份有限公司都属于较有优势的企业。

表5-6 山东在农产品加工领域的国际申请分布　　　　　　　　单位：件

申请人地市	国际申请	非失效专利的国际申请人	申请内容
青岛	7	晶叶（青岛）生物科技有限公司 青岛海尔股份有限公司 青岛海洋生物医药研究院股份有限公司 王兆昕	酵素 冷藏冷冻 药物 蜂蜜姜汁
济南	9	山东九阳小家电有限公司 三株福尔制药有限公司	豆浆机 益生菌发酵玛咖组合物
烟台	2	失效	
潍坊	4	诸城市浩天药业有限公司	甜味剂-审中
淄博	4	山东理工大学 山东飞龙食品有限公司合作申请 周立军	啤酒 山楂饮料 胶原蛋白复合物
泰安	1	王书亮	柿饼
济宁	1	张小勇	糖尿病食疗餐
滨州	1	张念江	和面机
聊城	2	山东东阿阿胶股份有限公司 王井舟	阿胶 生鱼片刀

四、山东省各地市主要企业申请情况

（一）青岛

青岛企业申请情况见表5-7。青岛的主要企业在农产品加工领域的技术涉及：各种配比的功能性保健品制作，也有酒类加工、畜类禽类加工、水果蔬菜保鲜及各种休闲食品的制作。总体来看，各个企业的申请量较大，但专利有效比例较低，只有青岛嘉瑞生物技术有限公司、山东新希望六和集团有限公司和青岛建华食品机械制造有限公司的有效专利数量较多，几个主要申请人的专利申请失效数量较大。由此可见，青岛应该提高相应的专利质量，加强农产品加工技术的深化。

表5-7 青岛企业申请情况　　　　　　　　单位：件

企业	专利数量	审中数量	失效数量	有效数量	研究领域
青岛休闲食品有限公司	200	0	200	0	酱料、水果酒啤酒酿制、乳饮料
青岛金佳慧食品有限公司	197	101	96	0	功能保健品、调味料、速冻食品
青岛正能量食品有限公司	122	122	0	0	功能保健品、果冻火腿罐头、乳饮料

续表

企业	专利数量	审中数量	失效数量	有效数量	研究领域
青岛浩大海洋保健食品有限公司	87	67	18	2	功能保健品、鱼油、配制酒
青岛嘉瑞生物技术有限公司	85	30	22	33	保健酒饮料食品、保鲜剂、膳食纤维提取
青岛首泰农业科技有限公司	77	77	0	0	禽类、真菌、鱼类食品及面食
青岛建华食品机械制造有限公司	69	1	55	13	动物褪毛、悬挂、扯皮等屠宰机械
青岛海发利粮油机械有限公司	63	0	63	0	成分保健食品
青岛巨能管道设备有限公司	60	60	0	0	休闲食品加工
山东新希望六和集团有限公司	58	26	7	25	禽类清洗分离屠宰装置、脱水干燥机
青岛河澄知识产权有限公司	55	54	0	1	黄酒糖化机、酒类制品、休闲食品
山东六和集团有限公司	51	0	48	3	禽类屠宰、食品加工装置、冷冻盘
众地食品有限公司	48	0	48	0	蔬菜保鲜、坚果加工
青岛佳瑞庄园葡萄酒业有限公司	45	0	45	0	水果酒、葡萄酒制作
青岛新萌信息技术有限公司	42	42	0	0	各种成分休闲食品
青岛道合生物科技有限公司	42	0	42	0	蔬菜水果制品、面食制作
青岛拓联信息技术有限公司	41	41	0	0	防腐剂、保鲜剂、食品添加剂、配置酱料、功能饮料
青岛克立克信息技术有限公司	40	40	0	0	防腐剂、调味酱料、保健饮料
青岛德润电池材料有限公司	37	37	0	0	成分休闲食品、配制酒
青岛首冠企业管理咨询有限公司	37	37	0	0	休闲食品制作工艺

（二）济南

济南企业申请情况见表5-8。济南的主要企业在农产品加工领域的技术涉及：面食机械、蔬果保鲜、酒类加工、农产品初加工。九阳股份有限公司属于龙头企业，专利申请量大且有效性高，在专利运营方面也已经取得了一定的经济效益。济南的其他各个公司也进行了专利的申请，虽然专利申请的量不大，但有效专利的数量远高于青岛。济南应该加强专利的运营和转化，以龙头企业为主发挥其专利运营经验优势，济南的高校科研院较多，应加强与相关企业合作。

表5-8 济南企业申请情况　　　　　　单位：件

企业	申请数量	有效	失效	审中	研究领域
九阳股份有限公司	270	228	26	16	面条机、面食机、榨汁机、豆浆机、烹饪装置、发芽机

续表

企业	申请数量	有效	失效	审中	研究领域
山东中德设备有限公司	54	12	42	0	酒发酵、煮沸、蒸馏装置
山东银鹰炊事机械有限公司	52	40	12	0	面食机械
山东营养源食品科技有限公司	41	18	7	16	蔬果保鲜方法
济南伟传信息技术有限公司	30	6	8	16	保健饮料、营养粥、酱料
章丘市炊具机械总厂	27	5	22	0	面食机械
济南汉定生物工程有限公司	19	1	18	0	甜味剂、饮料
济南骄泰信息技术有限公司	17	0	5	12	功能性保健品
济南凯因生物科技有限公司	16	5	11	0	保健饮品
山东美鹰食品设备有限公司	14	8	5	1	智能面食机、厨房搬运机
济南舜昊生物科技有限公司	12	0	1	11	调味料、沙拉、保健饮品
济南科纳信息科技有限公司	11	7	2	2	不同成分酱料、咀嚼片
山东申东设备技术有限公司	10	10	0	0	啤酒发酵排气、过滤、充氧装置
济南康众医药科技开发有限公司	10	2	3	5	降低农残、功能饮料
济南海之舟食品有限公司	10	5	5	0	鱼类挂冰机、切割台，蔬菜加工台
济南舜景医药科技有限公司	9	1	1	7	功能性保健品
济南银鹰食品机械有限公司	9	8	1	0	面食机械
山东尊皇酿酒设备有限公司	8	8	0	0	啤酒糖化、煮沸、发酵装置

（三）烟台

烟台企业申请情况见表5-9。烟台的主要企业在农产品加工领域的技术涉及：海产品加工、葡萄酒、蔬菜水果加工保鲜、功能性保健品。烟台的主要申请企业申请专利数量虽然不多，但企业分布均匀，专利质量较好，有效专利分布均衡，比例较高。烟台应该以区域性的产业聚集区为着力点，综合聚集区优势，发展更为先进的技术。

表5-9 烟台企业申请情况　　　　　　　　　　　　单位：件

企业	申请数量	失效	审中	有效	研究领域
蓬莱京鲁渔业有限公司	60	18	16	26	食品成型机，鱼肉去鳞切块机械，鱼类食品制备
烟台大洋制药有限公司	22	18	0	4	功能性保健品
蓬莱汇洋食品有限公司	22	6	12	4	鱼类、蔬果食品加工机

续表

企业	申请数量	失效	审中	有效	研究领域
烟台朗博商贸有限公司	20	0	20	0	蔬果保鲜剂
烟台新时代健康产业有限公司	16	1	7	8	功能性保健品、食品干燥机
烟台张裕集团有限公司	14	2	4	8	葡萄酒酿造、保鲜方法
烟台北方安德利果汁股份有限公司	11	6	1	4	果汁加工、贮藏方法
烟台宝备生物技术有限公司	11	0	11	0	功能性保健食品
山东东方海洋科技股份有限公司	10	4	4	2	鱼类食品
烟台市喜旺食品有限公司	10	5	1	4	肉制品挂汁机、火腿保鲜、香肠
山东鲁花集团有限公司	9	5	1	3	酱油、油脂制备、黄曲霉素去除装置
新三和（烟台）食品有限责任公司	9	0	7	2	冻干食品，豆类穿孔、切馅工具
莱阳春雪食品有限公司	9	0	1	8	禽类屠宰装置
山东海波海洋生物科技股份有限公司	8	0	8	0	冻干、速成食品
中粮长城葡萄酒（烟台）有限公司	7	1	2	4	葡萄酒酿造、溶氧、发酵
烟台巨先药业有限公司	7	7	0	0	米粉、营养成分胶囊
烟台开发区绿源生物工程有限公司	7	6	1	0	营养成分胶囊
威龙葡萄酒股份有限公司	6	0	5	1	葡萄酒酿造、澄清方法
山东黑尚莓生物技术发展股份有限公司	6	1	0	5	酒发酵、喷淋装置

（四）威海

威海企业申请情况见表5-10。威海的主要企业在农产品加工领域的技术涉及：海产品初加工精加工、保鲜、休闲食品加工、功能性保健品。威海各个企业的申请区别较大，申请量最大的申请人大部分专利处于审查过程中，有效专利的比例较低。有针对性研究的企业技术较为先进，例如威海环翠楼红参科技有限公司，关于高丽参类食品的加工较有优势。威海结合地域特点，应该加强海产品加工方面的技术深度。

表5-10 威海企业申请情况　　　　　　　　　　　　　　　　　　单位：件

企业	申请数量	审中	失效	有效	研究领域
威海新异生物科技有限公司	118	94	23	1	酒类制作、快捷食品、复合食品、休闲食品制作
山东好当家海洋发展股份有限公司	81	29	35	17	水产食品制作及保鲜、保健饮品
泰祥集团技术开发有限公司	76	1	55	20	蔬菜去皮、鱼去刺、动物剥皮、快捷食品、海鲜制品、调味酱料

续表

企业	申请数量	审中	失效	有效	研究领域
威海红印食品科技有限公司	57	51	1	5	鱼切片机、面食机、速冻设备、功能性营养品
威海百合生物技术股份有限公司	34	22	10	2	加料装置、苦味抑制剂、保健食品、磷脂鱼油
恒茂实业集团有限公司	34	11	11	12	鱼肉食品
威海纽麦斯保健品有限责任公司	31	1	30	0	保健食品配置
威海贯标信息科技有限公司	30	20	10	0	食品配置加工
威海御膳坊生物科技有限公司	29	27	2	0	医学配方食品、保健食品
威海家晓食品坊有限公司	27	14	12	1	食品配置加工
威海环翠楼红参科技有限公司	26	1	5	20	高丽参类破壁粉、切片、酒
威海紫光金奥力生物技术有限公司	25	25	0	0	各种配比保健制品
荣成宏业实业有限公司	23	1	22	0	贝类开壳、脱水、烘干、肉分离装置，水产休闲制品
威海裕隆水产开发有限公司	22	22	0	0	海鲜酱、海鲜汤、休闲食品配料及制作

五、山东农产品加工主要分支现状及发展建议

农产品加工属于国民经济基础性产业，其进入门槛低，专利申请量多，但专利质量一般，没有典型的重点技术。在这种情况下，更应该把握市场的热点，加强在当前情况下的技术更新速度。

（一）蔬菜水果类

蔬菜水果类加工的专利申请，山东的专利有效率居中，主要集中在蔬菜水果的初加工，精加工方面的技术需要进一步完善。

1. 产业聚集区

（1）青岛城阳

青岛城阳在蔬菜水果加工方面的特点是：申请人数量大且集中，产业链较全，但有效专利的比例过低，技术不够成熟，在蔬菜水果的初加工方面技术较有优势，蔬菜水果精加工方面虽然专利申请量大，相关企业的数量大，但技术高度一般，虽然有较多专利尚处于审查过程中，但有效专利数量过少，应该加强对蔬菜水果精加工的技术研究。青岛城阳企业申请情况如表 5 - 11 所示。

表 5-11 青岛城阳企业申请情况　　　　　　　　　　　　　　　单位：件

序号	企业	申请量	审中	失效	有效	所属领域
1	青岛田瑞牧业科技有限公司	27	11	12	4	初加工
2	青岛智享专利技术开发有限公司	8	7	0	1	初加工
3	青岛中谷智能设备有限公司	5	0	1	4	初加工
4	山东康地恩生物科技有限公司	4	0	0	4	初加工
5	青岛睿金源自动化技术开发有限公司	3	2	0	1	初加工
6	青岛松科机电科技有限公司	2	0	0	2	初加工
7	青岛海隆达生物科技有限公司	2	0	1	1	初加工
8	青岛祥泰创鑫生物科技有限公司	2	0	0	2	初加工
9	青岛三合中农生物科技有限公司	1	0	0	1	初加工
10	青岛世纪云帆实业有限公司	1	1	0	0	初加工
11	青岛奕奕和农牧科技有限公司	1	0	0	1	初加工
12	青岛捷宇达电子科技有限公司	1	1	0	0	初加工
13	青岛泽绪电器有限公司	1	0	1	0	初加工
14	青岛金佳慧食品有限公司	42	24	18	0	精加工
15	青岛顺昕电子科技有限公司	15	15	0	0	精加工
16	青岛城轨交通装备科技有限公司	10	10	0	0	精加工
17	青岛益邦瑞达生物科技有限公司	10	10	0	0	精加工
18	青岛浩大海洋保健食品有限公司	9	9	0	0	精加工
19	青岛力天宏泰新能源科技有限公司	7	7	0	0	精加工
20	青岛智通四海家具设计研发有限公司	7	7	0	0	精加工
21	青岛华南盛源果业有限公司	5	5	0	0	精加工
22	青岛国海生物制药有限公司	4	2	1	1	精加工
23	华加云海健康科技（青岛）有限公司	2	2	0	0	精加工
24	天添爱（青岛）生物科技有限公司	2	0	2	0	精加工
25	晶叶（青岛）生物科技有限公司	2	1	0	1	精加工
26	青岛农业大学	2	2	0	0	精加工
27	青岛千迪慷功能食品研制有限公司	2	2	0	0	精加工
28	青岛波尼亚食品有限公司	2	1	0	1	精加工
29	青岛海能海洋生物技术有限公司	2	2	0	0	精加工
30	青岛莹辉达通化工科技有限公司	2	2	0	0	精加工
31	青岛鑫益发工贸有限公司	2	2	0	0	精加工

续表

序号	企业	申请量	审中	失效	有效	所属领域
32	青岛鹏通瑞德电气科技有限公司	2	2	0	0	精加工
33	五指山国松奇草生物科技养生研发有限公司	1	1	0	0	精加工
34	山东康恩地生物科技有限公司	1	0	1	0	精加工
35	青岛佳印达工贸有限公司	1	1	0	0	精加工
36	青岛宏致复合织造有限公司	1	1	0	0	精加工
37	青岛康地恩动物药业有限公司	1	0	1	0	精加工
38	青岛康迈臣生物科技有限责任公司	1	1	0	0	精加工
39	青岛泰孚生物技术有限责任公司	1	1	0	0	精加工
40	青岛浩源集团有限公司	1	0	0	1	精加工
41	青岛瑞思德生物科技有限公司	1	1	0	0	精加工
42	青岛自然珍萃生物科技有限公司	1	1	0	0	精加工
43	青岛金健莱生物科技有限公司	1	1	0	0	精加工
44	青岛高校重工机械制造有限公司	1	1	0	0	精加工
45	青岛龙梅机电技术有限公司	1	0	1	0	精加工
46	山东新希望六和集团有限公司	4	2	0	2	初加工精加工
47	青岛安芙兰生物科技有限公司	4	0	4	0	蔬果保鲜
48	青岛博泓海洋生物技术有限公司	3	0	3	0	蔬果保鲜
49	青岛世纪星语通讯科技有限公司	1	1	0	0	蔬果保鲜
50	青岛安芙兰芳香制品有限公司	1	0	1	0	蔬果保鲜

(2) 滨州博兴

滨州博兴企业申请情况见表5-12。滨州博兴在蔬菜水果加工方面以初加工为主，精加工企业较少，但在蔬菜水果初加工方面的专利质量好，山东瑞帆果蔬机械科技有限公司、山东华誉机械设备有限公司、山东省博兴县博精特食品机械有限公司的技术发展较好。如果要实现更好的经济效益，应该加强对蔬菜水果精加工企业的技术引导。

表5-12 滨州博兴企业申请情况   单位：件

序号	企业	申请量	有效	失效	审中	所属领域
1	山东瑞帆果蔬机械科技有限公司	30	20	10	0	初加工
2	山东省博兴县龙升食品有限公司	12	1	11	0	初加工
3	山东华誉机械设备有限公司	8	7	1	0	初加工
4	山东珠峰生物科技有限公司	5	0	5	0	初加工
5	山东省博兴县博精特食品机械有限公司	5	5	0	0	初加工

续表

序号	企业	申请量	有效	失效	审中	所属领域
6	博兴县国丰高效生态循环农业开发有限公司	1	0	1	0	初加工
7	山东华兴机械集团有限责任公司	1	0	1	0	初加工
8	山东香驰健源生物科技有限公司	1	1	0	0	初加工
9	山东博华高效生态农业科技有限公司	7	0	0	7	精加工
10	山东御馨生物科技有限公司	1	0	0	1	精加工
11	山东齐国盛世酒业酿造有限公司	1	0	0	1	精加工
12	京博农化科技股份有限公司	1	0	0	1	蔬果保鲜

2. 山东省主要申请人状况

山东省蔬菜水果加工的主要申请人如表5-13所示，前十位申请人中有3个企业：威海新异生物科技有限公司、青岛正能量食品有限公司、青岛巨能管道设备有限公司，4个高校及科研院所：山东农业大学、山东理工大学、青岛农业大学、山东省果树研究所，3个为个人：刘韶娜、刘毅、苟秀芹。

对于个人申请，刘韶娜、刘毅、苟秀芹的所有申请都是发明申请，申请时间集中在2014年、2015年，且都处于审查过程中，涉及的内容比较类似，都是不同配比的粥、薯片、罐头、丸子等水果蔬菜产品。

山东农业大学在蔬菜水果初加工和保存保鲜方面都有相关专利申请，且在水果蔬菜的保鲜方法技术较好。山东理工大学也主要涉及蔬果初级加工和保鲜的技术。两个高校的状况一致。授权比例高，但授权后因未缴年费终止或放弃的专利数量也很高，说明后续转化应用欠缺，与企业需求脱节，需要加强专利的运营，与企业积极开展合作。

在蔬菜水果初级加工中，山东瑞帆果蔬机械科技有限公司的专利涉及蔬果清洗、杀菌、脱水及一体化机械。专利有效率为65.51%，质押专利4件，转让专利8件，专利已经运营。专利授权比例较高，转化应用较好。金乡县鲁源食品有限公司专利涉及洋葱剥皮去尾装置、大蒜清洗甩干剥皮分瓣装置、蔬果脱水装置。专利有效率为3.33%，但授权后未交年费失效的专利占66.6%。专利授权比例较高，但后续的转化应用欠缺。上述企业和科研院所可以合作，促进科研成果转化。

在蔬菜水果精加工领域，山东有效比例低于全国的有效比例。威海新异生物科技有限公司主要涉及酒类制作、快捷食品、复合食品、休闲食品制作，专利大部分处于审查过程中。青岛正能量食品有限公司主要涉及功能保健品、果冻火腿罐头、乳饮料，青岛巨能管道设备有限公司主要涉及休闲食品加工，两家公司专利全部处于审查过程中。青岛众地食品有限公司的专利主要针对坚果的生产工艺，所有专利全部撤回失效。青岛金佳慧食品有限公司以水果坚果蔬菜制备的各种功效的保健品居多，例如提高免疫力、改善骨质疏松、缓解疲劳、缓解亚健康、降低血脂等功能性保健品，因撤回而失效的专利占比61.9%，其他专利为在审状态。综合分析：蔬菜水果精加工领域的专利质量有待提高，需要集中力量发展重点技术。

在蔬菜水果保鲜领域，山东营养源食品科技有限公司专利有效比例高，处于审查过程中的专利数量较多，技术较为先进且技术一直处在进步的阶段，可以作为省内合作对象。

山东省农业科学院农产品研究所的坚果制品专利质量较好可以开展合作或者技术引进。

表5-13 蔬菜水果类山东主要申请人情况　　　　　　　　　　单位：件

申请人	申请量	审查中	授权量	授权后终止或放弃	未授权
刘韶娜	114	114	0	0	0
山东农业大学	75	36	31	10	8
山东理工大学	74	9	46	41	19
威海新昇生物科技有限公司	52	35	1	0	16
青岛正能量食品有限公司	52	52	0	0	0
青岛巨能管道设备有限公司	50	50	0	0	0
刘毅	44	44	0	0	0
苟秀芹	43	43	0	0	0
青岛农业大学	43	19	22	7	2
山东省果树研究所	42	14	20	7	8

3. 发展建议

（1）省内合作

在蔬菜水果初加工领域，山东瑞帆果蔬机械科技有限公司、金乡县鲁源食品有限公司的技术较好，专利质量高，可以开展交流合作。在蔬菜水果保鲜领域，山东营养源食品科技有限公司专利有效比例高，可开展合作。

山东农业大学、山东理工大学在蔬菜水果初加工和保存保鲜方面都有相关专利申请，且专利质量较好。可以与省内企业开展合作，实现成果转化。

在蔬菜水果精加工领域，山东的企业没有突出的企业和典型的技术，可以通过产业聚集区的形式发挥各自优势，实现技术的进一步加深。

山东省农业科学院农产品研究所的坚果制品专利质量较好可以开展合作或者技术引进。

（2）省外合作

中国农业科学院农产品加工研究所，申请的专利集中在水果制品、薯类制品，也可以开展技术合作。

（3）技术借鉴

在蔬菜水果加工领域筛选有效的国际申请，联合利华的申请数量最多，申请的专利具体如表5-14所示。在蔬菜水果精加工方面，更有竞争力的技术在于水果蔬菜中特殊物质的提取以及新的蔬菜水果食用方式（如充气、含冰、再水化、干燥、冲泡）。在蔬菜水果精加工中，可多侧重这两个方面技术的发展研究。

表 5-14　蔬菜水果类重点专利

序号	标题	申请号
1	马铃薯来源的风味增强组合物及其制造方法	CN201480037445.5
2	番茄纤维组合物和其制备方法	CN201380067701.0
3	包含果胶凝胶的凝胶化食物浓缩物	CN201380037376.3
4	含有葡甘露聚糖的调味品	CN201180062277.1
5	可冲泡饮料成分的制备方法	CN201280041583.1
6	精制植物分离物和由此植物分离物生产功能性食品成分的方法	CN201180057417.6
7	包含肉桂的组合物	CN201180026546.9
8	可再水化的食品	CN201180027569.1
9	来源于番茄的增稠剂	CN201180022541.9
10	成泥的香草、蔬菜和/或香料组合物及其制备方法	CN200980147591.2
11	干燥蔬菜和生产其的方法	CN200980130425.1
12	番茄产品及其制备方法	CN200880121866.0
13	鲜味活性级分及其制备方法	CN200880121674.X
14	生产番茄酱的方法	CN200880010408.X
15	低 pH 充气产品	CN200680034413.5
16	含冰产物	CN200580024268.8

（二）粮食谷物类

山东在粮食谷物类加工方面有龙头企业九阳股份有限公司，其他企业的技术不够深入，但九阳股份有限公司的专利申请研究领域较为单一，后续发展力不足。

1. 产业聚集区

（1）威海环翠

威海环翠企业申请情况见表 5-15。威海环翠在粮食谷物加工领域申请人较多且集中，产业链较全，缺少粮食谷物初级加工的企业。虽然粮食谷物精加工方面有许多相关企业，但有效专利数量基本为零，技术发展不足，缺乏高质量技术。

表 5-15　威海环翠企业申请情况　　　　　　　　　　　　单位：件

序号	企业	申请量	审中	失效	有效	所属领域
1	威海市宇王集团有限公司	1	0	1	0	初加工
2	威海红印食品科技有限公司	38	35	0	3	初加工/精加工
3	威海家晓食品坊有限公司	7	0	7	0	初加工/精加工
4	威海纽麦斯保健品有限责任公司	10	0	10	0	精加工

续表

序号	企业	申请量	审中	失效	有效	所属领域
5	威海新异生物科技有限公司	9	9	0	0	精加工
6	威海长寿康海洋食品有限公司	6	6	0	0	精加工
7	威海云睿信息科技有限公司	4	4	0	0	精加工
8	威海秀美生物科技有限公司	4	0	4	0	精加工
9	威海贯标信息科技有限公司	4	4	0	0	精加工
10	威海五谷怡健食品有限公司	3	2	1	0	精加工
11	威海裕隆水产开发有限公司	3	3	0	0	精加工
12	威海关爱老人信息科技有限公司	2	2	0	0	精加工
13	威海海日水产食品有限公司	2	2	0	0	精加工
14	威海紫光科技园有限公司	2	2	0	0	精加工
15	威海丰盛园餐饮娱乐有限公司	1	0	1	0	精加工
16	威海北玮贸易有限公司	1	1	0	0	精加工
17	威海御膳坊生物科技有限公司	1	1	0	0	精加工
18	威海清华紫光科技开发有限公司	1	0	1	0	精加工
19	威海紫光金奥力生物技术有限公司	1	1	0	0	精加工
20	威海罐头厂	1	0	1	0	精加工
21	威海蓝印海洋生物科技有限公司	1	1	0	0	精加工
22	威海金琳水产有限公司	1	0	1	0	精加工
23	山东圣洲海洋生物科技股份有限公司	1	1	0	0	精加工
24	山东省威海市通用机械总厂	1	0	1	0	精加工

（2）济南槐荫

济南槐荫的企业数量较少，但是存在龙头企业九阳股份有限公司，其技术优势明显，专利申请量大，且有效专利数量多，部分专利已经通过运营获得经济效益，以其为中心的产业聚集区，应该加强优势企业的地位。

排除个人申请，粮食谷物加工在山东前十位申请人中有9个企业和1个研究所，公司主要是：九阳股份有限公司、青岛正能量食品有限公司、威海红印食品科技有限公司、青岛金佳慧食品有限公司、青岛双福制粉有限公司、山东银鹰炊事机械有限公司、威海新异生物科技有限公司、青岛聚能管道设备有限公司、章丘市炊具机械总厂。

九阳股份有限公司的专利有效比例高，专利主要为各种类型的面条机、面食机、电蒸箱，某些专利已经产生经济效益。山东济南银鹰炊事机械有限公司相似专利质量好，涉及内容主要为面条机和面食机，但其专利涉及内容单一。其他企业申请专利数量虽多，但有效专利数量过少，且大部分都针对粮食谷物的精加工，所以，山东应该加强粮食谷物精加工的技术研发。表5-16为济南槐荫企业申请情况。

表5-16 济南槐荫企业申请情况   单位：件

序号	企业	申请量	有效	失效	审中	所属领域
1	九阳股份有限公司	260	222	18	20	精加工
2	山东九阳小家电有限公司	10	4	6	0	精加工
3	济南华利实业公司	1	0	1	0	精加工
4	济南方宇文化传媒有限公司	1	0	0	1	精加工

2. 发展建议

（1）省内合作

省内企业可以与九阳股份有限公司、山东济南银鹰炊事机械有限公司进行合作或者学习相关经验。

（2）省外合作

成都松川雷博机械设备有限公司相关专利数量多、质量高，主要涉及饺子的面皮制作、包馅制作装置。可以在相似领域开展合作。

（3）技术借鉴

在粮食谷物加工领域筛选有效的国际申请，不二制油株式会社的申请数量最多，申请的专利具体如表5-17所示。不二制油株式会社的申请与九阳股份有限公司类似，也主要侧重于豆类制品的加工，但其精加工的技术更有优势，主要涉及豆内物质的提取、进一步炼制、粮食谷物的性能改良。山东省内的相关企业可以学习相关技术。

表5-17 粮食谷物类重点专利

序号	标题	申请号
1	果胶性多糖类及其制造方法	CN201280030037.8
2	降脂大豆蛋白材料在含有来自大豆原料的饮食品中的新用途	CN201280027917.X
3	大豆乳化组合物在含有来自大豆原料的饮食品中的新用途	CN201280027929.2
4	降脂大豆蛋白材料和大豆乳化组合物，以及它们的制造方法	CN201180027192.X
5	含有高度不饱和脂肪酸的食品或饮料，及其制造方法	CN200780048920.9
6	淀粉食品用泡胀抑制剂	CN200780037257.2
7	米饭用品质改良剂及使用该改良剂的米饭类及其制造方法	CN200680019404.9
8	分级的大豆蛋白质材料，适用于该材料的加工后大豆，及制备大豆蛋白质材料和加工后大豆的工艺	CN200680019008.6
9	大豆泡芙的制备方法	CN200680016600.0
10	米饭用水包油型乳化组合物以及使用其的米饭	CN200580030412.9
11	含有高浓度的异黄酮并具有高溶解度的组合物及其制备方法	CN200380109817.2

续表

序号	标题	申请号
12	谷类加工食品用品质改良剂和使用其的谷类加工食品	CN200380102357.0
13	涂布烹调食品用脂肪组合物以及烹调食品的生产方法	CN03823830.6
14	抗氧化剂及其制备方法	CN03822672.3
15	降低身体脂肪百分比的药剂或身体脂肪百分比增加抑制剂	CN03822451.8
16	大豆蛋白的制造方法	CN03818603.9
17	生榨杀菌豆奶	CN200410103652.4
18	耐冻性豆腐制品及其生产方法	CN02827834.8
19	粉末状大豆蛋白原料的制造方法	CN02817432.1
20	棉花状豆腐和棉花状豆腐的制造方法	CN02812415.4
21	干燥调味的油炸豆腐的制造方法	CN02811207.5
22	深度油炸豆泡的制备方法	CN200310123555.7
23	生产冷冻豆腐衣的方法	CN02802753.1
24	连续生产冷冻食品的方法	CN01816719.5
25	生产豆腐的方法	CN01814873.5
26	豆粉原料及其制造方法	CN02159072.9
27	生产大豆蛋白的方法	CN01802934.5
28	具有优异抗冻性的豆腐制品及其制备方法	CN99812135.5
29	豆乳的生产方法	CN99801799.X
30	生产豆奶和豆渣的方法	CN98114717.8

（三）肉类

山东在肉类加工领域的技术较好，尤其是肉类的初加工，但对海洋肉类如鱼肉、贝类的加工方面，专利有效性过低，技术有待提高。

1. 产业聚集区

（1）潍坊诸城

潍坊诸城在肉类食品加工方面申请人较为集中，主要涉及禽类畜类肉类食品的初加工和精加工，缺乏肉类的保鲜保存类的相关企业。在肉类初加工和精加工方面都有发展较好的企业，尤其是在畜类禽类肉制品的初加工方面，各个企业的发展较为均衡。表5-18为潍坊诸城企业申请情况。

表5-18 潍坊诸城企业申请情况　　　　　　　　　　　　单位：件

序号	企业	申请量	审中	失效	有效	所属领域
1	山东宝星机械有限公司	35	4	20	11	初加工
2	诸城市新得利食品机械有限责任公司	10	5	0	5	初加工

续表

序号	企业	申请量	审中	失效	有效	所属领域
3	诸城市荣和机械有限公司	7	7	0	0	初加工
4	山东惠发食品有限公司	5	0	5	0	初加工
5	潍坊誉洲食品有限公司	4	0	0	4	初加工
6	诸城市朝阳机械有限公司	4	1	1	2	初加工
7	山东佳诚食品有限公司	2	1	0	1	初加工
8	山东华宝食品股份有限公司	2	0	0	2	初加工
9	诸城市农牧机械厂	2	0	2	0	初加工
10	诸城市友邦工贸有限公司	2	1	0	1	初加工
11	山东省天舒农业科技研究所	1	0	0	1	初加工
12	山东鑫正达机械制造有限公司	1	0	0	1	初加工
13	诸城市万利源机械科技有限公司	1	0	0	1	初加工
14	诸城市众工机械有限公司	1	1	0	0	初加工
15	诸城市信泽屠宰设备有限公司	1	0	0	1	初加工
16	诸城市宜福机械有限公司	1	0	0	1	初加工
17	诸城市志诚机械有限公司	1	0	1	0	初加工
18	诸城市远大工贸有限公司	1	0	1	0	初加工
19	诸城市食品罐头厂	1	0	1	0	初加工
20	诸城绿维食品有限公司	1	0	0	1	初加工
21	山东华昌食品科技有限公司	20	4	11	5	初加工/精加工
22	得利斯集团有限公司	11	0	5	6	初加工/精加工
23	山东惠发食品股份有限公司	56	29	14	13	精加工
24	山东佳士博食品有限公司	34	9	13	12	精加工
25	潍坊润田食品有限责任公司	30	30	0	0	精加工
26	诸城市东方食品有限公司	25	25	0	0	精加工
27	山东新润食品有限公司	20	20	0	0	精加工
28	山东和利农业发展有限公司	17	17	0	0	精加工
29	诸城市和生食品有限公司	14	14	0	0	精加工
30	山东得利斯食品股份有限公司	5	0	3	2	精加工
31	诸城兴贸玉米开发有限公司	3	3	0	0	精加工
32	诸城市兰德欧泽信息技术有限公司	3	0	0	3	精加工
33	山东菁华农牧发展有限公司	1	1	0	0	精加工
34	诸城外贸有限责任公司	1	1	0	0	精加工

（2）威海荣成

威海荣成的申请人较为集中，主要以海产肉类的加工为主，大多数企业都进行肉类食品的精加工，但大多数都是最近几年进行申请，有效专利数量过少，技术发展处于比较初级的阶段。威海荣成企业申请情况如表5-19所示。

表5-19 威海荣成企业申请情况　　　　　　　　　　　单位：件

序号	企业	申请量	失效	审中	有效	所属领域
1	山东金瓢食品机械股份有限公司	5	0	5	0	初加工
2	荣成佰惠源食品有限公司	4	0	2	2	初加工
3	荣成市华通海洋生物科技有限公司	4	4	0	0	初加工
4	荣成鱼哨海洋科技有限公司	2	0	0	2	初加工
5	赤山集团有限公司	2	0	0	2	初加工
6	威海阳标渔业机械有限公司	1	1	0	0	初加工
7	荣成市金海丰水产食品有限公司	1	0	0	1	初加工
8	泰祥集团技术开发有限公司	41	29	1	11	初加工/精加工
9	山东好当家海洋发展股份有限公司	40	10	26	4	初加工/精加工
10	荣成宏业实业有限公司	14	13	1	0	初加工/精加工
11	泰祥集团孵化器有限公司	6	1	3	2	初加工/精加工
12	恒茂实业集团有限公司	17	4	10	3	精加工
13	荣成波德隆食品有限公司	16	16	0	0	精加工
14	荣成金达不锈钢设备有限公司	12	5	0	7	精加工
15	荣成宏业海洋科技有限公司	5	2	2	1	精加工
16	山东明鑫集团有限公司	4	0	4	0	精加工
17	荣成奥汛海洋生物科技有限公司	4	0	4	0	精加工
18	荣成泰祥食品股份有限公司	4	0	4	0	精加工
19	威海百合生物技术股份有限公司	3	0	2	1	精加工
20	山东千屋央厨海洋科技有限公司	3	0	3	0	精加工
21	荣成南光食品有限公司	3	1	2	0	精加工
22	荣成市日鑫水产有限公司	3	0	3	0	精加工
23	荣成海锐芯生物科技有限公司	3	0	3	0	精加工
24	荣成石岛广信食品有限公司	3	0	3	0	精加工
25	威海市桢昊生物技术有限公司	2	1	0	1	精加工

续表

序号	企业	申请量	失效	审中	有效	所属领域
26	荣成冠辰水产有限公司	2	2	0	0	精加工
27	荣成市福星海产有限公司	2	0	2	0	精加工
28	荣成市飞创科技有限公司	2	0	2	0	精加工
29	上海梅林（荣成）食品有限公司	1	1	0	0	精加工
30	威海海珂孵化器有限公司	1	0	1	0	精加工
31	山东海普盾生物科技有限公司	1	0	0	1	精加工
32	荣成市国香斋食品厂	1	1	0	0	精加工
33	荣成市好佳好水产食品有限公司	1	0	1	0	精加工
34	荣成市康达农业科技有限公司	1	0	1	0	精加工
35	荣成市熠欣海洋生物科技有限公司	1	0	1	0	精加工
36	荣成市珍离养殖公司	1	1	0	0	精加工
37	荣成市荣喜渔业有限公司	1	1	0	0	精加工
38	荣成市领鲜海洋生物科技有限公司	1	0	1	0	精加工
39	荣成海达鱼粉有限公司	1	0	0	1	精加工
40	荣成西霞口海珍品贸易有限公司	1	0	0	1	精加工
41	荣成鹏泽食品有限公司	1	1	0	0	精加工
42	荣成百合生物技术有限公司	2	0	0	2	保存
43	荣成市俚岛建筑工程公司	1	1	0	0	保存
44	山东西霞口海珍品股份有限公司	12	0	6	6	保存运输

肉类食品在山东前十位非个人申请人中有8家企业和2所高校，企业有：青岛建华食品机械制造有限公司、山东新希望六和集团有限公司、青岛佳日隆海洋食品有限公司、山东惠发食品股份有限公司、山东六和集团有限公司、青岛新萌信息技术有限公司、泰祥集团技术开发有限公司、山东好当家海洋发展股份有限公司。

主要申请人青岛建华食品机械制造有限公司申请专利69项，主要涉及动物扯皮、脱毛、宰杀箱等牲畜屠宰装置。专利授权比例高，但授权后未进行维持、放弃的比例较高，导致专利失效比例高。山东新希望六和集团有限公司的专利涉及禽类屠宰和加工装置。青岛佳日隆海洋食品有限公司主要是对海参的加工，包括含片以及口服液等的加工，但授权的比例较低。

中国海洋大学的专利涉及鱼类、贝类、虾类的加工、保鲜、重金属去除、特殊物质提取，专利质量较好，研究技术较为先进，但授权后放弃或终止的专利数量也较多，缺乏后续的转化和利用。青岛农业大学主要涉及禽类、畜类的杀菌、保鲜、初加工，专利质量较好。肉类食品与山东省主要申请人状况如表5-20所示。

表5-20 山东省主要申请人状况（非个人）　　　　　　　单位：件

申请人	申请量	审查中	曾授权	授权后终止或放弃	未授权
青岛建华食品机械制造有限公司	69	1	64	47	4
山东新希望六和集团有限公司	58	26	32	6	0
青岛佳日隆海洋食品有限公司	58	16	5	0	37
中国海洋大学	57	26	21	11	10
山东惠发食品股份有限公司	56	29	13	0	14
山东六和集团有限公司	44	0	43	41	1
青岛新萌信息技术有限公司	42	42	0	0	0
泰祥集团技术开发有限公司	41	1	17	7	23
山东好当家海洋发展股份有限公司	40	26	9	5	5
青岛农业大学	39	8	24	1	7

2. 发展建议

（1）省内合作

省内申请人青岛建华食品机械制造有限公司、山东六和集团有限公司、山东新希望六和集团在禽类屠宰等初加工方面较有优势，需要加强专利的后续运营。省内相关企业可以与之开展合作。

中国海洋大学的专利涉及鱼类、贝类、虾类的加工、保鲜、重金属去除、特殊物质提取，青岛农业大学主要涉及禽类、畜类的杀菌、保鲜、初加工，两个高校的专利质量较好，但专利缺乏运行和技术转化，相关企业也可以进行合作。

（2）省外合作

江苏省农业科学院、南京农业大学涉及鱼类、禽类、畜类宰杀设备，以及相关食品加工装置，且已经有许可使用的专利，可以引进相关技术。

（3）技术借鉴

在肉类加工领域筛选有效的国际申请，北欧机械制造鲁道夫巴德尔有限及两合公司的申请数量最多，申请的专利具体如表5-21所示。北欧机械制造鲁道夫巴德尔有限及两合公司的专利主要涉及鱼肉的初级加工。山东省内的相关企业可以学习相关技术。

表5-21 肉类重点专利

序号	标题	申请号
1	用于从鱼肉中去除鱼骨的装置	CN201480053257.1
2	在产品流中传送的食品的加工装置及加工方法	CN201280077774.3
3	鱼制品及肉制品加工业中使用的物品传送设备	CN201380055173.7

续表

序号	标题	申请号
4	监测肉制品加工机的方法及装置	CN201380040360.8
5	鱼加工装置	CN201380036559.3
6	将鱼切成片的切片方法、实施该方法的切片装置以及应用于该方法和该装置的圆刀片对及圆刀片	CN201280072388.5
7	从去内脏的家禽屠体上将已经从该屠体上部分分离的胸脯肉完全分离下来的装置及方法	CN201280070247.X
8	肌腱去除装置，具有该肌腱去除装置的加工装置以及自动去除内侧胸部肌肉上的肌腱和/或肌腱部的方法	CN201280068420.2
9	单独检测可被连续传送的动物屠体个体特征的测量装置以及包括至少一个这种测量装置的加工装置	CN201280059563.7
10	在切片过程中去除鱼脊椎骨渗血的方法以及去除渗血的装置	CN201180073383.X
11	从去内脏的家禽屠体上分离叉骨的装置及方法	CN201280034201.2
12	自动监测肉制品加工设备的装置和监测方法	CN201280014634.1
13	对屠宰动物体的毛皮刻痕的装置、动物体支撑体、使用该装置的处理装置及毛皮刻痕方法	CN201310041215.3
14	自动机械加工连续传送的肉块的装置及该装置实施的方法	CN201180049531.4
15	去头、去内脏鱼体的切片设备及切片方法	CN201180025255.8
16	通过刺穿在先前切割过程中残留的腹膜，将鱼片完全从去头、去内脏的鱼体上切割下来的设备及相应的切割方法	CN201180024200.5
17	动物性食品的表层分离设备及分离方法	CN201180020704.X
18	用于将去头、去内脏的鱼切成鱼片的设备及切鱼片方法	CN201180003688.3
19	自动向鱼加工机供鱼的鱼类传送装置以及带有上述鱼类传送装置且能够调整鱼类首/尾方向的装置	CN201080008036.4
20	分离分割制品的分割部分的设备及方法	CN201080004359.6
21	肉类特别是鱼肉的加工设备及加工方法	CN200980138234.X
22	用于去头、宰杀和开膛后的鱼的切片方法和装置	CN01812352.X

（四）蛋乳类

山东在蛋乳类加工领域的优势主要依赖于制造仿乳制品豆浆的企业九阳股份有限公司，其他企业的有效专利数量较低，山东在蛋乳制品的加工、保鲜等方面较为欠缺。

1. 产业聚集区

（1）青岛莱西

青岛莱西在蛋乳类食品加工方面的申请人较为集中，主要涉及蛋乳类加工的设备和制品，但在相关领域的有效专利数量较少，技术研究尚处于起步阶段。青岛莱西蛋乳类企业申请情况如表5-22所示。

表5-22 青岛莱西企业申请情况　　　　　　　　　　　　　　单位：件

序号	企业	申请量	审中	失效	有效	所属领域
1	三统万福（青岛）食品有限公司	1	1	0	0	保存
2	青岛海力商用电器有限公司	3	1	0	2	加工设备
3	澳柯玛股份有限公司	1	0	0	1	加工设备
4	青岛正能量食品有限公司	24	24	0	0	加工制品
5	青岛海益诚管理技术有限公司	14	14	0	0	加工制品
6	青岛七好营养科技有限公司	9	0	9	0	加工制品
7	青岛钰兴石墨制品有限公司	6	6	0	0	加工制品
8	青岛基恒饲料有限公司	4	4	0	0	加工制品
9	青岛点石文具用品有限公司	4	4	0	0	加工制品
10	青岛宝泉花生制品有限公司	3	0	3	0	加工制品
11	青岛德润电池材料有限公司	3	3	0	0	加工制品
12	青岛高哲思服饰有限公司	2	2	0	0	加工制品
13	青岛双福制粉有限公司	1	1	0	0	加工制品
14	青岛天惠乳业有限公司	1	1	0	0	加工制品
15	青岛福仕奶业有限公司	1	0	1	0	加工制品
16	青岛鹏远康华天然产物有限公司	1	0	1	0	加工制品

乳制品在山东前十位非个人申请人中有8家企业和2所高校研究所，企业主要有：九阳股份有限公司、山东坤泰生物科技有限公司、青岛大嘴网络技术有限公司、青岛正能量食品有限公司、青岛慧能多农业发展有限公司、山东禹王生态食业有限公司、山东阳春羊奶乳业有限公司、青岛休闲食品有限公司。

企业申请人九阳股份有限公司主要涉及仿乳制品豆浆机，专利有效比例高，国内排名第1。潍坊山东坤泰生物科技有限公司，潍坊山东阳春羊奶乳业有限公司都涉及羊乳饮品、含乳饮料，专利大部分为审查过程中。

济南大学的专利主要涉及乳制品的制备、杀菌、脱除三聚氰胺、乳酸饮料、豆浆机等，大部分专利都处于审查过程中。

山东省乳类主要专利申请人状况如表5-23所示。

表5-23 山东省主要申请人状况（非个人）　　　　　　　　　单位：件

申请人	申请量	有效	审中	失效
九阳股份有限公司	578	525	18	35
山东坤泰生物科技有限公司	30	0	30	0
青岛大嘴网络技术有限公司	27	0	27	0

续表

申请人	申请量	有效	审中	失效
青岛正能量食品有限公司	24	0	24	0
济南大学	18	3	13	2
青岛慧能多农业发展有限公司	18	0	0	18
中国科学院海洋研究所	17	4	1	12
山东禹王生态食业有限公司	17	1	15	1
山东阳春羊奶乳业有限公司	17	9	8	0
青岛休闲食品有限公司	16	0	0	16

2. 发展建议

（1）省内合作

潍坊山东坤泰生物科技有限公司、潍坊山东阳春羊奶乳业有限公司都涉及羊乳饮品、含乳饮料，可以开展相关的合作。

济南大学的专利主要涉及乳制品的制备、杀菌、脱除三聚氰胺、乳酸饮料、豆浆机等，大部分专利都处于审查过程中。相关领域的研究人员可以与之开展合作。

（2）技术借鉴

在蛋乳类加工领域筛选有效的国际申请，日本明治乳业株式会社的申请数量最多，申请的专利具体如表5-24所示。其对乳制品提取物、乳制品饮料、乳制品保鲜等的加工研究要为成熟。山东省内的相关企业可以学习相关技术。

表5-24 蛋乳类加工重点专利

序号	标题	申请号
1	装入容器的含乳饮料的制造方法及制造系统	CN201480003739.6
2	再制奶酪类及其制造方法	CN201510181897.7
3	低脂或脱脂的包含气泡的乳剂	CN201380039178.0
4	发酵乳食品及其制造方法	CN201380044663.7
5	配合有胶原的发酵乳及其制造方法	CN201380013629.3
6	发酵乳的硬度的评价方法及发酵乳的硬度的评价装置	CN201380009070.7
7	乳饮料及其制造方法	CN201380004238.5
8	肠内菌群改善用营养组合物	CN201280059104.9
9	微粒化装置	CN201280040347.8
10	干酪及其制造方法	CN201280044196.3
11	低卡路里发酵乳及其制造方法	CN201280042753.8
12	含有较多的非脂乳固体成分且具有良好风味的黄油及其制作方法	CN201280029218.9

续表

序号	标题	申请号
13	物理性质改善的发酵乳的制备方法	CN201280011563.X
14	利用乳清的乳加工食品及其制造方法	CN201280019925.X
15	迟发型变态反应减轻剂	CN201180067660.6
16	味道改善的发酵乳及其制造方法	CN201280006863.9
17	胃泌素生成抑制剂及含有该胃泌素生成抑制剂的食品组合物	CN201280003716.6
18	子宫内膜异位症的预防和/或改善剂以及含有其的饮食品组合物	CN201180057181.6
19	风味和物性优良的乳性饮料及其制造方法	CN201180040084.6
20	奶酪以及使用奶酪的蒸煮袋食品	CN201180056282.1
21	乳酸菌和/或双歧杆菌的存活能力提高剂	CN201180050220.X
22	防褐变乳类食品及其制造方法	CN201180053462.4
23	液态发酵乳的制造方法	CN201180048437.7
24	再制干酪制造装置	CN201180041366.8
25	固体乳及其制备方法	CN201180025530.6
26	再制奶酪类及其制造方法	CN201180012645.1
27	干酪及其制造方法	CN201180005303.7
28	含有有用微生物的干酪及其制造方法	CN201180005305.6
29	抗病毒剂和饮食品组合物	CN201080053309.7
30	乳杆菌属乳酸菌的增殖促进剂和/或存活性提高剂	CN201080039225.8
31	炼乳样乳清组合物及其制造方法	CN201080039224.3
32	培养乳酸细菌的方法及生产发酵乳的方法	CN201080014722.2
33	培养乳酸细菌的方法及生产发酵乳的方法	CN201080014723.7
34	低脂肪加工奶酪及其制造方法	CN201080009003.1
35	硬质或半硬质天然干酪及其制备方法	CN200980123464.9
36	固体乳的制备方法	CN200980152872.7
37	矿物质吸收改善剂和矿物质吸收改善方法	CN200980147612.0
38	加工干酪类及其制造方法	CN201110102044.1

（五）酒类

山东在啤酒领域排名第一位，葡萄酒领域发展也略有优势，可以通过加深相关技术的研究，巩固领先地位。

1. 产业聚集区

（1）济南历城

济南历城在酒类方面申请人较为集中，主要是各种酒类的加工方法和设备。企业申请情况如表5-25所示。

表5-25 济南历城企业申请情况

序号	企业	申请量	失效	有效	审中	所属领域
1	山东中德设备有限公司	52	40	12	0	啤酒、葡萄酒、果酒
2	山东申东设备技术有限公司	10	0	10	0	啤酒
3	济南天泰啤酒设备有限公司	8	0	8	0	啤酒
4	山东中德发酵技术有限公司	3	1	1	1	啤酒
5	山东安克生物工程有限公司	1	1	0	0	啤酒
6	济南和利时自动化工程有限公司	1	1	0	0	啤酒
7	山东朝能福瑞达生物科技有限公司	1	0	1	0	粮食酒
8	济南卓达机械设备有限公司	2	1	1	0	家用酿啤酒机
9	山东酒仙坊生物科技有限公司	4	0	3	1	家用酿酒机
10	山东省农业科学院农产品研究所	3	0	1	2	果酒
11	山东仁基实业有限公司	1	0	0	1	果酒
12	山东天地健生物工程有限公司	1	1	0	0	保健酒
13	山东常生源食品科技有限公司	1	0	0	1	保健酒
14	济南三株药业有限公司	1	1	0	0	保健酒
15	济南宏济堂制药有限责任公司	1	0	1	0	保健酒
16	济南敬德昌生物科技有限公司	1	0	0	1	保健酒
17	济南环太机电技术有限公司	1	0	1	0	保健酒
18	济南金植医药技术有限公司	1	0	0	1	保健酒
19	济南高瑞生物科技有限公司	1	0	0	1	保健酒

山东在啤酒领域排全国各省份的第一位。山东中德设备有限公司、青岛啤酒股份有限公司主要涉及啤酒生产装置，专利授权比例较高，但山东中德设备有限公司授权后未维持比例高，导致失效比例高，青岛啤酒股份有限公司维持状况好。山东理工大学、齐鲁工业大学、山东农业大学专利有效率高，且部分已产生经济效益。

在其他酒类方面，青岛休闲食品有限公司的专利集中在农产品酒，但全部失效。山东景芝酒业股份有限公司主要涉及酒的生产方法和装置，专利有效率高，未进行专利的运营。烟台张裕集团有限公司涉及葡萄酒酿造、颜色保持等方法，专利授权比例较高。申请人情况如表5-26所示。

表5-26 山东主要申请人情况　　　　　　　　　　　　　　　　单位：件

申请人	申请量	失效	有效	审中
青岛休闲食品有限公司	74	74	0	0
山东景芝酒业股份有限公司	53	6	45	2
山东中德设备有限公司	52	40	12	0

续表

申请人	申请量	失效	有效	审中
青岛佳瑞庄园葡萄酒业有限公司	43	43	0	0
山东农业大学	42	2	18	22
青岛嘉瑞生物技术有限公司	38	6	21	11
齐鲁工业大学	32	2	18	12
山东轻工业学院	31	30	1	0
威海新昇生物科技有限公司	29	0	0	29
青岛浩大海洋保健食品有限公司	25	12	1	12
青岛河澄知识产权有限公司	24	0	1	23
青岛啤酒股份有限公司	22	7	10	5

2. 发展建议

（1）省内合作

山东中德设备有限公司要加强对专利的转化和运营，可以与啤酒公司进行技术合作。山东理工大学、齐鲁工业大学、山东农业大学专利有效率高，且部分已产生经济效益，也可以与该类高校开展合作。

山东景芝酒业股份有限公司、烟台张裕集团有限公司都属于相应酒类加工中较为有优势的企业，其他企业可以与其开展合作。

（2）技术借鉴

在酒类加工领域筛选有效的国际申请，三得利株式会社的申请数量最多，申请的专利具体如表5-27所示。其对啤酒类的加工研究较为成熟。山东省内的相关企业可以学习相关技术。

表5-27 酒类加工领域重点专利

序号	标题	申请号
1	突变ILV5基因及其用途	CN200780027468.8
2	食品或饮料及其制造方法	CN200780003336.1
3	发芽谷物中口腔内刺激物质的降低方法	CN200680047625.7
4	发酵饮料的制造方法	CN200810086092.4
5	硫酸根离子转运蛋白基因及其用途	CN200680019968.2
6	麦类加工品的制造方法	CN200580043649.0
7	口腔内刺激物质	CN200580040559.6
8	过氧化氢酶基因及其用途	CN200710008185.0
9	过氧化氢酶基因及其用途	CN200710008178.0

续表

序号	标题	申请号
10	编码具有降低连二酮或双乙酰活性的蛋白质的基因及其用途	CN200610163514.4
11	酒精浸泡物或使用此物的食品或饮料及其制造方法	CN200580024924.4
12	稳定性良好的发酵饮料的制造方法	CN200580027910.8
13	编码细胞壁甘露糖蛋白的基因及其用途	CN200610138878.7
14	支链氨基酸氨基转移酶基因及其用途	CN200610153906.2
15	醇乙酰转移酶基因及其用途	CN200610153904.3
16	酯酶基因及其用途	CN200610153903.9
17	半胱氨酸合成酶基因及其用途	CN200610121385.2
18	麦芽发酵饮料	CN200480035343.6
19	使用含麦芽三糖比率低的发酵原液制造发酵饮料的方法	CN200510129032.2
20	使用分成各组成部分的麦芽制造麦芽饮料的方法	CN200480015155.7
21	发酵饮料的制造方法	CN200380104086.2
22	生产植物加工品的方法	CN200380102619.3

第六章 农产品质量安全专利情况分析

第一节 研究概况

农产品质量安全事关人民群众身体健康和生命安全，事关农民增收和农业发展，责任重、意义大。农产品质量安全，就是指农产品的可靠性、使用性和内在价值，包括在生产、贮存、流通和使用过程中形成、残存的营养、危害及外在特征因子，既有等级、规格、品质等特性要求，也有对人、环境的危害等级水平的要求。

我国越来越重视农产品质量安全。长期以来，我国农业的首要任务是保障农产品有效供给，增加产量。随着农产品供求进入总量基本平衡、丰年有余的新阶段，随着人民生活水平提高、农产品国际贸易发展，国家把农产品质量安全工作摆到了更加突出的位置。

社会公众期待越来越强。人们对农产品质量安全的要求越来越高是经济社会发展的必然反映。目前，我国已进入工业化中期阶段，这个阶段人民群众的消费观念已由"吃得饱"向"吃得好、吃得安全"转变，更多地考虑农产品是否安全、是否有益于健康。因此，必须把农产品质量安全与数量安全摆在同等重要的位置，统筹好数量、质量和效益的关系，满足人民群众生活水平不断提高的需求。

同时，农业产业发展关联度越来越大。农产品质量安全水平的高低，直接影响农业产业的健康发展。发展现代农业、提升农产品市场竞争力，质量安全是关键。因此，必须全力以赴，强化质量安全监管，提升质量安全水平。

本章内容重点对农产品质量安全相关技术中的检测、监测和追溯三种技术进行分析。

第二节 全球专利申请总体态势

一、全球申请趋势分析

如图6-1所示，全球范围内与农产品质量安全相关的专利申请呈波动增长态势，自2009年后增速明显加快。1998年之前，全球与农产品质量安全相关的专利申请增速缓慢，20世纪末的农业政策也将重点从保障农产品数量安全转移到了提升农产品质量安全，并以此作为发展农业、改善农村环境、提高农产品国际市场竞争力的重要手段，之后农产品质量安全技术开始快速增长。2009年后，随着中国政策及标准的不断完善，对农产品质量安全重视程度越来越高，专利增速明显加快，并带动全球专利数量增长。

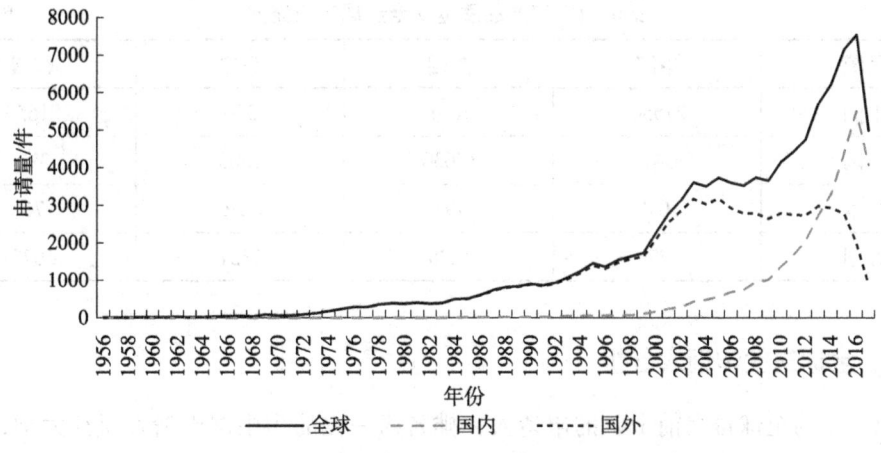

图 6-1 全球农产品质量安全领域专利申请趋势

二、全球申请区域分布分析

如图 6-2 所示，农产品质量安全领域全球专利申请 99452 件，中国、美国、日本是农产品质量安全的主要来源国。中国以 30962 件位于第一位，占全球申请总量的 31%，美国、日本专利申请数量均低于中国，分别位于全球第二位和第三位。

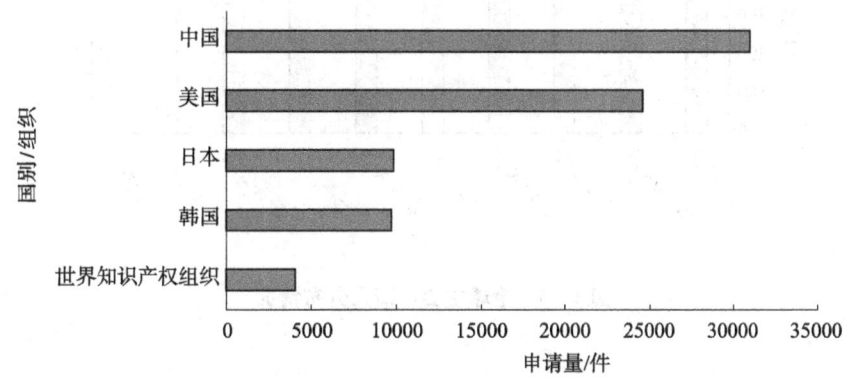

图 6-2 全球农产品质量安全领域专利申请区域分布

三、全球申请流向分析

表 6-1 为农产品质量安全全球申请流向，中国是最主要的技术来源国。日本申请人较重视中国市场，而中国申请人较注重美国市场。美国申请人除在本国有大量申请之外，在日本也有大量申请，对日本市场较为重视。中国、美国、日本在市场方面，形成循环，中国在美国布局较多，美国在日本布局较多，日本在中国布局最多。

除此之外，相对于中国而言，美国和日本受其他国家申请人重视，专利竞争较为激烈。

表6-1 农产品质量安全全球申请流向　　　　　　　　　单位：件

区域	中国	美国	日本	韩国
中国	27554	1661	366	165
美国	341	15636	1305	392
日本	1099	491	6276	76
韩国	27	1230	1331	5073

四、全球主要申请人分析

图6-3为全球排名前十位的申请人，排名第一位的为中国申请人浙江大学，专利申请量为533件，其次为美国的辉瑞公司、日本的日立公司，可以看到排名靠前的中国申请人均为高校，而其他国家排名靠前的申请人绝大多数为企业。因此应当鼓励企业进行专利布局。中国高校在该领域具有较强的研发实力，推动高校专利转化，加强产学研的力度。

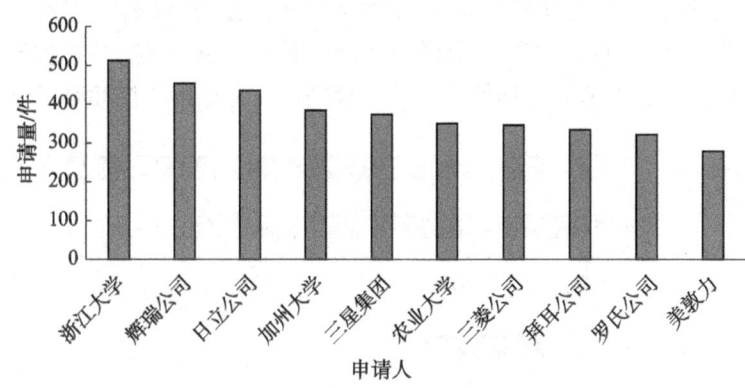

图6-3 全球主要申请人分布情况

第三节 国内专利申请总体态势

一、国内申请趋势分析

如图6-4所示，中国农产品质量安全相关专利申请起始于1985年，技术发展过程可以分为以下几个阶段：

探索期（1985~1998年）：这一阶段中国专利每年申请量在百件以下，专利申请量增长缓慢，该阶段中国申请人对农产品质量安全重视程度不够；

发展期（1999~2009年）：1999年开始，中国对农产品质量安全意识逐渐加强，各类型申请主体相关技术的研发也逐渐开展，专利申请的年度申请量逐渐增加。

爆发期（2010年至今）：随着中国政策及标准的不断完善，对农产品质量安全重视程度越来越高，国内众多高校、科研院所和企业投入农产品质量安全的技术研发中，该阶段专利增速明显加快，并带动全球专利数量增长。

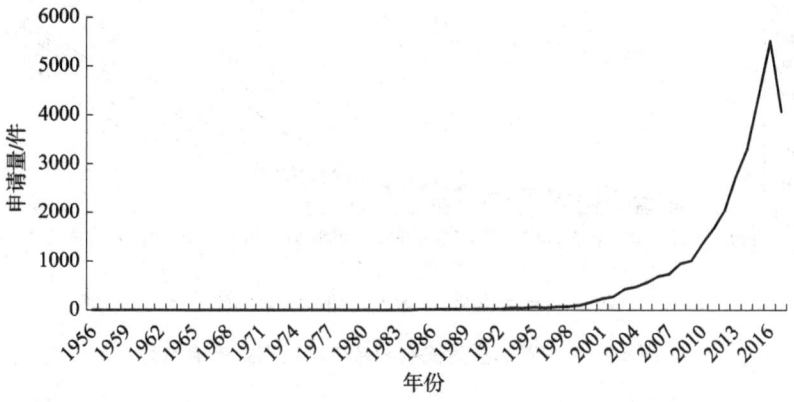

图6-4　农产品质量安全中国申请趋势

二、国内专利申请地域分布

如图6-5所示，整体上看，农产品质量安全产业在地域上分布相对较为集中，主要集中在江苏、北京、广东、浙江、山东等省市，申请量较大省市均为沿海区域。

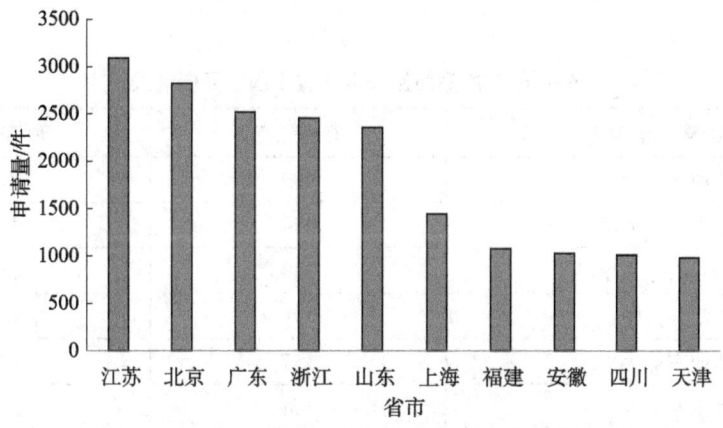

图6-5　农产品质量安全中国区域分布

三、主要省市申请趋势分析

如图6-6所示，从申请趋势上，5个省市均呈现稳中有升的增长趋势，且在2010年之后增速有明显增加。2010年以前，北京市的相关专利申请量优势明显，且增长趋势，高校为主要申请力量。同年，江苏省出台《江苏省农产品质量安全条例（草案）》，之后江苏省申请量上升速度加快，跃居第一位。

山东省农产品质量安全专利申请量居全国第五位，呈现波浪形上升趋势。2011年，在《山东省农产品质量安全条例》等政策促进下，专利申请量增速明显，年申请量已经超越广东，在2014年超越了浙江。

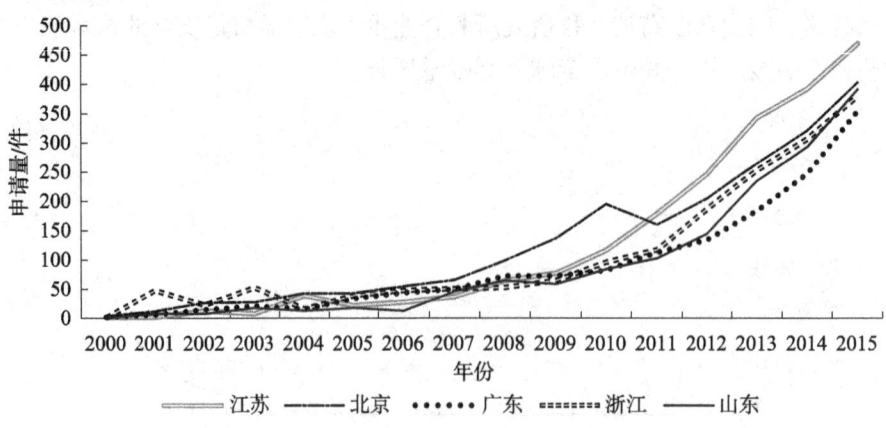

图 6-6 农产品质量安全领域中国前五省申请趋势

四、国内主要申请人分析

表 6-2 为前 20 位国内申请人,全部为大专院校和科研单位。浙江大学以 499 件居于第一位。其中江苏申请人 5 位,占据前 20 位申请人的 40%,与江苏省整体排名一致。北京申请人 4 位,仅低于江苏省 1 位,且中国农业大学专利数量排名第二。山东申请人仅有山东农业大学,居于第 20 位,与浙江大学专利数量相差较大,相较于其他省市还有待提高。

表 6-2 农产品质量安全领域中国主要申请人 单位:件

中国重要申请人	专利数量	所在区域
浙江大学	499	浙江
中国农业大学	350	北京
华中农业大学	248	湖北
江苏大学	191	江苏
华南农业大学	157	广州
南京农业大学	154	江苏
江南大学	132	江苏
四川农业大学	130	四川
西北农林科技大学	124	山西
扬州大学	119	江苏
浙江工商大学	119	浙江
中国检验检疫科学研究院	110	北京
吉林大学	94	吉林
中国农业科学院茶叶研究所	92	北京
江苏省农业科学院	91	江苏

续表

中国重要申请人	专利数量	所在区域
上海交通大学	84	上海
浙江海洋学院	82	浙江
上海海洋大学	79	上海
北京农业信息技术研究中心	79	北京
山东农业大学	78	山东

五、主要省市申请人类型分析

表6-3为国内申请人类型分布，全国企业、高校院所、个人占比分别为42.33%、42.16%、15.51%。江苏省高校院所申请人占比最多，其次是企业、个人，与其他省市对比无特别优势；北京市高校院所占比最多，为60.59%，相比于其他省市具有突出优势，可以加强科研单位的成果利用；广东省企业申请人占比最多，专利运用上更具有优势；浙江申请人类型中高校院所占比更多，为57.77%，在产学研结合上能够发挥更多作用；山东省高校院所占比最多，与其他省市对比，个人申请占比最多，达25.23%，应提升其他创新主体专利申请和布局意识。

表6-3　农产品质量安全领域中国申请人类型　　　　单位:%

申请人类型	中国	江苏	北京	广东	浙江	山东
企业	42.33	42.78	28.03	50.24	27.25	33.15
高校院所	42.16	43.97	60.59	34.77	57.77	41.62
个人	15.51	13.25	11.38	14.99	14.98	25.23

六、主要省市专利法律状态

表6-4为前五名省市的专利状况，从法律状态看，广东有效专利占比最多，为37.47%，在一定程度上说明广东省专利申请质量比较高，技术优势明显。浙江省失效专利占比38.38%，在5省之中最多。山东省专利失效量多于专利有效量，应提高专利申请的质量。

从申请类型来看，前五名省市发明申请量均为实用新型的2~5倍，其中江苏省发明申请量最多为2515件。前五名省市中山东省实用新型申请量最少，为503件。从专利利用率来看，广东省专利利用率最高为5.10%，广东省企业申请人占比较多，且失效专利较少，所以专利利用率相较于其他省市较高。山东省专利利用率为4.9%，可以进一步发挥有效专利的作用，通过专利筛选，带动经济效益增长。

表6-4 中国专利法律状态

区域	法律状态			申请类别		利用
	失效/件	审中/件	有效/件	发明申请/件	实用新型/件	
江苏	1078	1142	871	2515	576	4.50%
北京	901	869	1049	2309	510	5%
广东	589	986	944	1851	668	5.10%
浙江	942	678	834	1818	636	5.20%
山东	767	870	719	1853	503	4.90%

七、国内专利技术分布

图6-7为农产品质量安全领域各技术分支的变化趋势，农产品质量安全领域主要分为质量检测（以下简称"检测"）、品质监测（以下简称"监测"）、产品追溯（以下简称"追溯"）。

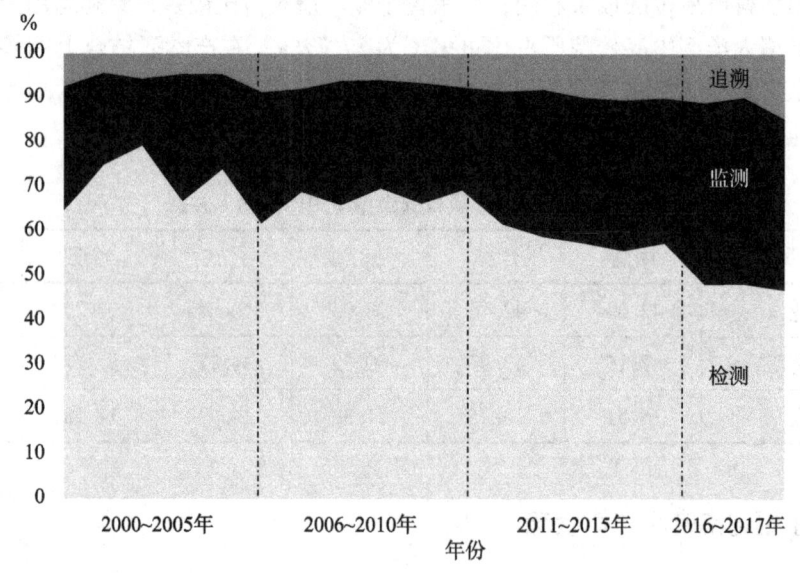

图6-7 农产品质量安全技术申请趋势

可以看到，与检测有关的专利申请占比最多，其次是监测、追溯。自2000年以来，检测技术逐渐成熟，随时间变化呈递减趋势，而与农产品有关的监测技术、追溯技术正在受到申请人关注，专利申请量随时间呈增长趋势，且占比逐年增多，是目前研发的热点。

八、主要省市技术分布

表6-5为各技术分支专利申请量，全国申请30962件，其中检测技术专利申请量最多，占比56%。江苏在监测、追溯技术专利储备处于前列，北京在检测技术专利申请量最多，技术较为成熟。

表6-5 中国农产品质量安全技术专利申请地域分布　　　单位：件

区域	总量	检测	监测	追溯
江苏	3091	1719	1001	371
北京	2819	1726	892	201
广东	2519	1395	844	280
浙江	2454	1629	661	164
山东	2356	1257	803	296

结合图6-7，山东省检测技术专利申请量较少，该分支目前技术较为成熟，创新难度大，可以有效利用现有技术。监测技术申请量增长比较迅速，是研究的重点。山东省的追溯专利申请排名相对靠前，且农产品安全可追溯技术申请量逐渐增多，正日益受到关注，可以通过该分支的研发实现技术发展。

第四节　山东省专利申请情况分析

一、山东省区域分布

图6-8为山东省农产品质量安全领域专利分布情况，青岛市专利申请860件，居于山东省首位，与济南市同位于第一梯队；潍坊市、烟台市、泰安市专利申请分别为211件、150件、124件，处于第二梯队，与第一梯队申请量相差较大；剩余12个地市为第三梯队，专利申请量均在100件以下。山东省专利区域分布差别较大，应加强第二梯队、第三梯队研发的热度，实现技术突破。

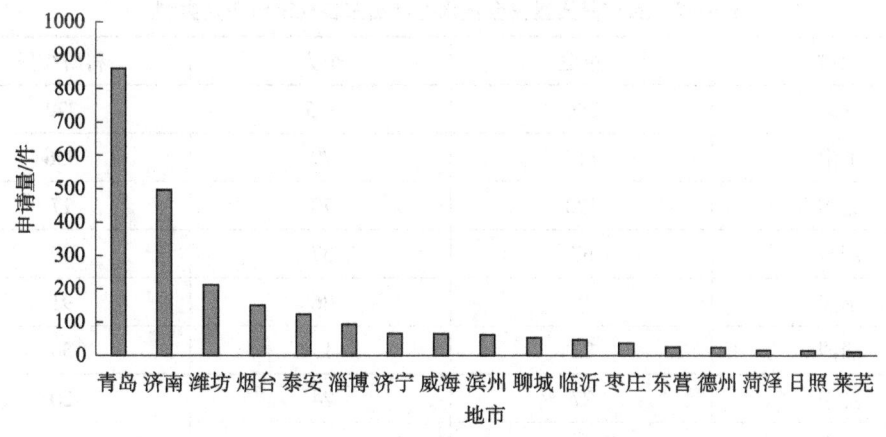

图6-8　农产品质量安全技术专利山东省区域分布

二、山东省主要申请人分析

表6-6为山东省主要申请人分布，前十位山东省重要申请人多为大专院校和科研

单位,1 位为个人申请人。山东农业大学专利申请量 78 件,居于山东省首位,结合中国重要申请人排名,与全国前 20 位申请人申请量差距较大,应加强专利布局。

表6-6 农产品质量安全技术专利山东省主要申请人 单位:件

申请人	专利数量
山东农业大学	78
山东出入境检验检疫局检验检疫技术中心	77
青岛农业大学	71
山东理工大学	54
中国水产科学研究院黄海水产研究所	50
中国海洋大学	43
郭庆龙	43
济南大学	42
山东省农业科学院农业质量标准与检测技术研究所	40
山东大学	37

三、山东省各地市申请人类型

表6-7 为山东省各地市申请人类型分布,青岛市在企业、个人、科研院所的数量均处于前列,济南、泰安、淄博高校院所数量较多。其他地市可以加强与高校的合作,实现技术突破。

表6-7 农产品质量安全技术专利山东各地市申请人类型 单位:件

地市	企业	个人	科研院所
青岛	286	235	372
济南	112	79	336
潍坊	128	70	17
烟台	67	37	49
泰安	10	26	91
淄博	22	15	56
济宁	27	24	20
威海	40	8	20
滨州	38	14	10
聊城	23	19	12

续表

地市	企业	个人	科研院所
临沂	17	15	17
枣庄	8	28	1
东营	13	9	4
德州	12	12	1
菏泽	4	11	2
日照	8	5	2
莱芜	3	7	1

四、山东省专利资源分布

图6-9为山东省专利资源分布特征，同时考虑专利存量和创新主体数量两个因素，可以看到山东省专利资源分布不均匀，以专利存量和创新主体数量的均值为分界线，都在均值以上的为优势城市，都在均值以下的为劣势城市。可以看到，山东省除了青岛、济南、潍坊、烟台之外，其他城市专利存量和创新主体数量都在均值以下，为弱势城市。对弱势城市，还需要进一步提升专利申请意识。

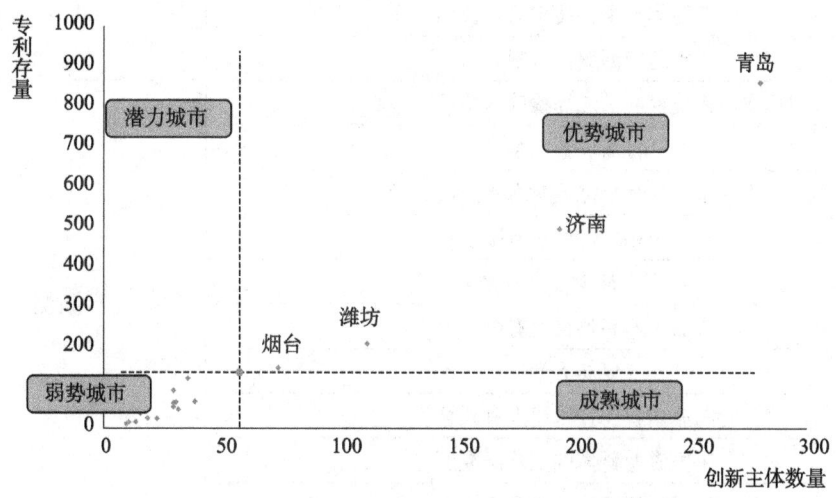

图6-9 农产品质量安全山东省专利资源分布

五、山东省优势城市创新主体清单

表6-8、表6-9、表6-10、表6-11列出了山东省优势城市青岛市、济南市、潍坊市、烟台市的创新主体列表，为目前优势城市在检测、监测、追溯上申请量较多的申请人，可以通过以上创新主体涉及的技术分支加以培养，加强产学研结合，形成产业优势。

表6-8 青岛市部分创新主体列表

创新主体	技术分支
山东出入境检验检疫局检验检疫技术中心	检测
郭庆龙	检测
中国水产科学研究院黄海水产研究所	检测
中国海洋大学	检测
青岛农业大学	检测
青岛大学	检测
青岛科技大学	检测
青岛万福质量检测有限公司	检测
中国农业科学院烟草研究所	检测
中国动物卫生与流行病学中心	检测
中国石油大学（华东）	检测
中华人民共和国青岛出入境检验检疫局	检测
中国科学院海洋研究所	检测
青岛易邦生物工程有限公司	检测
诺安实力可商品检验（青岛）有限公司	检测
青岛华晶生物技术有限公司	检测
青岛啤酒股份有限公司	检测
山东出入境检验检疫局检验检疫技术中心	监测
青岛农业大学	监测
中国水产科学研究院黄海水产研究所	监测
青岛中科软件股份有限公司	监测
中国石油大学（华东）	监测
青岛中鉴高科信息有限公司	监测
青岛大学	监测
青岛海尔智能技术研发有限公司	监测
中国农业科学院烟草研究所	监测
山东世通检测评价技术服务有限公司	监测
青岛农业大学	追溯
青岛中鉴高科信息有限公司	追溯
中国水产科学研究院黄海水产研究所	追溯
山东科技大学	追溯
青岛中科软件股份有限公司	追溯
中国海洋大学	追溯
中国电子科技集团公司第四十一研究所	追溯

表6-9 济南市部分创新主体列表

申请人	技术分支
济南大学	检测
山东省农业科学院农业质量标准与检测技术研究所	
山东省农业科学院畜牧兽医研究所	
山东大学	
山东省农业科学院中心实验室	
山东商业职业技术学院	
山东省农业科学院农业资源与环境研究所	
山东省农业科学院家禽研究所	
山东省农业科学院植物保护研究所	
山东阿如拉药物研究开发有限公司	
山东省分析测试中心	
山东省食品药品检验研究院	
山东国家农产品现代物流工程技术研究中心	
山东鲁商物流科技有限公司	
浪潮集团有限公司	
山东省农业科学院家禽研究所	
山东省农业科学院家禽研究所（山东省无特定病原鸡研究中心）	
山东省农业科学院植物保护研究所	
中华全国供销合作总社济南果品研究院	
浪潮集团有限公司	追溯
山东省农业科学院农业资源与环境研究所	
济南润土农业科技有限公司	
山东众阳软件有限公司	
山东商业职业技术学院	
山东大学	
山东师范大学	
山东汉诺宝嘉节能科技有限公司	
山东省农业可持续发展研究所	
山东省农业科学院农业质量标准与检测技术研究所	

表6-10 潍坊市部分创新主体列表

申请人	技术分支
潍坊汇海农产品检测有限公司	检测
潍坊瑞格测试仪器有限公司	检测
山东拜尔检测有限公司	检测
山东畜牧兽医职业学院	检测
山东诺正检测有限公司	检测
昌邑市检验检测中心	检测
潍坊医学院	检测
潍坊市康华生物技术有限公司	检测
潍坊海润华辰检测技术有限公司	检测
山东中科嘉亿生物工程有限公司	检测
潍坊出入境检验检疫局综合技术服务中心	检测
潍坊天昊环保科技有限公司	检测
山东胜伟园林科技有限公司	监测
潍坊友容实业有限公司	监测
寿光市众恒唐韵信息科技有限公司	监测
山东信得动物疫苗有限公司	监测
山东信得科技股份有限公司	监测
山东昆丰农林科技股份有限公司	监测
山东畜牧兽医职业学院	监测
山东百兴福农业发展股份有限公司	监测
山东聚盛联创信息科技有限公司	监测
山东惠发食品股份有限公司	追溯
潍坊科科电气有限公司	追溯
山东和利农业发展有限公司	追溯
山东新海软件股份有限公司	追溯

表6-11 烟台市部分创新主体列表

申请人	技术分支
中国科学院烟台海岸带研究所	检测
烟台大学	检测
烟台杰科检测服务有限公司	检测
烟台海岸带可持续发展研究所	检测

续表

申请人	技术分支
鲁东大学	检测
山东省烟台市农业科学研究院	
山东省海洋水产研究所	
山东省海洋资源与环境研究院	
山东省蚕业研究所	
海阳县标准计量局	
烟台杰科检测服务有限公司	监测
鲁东大学	
山东东方海洋科技股份有限公司	
山东优杰姆食品科技有限公司	
山东省烟台市农业科学研究院	
烟台张裕集团有限公司	
烟台海岸带可持续发展研究所	
烟台艾易网络科技有限公司	
烟台瑞智生物医药科技有限公司	追溯
山东东方海洋科技股份有限公司	

六、山东省主要申请人技术分布

表6-12对山东省前三位主要申请人进行技术标引，可以看到均集中在技术较为成熟的检测技术上，对于目前的热点技术监测和追溯申请量较少。可以通过热点技术的追赶实现超越。相较于其他分支，山东省在追溯上更有优势且是目前关注度较高的分支，下面对追溯技术进行详细分析。

表6-12 前三位重要申请人技术分支 单位：件

申请人	总量	检测	监测	追溯
山东农业大学	78	62	11	5
山东出入境检验检疫局检验检疫技术中心	77	77	0	0
青岛农业大学	71	52	15	4

七、热点技术分析

（一）农产品质量安全追溯专利申请技术分布

如表6-13所示，农产品质量安全追溯技术的实现方式主要包括：编码识别、定位追踪、条形码、实时监控、近距离通信、区块链。其中，近距离通信技术随时间变化专利申请量不断增加，是目前申请的热点；区块链是实现农产品质量安全追溯的新兴技术，各大巨头都在研究，值得申请人关注，在2017年专利未完全公开的情况下仍然呈现明显的增长趋势，虽然专利申请还较少，但是在产业上已经有了较多应用，是当下前沿科技公司的研发热点。

表6-13　农产品质量安全追溯专利申请分布　　　　　　　　　　单位：件

年份	编码识别	定位追踪	二维码	近距离通信	实时监控	区块链
2017年	9	12	19	21	44	6
2016年	11	19	36	31	27	2
2015年	9	8	36	30	28	0
2014年	1	9	16	31	14	0
2013年	4	5	5	27	16	0

（二）区块链技术简介

区块链技术是利用块链式数据结构来验证与存储数据、利用分布式节点共识算法来生成和更新数据、利用密码学的方式保证数据传输和访问的安全、利用由自动化脚本代码组成的智能合约来编程和操作数据的一种全新的分布式基础架构与计算范式。区块链技术，能让数字世界像物理世界一样真实可信，实现数据共享和一致性，未来能在此基础上实现共享决策、智能合约，空前提高效率。简言之，区块链技术会成为未来数字社会的信任基石。

简单来讲，在区块链系统中，每过一段时间，各参与主体产生的交易数据会被打包成一个数据区块，数据区块按照时间顺序依次排列，形成数据区块的链条，各参与主体拥有同样的数据链条，且无法单方面篡改，任何信息的修改只有经过约定比例的主体同意方可进行，并且只能添加新的信息，无法删除或修改旧的信息，从而实现多主体间的信息共享和一致决策，确保各主体身份和主体间交易信息的不可篡改、公开透明。

借助区块链技术，实现品牌商、渠道商、零售商、消费者、监管部门、第三方检测机构之间的信任共享，全面提升品牌、效率、体验、监管和供应链整体收益。将商品原材料过程、生产过程、流通过程、营销过程的信息进行整合并写入区块链，实现精细到一物一码的全流程正品追溯。

每一条信息都拥有自己特有的区块链ID"身份证"，且每条信息都附有各主体的数字签名和时间戳，供消费者查询和校验。区块链的数据签名和加密技术让全链路信息实现了防篡改、标准统一和高效率交换。

（三）区块链与现代农业

区块链市场刚开始孕育，短期尚不具备大规模落地条件，关注上下游产业链和未来商业场景的落地。区块链将会在物联网农业、农产品溯源、农村金融等6大领域运用，并推动产业发展。

1. 农业物联网

目前制约农业物联网大面积推广的主要因素就是应用成本和维护成本高、性能差。而且物联网是中心化管理，随着物联网设备的暴增，数据中心的基础设施投入与维护成本难以估量。

物联网和区块链的结合将使这些设备实现自我管理和维护，这就省去了以云端控制为中心的高昂的维护费用，降低互联网设备的后期维护成本，有助于提升农业物联网的智能化和规模化水平。

2. 农业大数据

传统数据库的三大成就，关系模型、事务处理、查询优化，数据库技术在不停地发展。未来随着农业大数据采集体系的建立，如何以规模化的方式来解决数据的真实性和有效性，将是全社会面临的难题。

以区块链为代表的技术，对数据真实有效不可伪、无法篡改的这些要求，相对于现在的数据库来讲，是一个新的起点。

3. 农产品质量安全追溯

农业产业化过程中，生产地和消费地距离远，消费者对生产者使用的农药、化肥以及运输、加工过程中使用的添加剂等信息根本无从了解，消费者对生产的信任度降低。

基于区块链技术的农产品追溯系统，所有的数据一旦记录到区块链账本上将不能被改动，依靠不对称加密和数学算法的先进科技从根本上消除了人为因素，使得信息更加透明。

4. 农村金融

农民贷款整体上比较难，主要原因是缺乏有效抵押物，归根结底就是缺乏信用抵押机制。区块链技术公开、不可篡改的属性，为去中心化的信任机制提供了可能。

5. 农业保险

农业保险品种小、覆盖范围低，经常会出现骗保事件。将区块链与农业保险结合之后，农业保险在农业知识产权保护和农业产权交易方面将有很大的提升空间，而且会极大地简化农业保险流程。

另外，因为智能合约是区块链的一个重要概念，所以将智能合约概念用到农业保险领域，会让农业保险赔付更加智能化。以前如果发生大的农业自然灾害，相应的理赔周期会比较长。将智能合约用到区块链之后，一旦检测到农业灾害，就会自动启动赔付流程，这样赔付效率更高。

6. 农产业供应链

区块链技术有助于提升供应链管理效率。由于数据在交易各方之间公开透明，从而在整个供应链条上形成一个完整且流畅的信息流，这可确保参与各方及时发现供应链系统运行过程中存在的问题，并针对性地找到解决问题的方法，进而提升供应链管理的整体效率。

7. 应用案例

（1）阿里巴巴

为了实现区块链的优势，阿里巴巴选择了一步一个脚印而非尝试大的跨越。2016

年 10 月，公司宣布它将使用名为"法链"的区块链技术，并将与微软公司和小蚁 AntShares 开展合作，推出基于阿里云平台的邮箱存证产品。通过在法链上备份的电子邮件和云服务，阿里巴巴将使中国法院能够大规模地采用数字证据邮件。

虽然这些想法还不够成熟，但它对中国社会具有重要意义。阿里云是中国计算服务，域名服务，电子邮件服务，网络安全和大数据分析的顶级供应商之一。其数据和所保存的邮件能够为司法部门提供法庭证据，这可能是区块链用于国家司法机构的首个案例。

另一项探索是阿里巴巴和普华永道双方展开合作，宣布将应用"区块链"等新技术共同打造透明可追溯的跨境食品供应链，搭建更为安全的食品市场。2017 年 10 月 11 日，蚂蚁金服 CTO 程立在蚂蚁金服金融科技开放峰会上首度披露未来的技术布局——"BASIC"战略，其中的 B 对应的就是区块链（Blockchain），同时，技术实验室宣布开放区块链技术，支持进口食品安全溯源、商品正品溯源等，第一个落地场景将是海外奶粉品牌的追踪，先是产自澳洲、新西兰的 26 个品牌的奶粉。

（2）京东

2017 年 6 月，京东集团宣布成立"京东品质溯源防伪联盟"，与农业部、国家质检总局、工信部等部门，运用区块链技术搭建"京东区块链防伪追溯平台"。平台将逐步通过联盟链的方式，实现线上线下零售的商品追溯与防伪，保护品牌和消费者的权益。

在春茶上市前，京东先后与卢正浩、梅府茗家、狮峰、贡牌等当地优秀茶商达成 2018 年战略直供协议，从茶山、茶园这些明前西湖龙井的原产地入手，设立"京东茶叶无公害基地"，建立起了包销式溯源的新方式——从茶叶的采摘、晾晒、炒制、包装、运送等全过程都在京东保障体系内监督管理，使区块链溯源不再是冷冰冰的信息显示，而是在京东高品质追求下所形成的看得见、闻得到的茶叶保真直供流程体系。

当前，京东利用区块链、物联网、大数据技术已经建成了"区块链防伪追溯平台"，通过一系列合作（政府、行业协会、科研机构、设备制造商）共同打造"京东品质溯源防伪联盟"，将全链路信息进行整合，实现跨品牌商、渠道商、零售商、消费者并精细到一物一码（或一批一码）的全流程正品追溯，大大提升用户信任体验。

（四）山东省产业基础

2017 年 6 月，山东省青岛市北区发布了关于加快区块链产业发展实施意见，发布了区块链技术在政府管理、跨境贸易、供应链管理、供应链金融、大健康产业、公示公证、城市治理、社会救助、知识产权产业化、工业检测存证十大领域的转化应用。

2017 年 9 月 12 日，青岛发布了"链湾"白皮书，计划成立全球区块链中心，建设青岛"全球区块链+"创新应用基地。"链湾"项目通过税收优惠、房租补贴等吸引区块链企业入驻。截至目前，已有布比网络技术、金股链科技、众签科技、数链科技、物链湾信息技术、云松区块链咨询等 30 多家区块链相关企业落户青岛。

2017 年 12 月 29 日，青岛国际沙盒研究院在崂山区发布了全球首个基于区块链的产业沙盒"泰山沙盒"。"泰山沙盒"的发布证实了国内区块链技术领域知识产权向境外输出的重要开端，这一成果，在一定意义上体现了我国的区块链技术走在了世界前沿。

山东省区块链技术应用创新中心 2017 年在济南成立，创新中心由山东省科学院、山东大学、齐鲁工业大学等山东省内从事区块链技术及其应用研究和产品研发的单位共同合作组建,将为山东经济社会转型升级,提升社会管理水平,提供技术支撑。

山东作为经济大省,具有自身的发展优势,在区块链技术全面推进的过程中,山东省也需要结合自身做好准备。结合山东目前的发展情况来看,可以从制度保障、试点工作以及人才培养方面做好准备。从山东省目前发展情况来看,需要加强同行业交流,积极跟进区块链技术的监管等工作;对相关领域人才的培养以及基础设施建设,都需要全面推进;同时要以此为契机开展试点应用,为山东省把握区块链技术的先机提供保证。

(五)区块链专利情况及发展建议

1. 区块链发展趋势及专利类型

图 6-10 为中国区块链技术专利申请情况,截至目前,中国共申请专利 1104 件,其中发明申请 1084 件,实用新型 16 件,外观设计 4 件。该技术起源于 2014 年,为美国日出科技集团有限责任公司进入中国的 PCT 申请,随后中国申请人关于区块链的技术呈现爆炸式增长,专利申请势头迅猛。

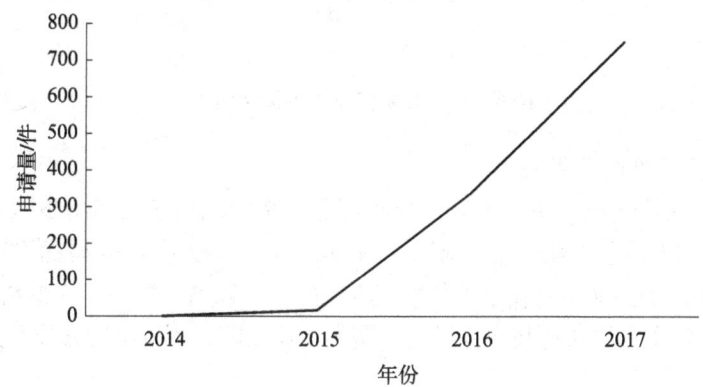

图 6-10 区块链发展趋势及专利类型

2. 区块链专利法律状态

表 6-14 为区块链技术法律状态,截至目前,共有 937 件处于实质审查状态,公开 134 件,授权 30 件。要及时关注已授权案件的状况,了解行业领导者的研发方向,关注技术最新发展状况,以进行有效研发。

表 6-14 区块链专利法律状态　　　　　　　　　　　单位:件

当前法律状态	专利数量
实质审查	937
公开	134
授权	30

3. 区块链主要申请人

图 6-11 为中国区块链技术前 20 名重要申请人,全部为中国本土申请人,19 位为企业,1 位为大专院校。前 20 名重要申请人均集中在互联网发达区域,例如北京、上

海、杭州等区域，阿里巴巴以 50 件专利申请居于首位，且是国内最大网络零售商，可以通过企业或机构与零售商的合作，推动农产品质量安全的发展。山东申请人浪潮处于 13 名，专利申请量为 15 件，在区块链技术上具有一定的先发优势。电子科技大学在高校研究中跻身前列，可以进行产学研合作。

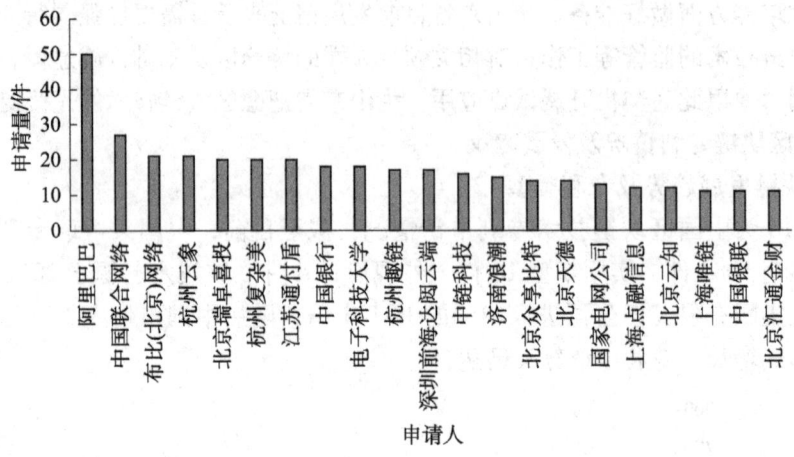

图 6-11 区块链技术重要申请人

4. 区块链技术重点发明人

表 6-15 为区块链技术主要申请人分布情况，其中杭州云象网络技术有限公司的黄步添以 26 件专利申请居于第一位，蒋海、王璟、翟海滨为布比公司的发明人团队，张勇、王子龙、谭志勇为瑞卓喜投公司的发明人团队；汪德嘉、郭宇、王少凡为通付盾公司的发明人团队。以上为区块链技术重要的发明人及其团队，可以进行合作及人才引进。

表 6-15 区块链技术重点发明人　　　　　　　　　　　　单位：件

发明人	所在单位	专利数量
黄步添	杭州云象网络技术有限公司	26
蒋海	布比（北京）网络技术有限公司	23
张勇	北京瑞卓喜投科技发展有限公司	22
王璟	布比（北京）网络技术有限公司	21
吴思进	杭州复杂美科技有限公司	20
汪德嘉	江苏通付盾科技有限公司	20
郭宇	江苏通付盾科技有限公司	20
王少凡	江苏通付盾科技有限公司	19
翟海滨	布比（北京）网络技术有限公司	19
路成业	中链科技有限公司	19
王子龙	北京瑞卓喜投科技发展有限公司	17
谭智勇	北京瑞卓喜投科技发展有限公司	17

5. 山东省区块链技术概况

山东省区块链技术主要申请人如表6-16所示，浪潮以16件专利申请排名第一，山东大学、山东明和软件、山东大地纬软件均为2件，专利数量较少。纵观全国区块链技术分布，北京专利申请总量362件，为申请量最大的省市，广东、上海、浙江、江苏分别为212件、116件、98件、53件，山东省目前仅有28件。且以浪潮为代表的申请人专利申请数量与其他重要申请人相差较大，山东省区块链技术发展较慢，需鼓励山东大学、山东明和软件、山东大地纬软件等申请人继续研发，加强布局。

表6-16 山东省区块链技术主要申请人 单位：件

申请人	专利数量
济南浪潮高新科技投资发展有限公司	16
山东大学	2
山东明和软件有限公司	2
山大地纬软件股份有限公司	2
中国人民解放军72537部队	1
国家电网公司	1
国网山东省电力公司电力科学研究院	1
山东浪潮云服务信息科技有限公司	1
山东浪潮商用系统有限公司	1

山东省区块链技术分布情况如表6-17所示，其中数据处理15件，应用8件，智能合约申请为1件，智能合约申请人为明和软件。区块链技术主要为数据处理、共识、业务处理、节点间通信、智能合约、应用等方面，而山东省的28件专利申请集中在数据处理、应用及智能合约上，技术领域覆盖不全。

表6-17 山东省区块链技术分布 单位：件

技术分布	专利数量
数据处理	15
应用	8
智能合约	1

6. 浪潮科技区块链申请趋势及技术分布

山东省区块链技术代表性企业浪潮科技的申请趋势及技术分支，如表6-18所示。浪潮科技的申请集中于2017年，对于新兴技术研发略晚于整体态势。在技术分支上，9件专利涉及数据处理，包括密钥、证书、签名等，剩余6件申请为区块链应用，包括晶体、机动车等的物流查询、追踪等。对于基础性技术研发较少，应予以加强，防止发生专利纠纷。

表6-18　浪潮科技区块链申请趋势及技术分支

技术分布	专利数量/件	申请日
数据处理	9	2017年
应用	6	2017年

7. 阿里巴巴区块链申请趋势及发明人

阿里巴巴区块链技术申请趋势及发明人，如图6-12所示。阿里巴巴在2016年开始申请专利，2017年数量爆发。共17位发明人，邱鸿霖申请13件专利，是阿里巴巴区块链专利申请最多的研发人员，毕业于广东工业大学，供职于蚂蚁金服。唐强、吴昊、李宁、李奕申请量在4~6件，申请量相对较多。

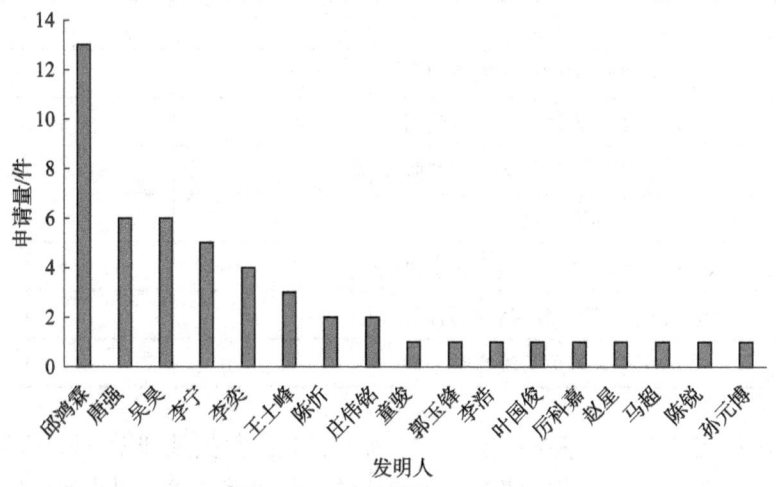

图6-12　阿里巴巴区块链技术申请趋势及发明人

8. 阿里巴巴区块链技术分布

阿里巴巴区块链技术集中在数据处理、共识、业务处理、节点间通信。其中数据处理申请量较多，共识是区块链技术的核心。数据处理包括存储、记录、签名、隐私、安全等。

区块链是去中心化的，所谓的去中心化的一个含义就是没有某一个人，或某一个机构处于权力领导地位，没有谁能一个人说了算。任何"决策/状态/改变等"都要大家参与者一起使用某种机制来达成相同的认识，这就是区块链的共识。针对交易的有效性达成共识是区块链最核心的功能之一。这几乎是所有区块链产品都要做到的"共识内容"。

阿里巴巴在基础专利上具有先发优势，山东省企业需要关注基础性专利的动态，浪潮与阿里巴巴相比，共识、节点间通信等基础性专利较少，有待加强，需要防止侵犯基础性专利的权利，还需要在人员储备上增强力量。浪潮可在其他领域加强应用，例如农产品质量安全，以形成应用类专利壁垒，加强出击。

阿里巴巴区块链技术分布如表6-19所示。

表 6-19 阿里巴巴区块链技术分布

阿里巴巴区块链技术分布			
数据处理	29	邱鸿霖	8
		吴昊	4
		李奕	3
		王士峰	2
		赵星	1
		唐强	1
		郭玉锋	1
		童骏	1
		李浩	1
		李宁	1
		厉科嘉	1
		叶国俊	1
		马超	1
		庄伟铭	1
		陈忻	1
共识	11	唐强	4
		王士峰	1
		庄伟铭	1
		陈忻	1
		吴昊	1
		李宁	1
		陈锐	1
		李奕	1
业务处理	7	李宁	3
		邱鸿霖	2
		吴昊	1
		唐强	1
节点间通信	3	邱鸿霖	3

9. 电子科技大学区块链申请区域及发明人

如图 6-13 所示电子科技大学专利申请始于 2016 年，研发时间较早。以张小松为首的发明人排在前列，与夏琦、陈瑞东共同申请多篇专利。张小松是电子科技大学计算机科学与工程学院教授，从事网络安全、信息对抗的理论与技术方面的研究，在区块链领域具有丰富的经验。

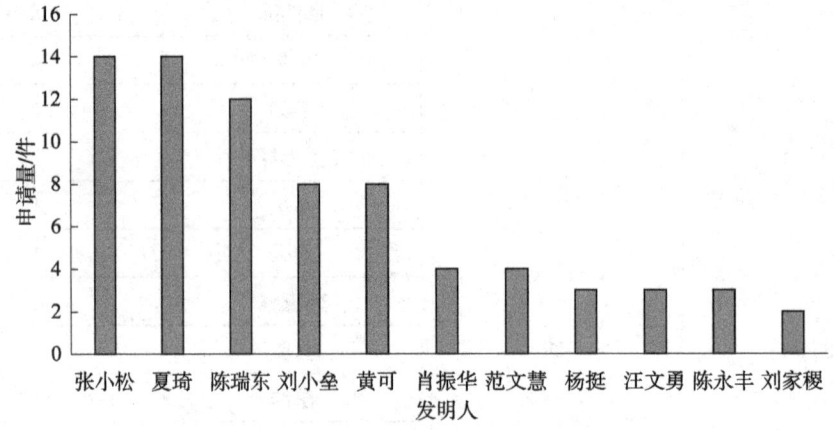

图 6-13　电子科技大学区块链申请技术及发明人

10. 电子科技大学区块链技术分布

如图 6-14 所示，电子科技大学技术分支包括数据访问、控制、认证等的数据处理技术申请量最多；其次是智能合约技术，与物流追送、溯源方面的专利申请有 4 件；1 件涉及区块链的共识技术。智能合约被认为是使用区块链技术的又一个热门技术，从用户角度来讲，智能合约通常被认为是一个自动担保账户，例如，当特定的条件满足时，程序就会释放和转移资金，从技术角度来讲，智能合约被认为是网络服务器，只是这些服务器并不是使用 IP 地址架设在互联网上，而是架设在区块链上，从而可以在其上面运行特定的合约程序，将智能合约概念用到农业保险领域，会让农业保险赔付更加智能化。

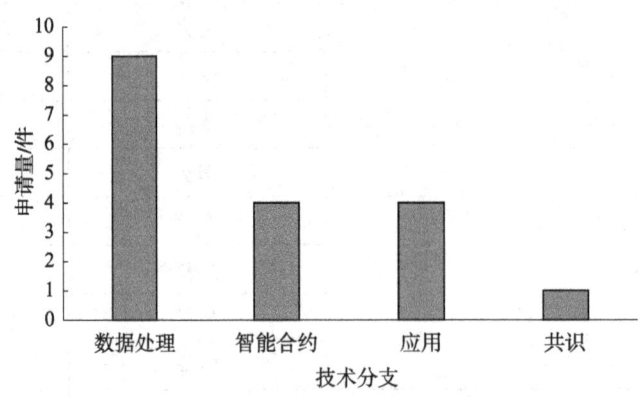

图 6-14　电子科技大学区块链技术分布

涉及智能合约、共识的基础性专利，山东省可以与电子科技大学进行产学研结合，用来实现关键技术的突破，同时应做好专利防御；明和软件可以利用现有智能合约的基础，加强基础技术研发。

区块链是实现农产品质量安全追溯的新兴技术，可以带动现代农业的发展。山东省区块链专利申请28件，与北京、广东、上海等具有较大差距，产业基础薄弱，技术领域覆盖不全。在智能合约、共识、节点间通信等基础专利布局较少，需要防止侵犯基础性专利的权利。

区块链涉及智能合约、共识的基础性专利，山东省可以与电子科技大学进行产学研结合，用来实现关键技术的突破，同时应做好专利防御；阿里巴巴是国内最大网络零售商，且在区块链专利领域具有话语权，可以通过企业或机构与阿里巴巴的合作，推动农产品质量安全的发展；浪潮可在其他领域加强应用，例如农产品质量安全，以形成应用类专利壁垒，加强出击。明和软件可以利用现有智能合约的基础，加强基础技术研发。

第七章 智慧农业专利情况分析

第一节 研究概况

我国是农业大国，而非农业强国。我国农业生产目前仍然以传统生产模式为主，传统耕种只能凭经验施肥灌溉，不仅浪费大量的人力物力，也对环境保护与水土保持构成严峻威胁，对农业可持续性发展带来严峻挑战。

智慧农业是将物联网技术运用到传统农业中去，运用传感器和软件通过移动平台或者电脑平台对农业生产进行控制，使传统农业更具有"智慧"。智慧农业是农业生产的高级阶段，是集新兴的互联网、移动互联网、云计算和物联网技术为一体，依托部署在农业生产现场的各种传感节点（环境温湿度、土壤水分、二氧化碳、图像等）和无线通信网络实现农业生产环境的智能感知、智能预警、智能决策、智能分析、专家在线指导，为农业生产提供精准化种植、可视化管理、智能化决策。

大力发展智慧农业，不仅符合我国农业现代化的路线方针，还能在以下几个方面实现对农业的"提质增效"。

智慧农业能够有效改善农业生态环境。将农田、畜牧养殖场、水产养殖基地等生产单位和周边的生态环境视为整体，并通过对其物质交换和能量循环关系进行系统、精密运算，保障农业生产的生态环境在可承受范围内，如定量施肥不会造成土壤板结，经处理排放的畜禽粪便不会造成水和大气污染，反而能培肥地力等。

智慧农业能够显著提高农业生产经营效率。基于精准的农业传感器进行实时监测，利用云计算、数据挖掘等技术进行多层次分析，并将分析指令与各种控制设备进行联动完成农业生产、管理。这种智能机械代替人的农业劳作，不仅解决了农业劳动力日益紧缺的问题，而且实现了农业生产高度规模化、集约化、工厂化，提高了农业生产对自然环境风险的应对能力，使弱势的传统农业成为具有高效率的现代产业。

智慧农业能够彻底转变农业生产者、消费者观念和组织体系结构。完善的农业科技和电子商务网络服务体系，使农业相关人员足不出户就能够远程学习农业知识，获取各种科技和农产品供求信息；专家系统和信息化终端成为农业生产者的大脑，指导农业生产经营，改变了单纯依靠经验进行农业生产经营的模式，彻底转变了农业生产者和消费者对传统农业落后、科技含量低的观念。另外，智慧农业阶段，农业生产经营规模越来越大，生产效益越来越高，迫使小农生产被市场淘汰，必将催生以大规模农业协会为主体的农业组织体系。

本章将智慧农业分成智能大棚、智能灌溉、智能栽培、智能喷洒、智能水产、智能畜牧和智能采摘7个技术分支进行分析。

第二节 全球专利申请总体态势

一、全球申请趋势分析

对智慧农业全球专利申请量进行分析，如图7-1所示，总体来看，世界智慧农业技术的发展大致经历了以下发展阶段：一是技术萌芽期（1999~2010年），这个时期有关智慧农业技术主要集中在日本、韩国、美国农业机械等重要企业中，尽管这一时期的专利数量较少，但是由于这些技术均涉及农机设备的核心部件及装置，对于后期的研发领域中占有重要的地位，而中国在此时期的专利申请量较少。二是技术发展期（2010~2014年），随着国内知识产权保护意识的增强，中国专利申请量有了较大的增长并带动全球专利申请量的增长，并且此时国内申请人的专利申请数量开始超过国外申请人。三是技术爆发期（2014年至今），从2014年开始，中国国内的专利申请量逐步提升，带动了全球专利申请量的剧增。

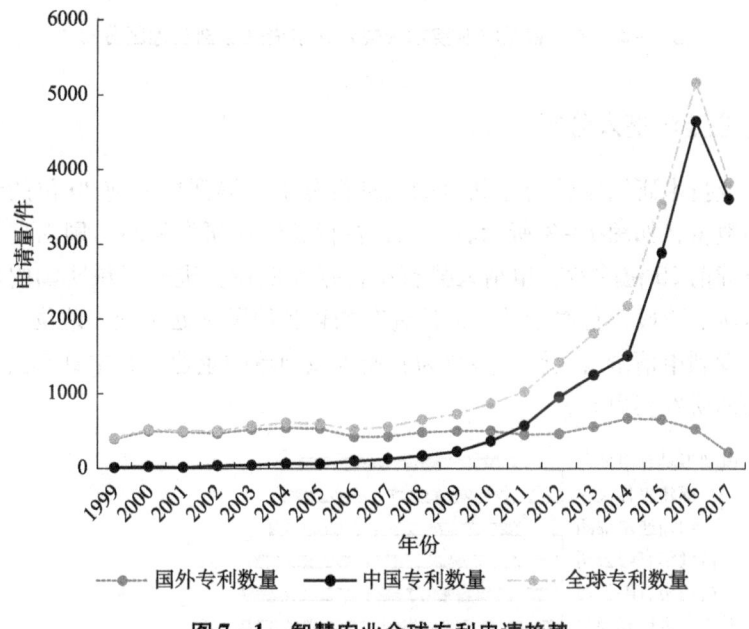

图7-1 智慧农业全球专利申请趋势

二、全球申请区域分布分析

为研究智慧农业技术全球发明专利申请的区域分布情况，对采集专利数据按申请国家或地区进行统计，以分析各个国家或地区在智慧农业领域的技术实力和研发活跃程度。

如图7-2所示，显示了各个国家的专利申请数量，全球37583件申请中，可以看出中国申请量居首位，占全球总申请量的约50%，为18898件，其次为日本，占比约14%，美国和韩国分别排名在第三、第四位。在各主要申请国中，智能农机设备在申请量都远大于其他领域的申请数量。中国申请数量远远超过其他国家，源于对智慧农业的政策扶持及各大高校对于技术的研发力度不断加强。同时也可以看出，中国在智慧农业技术方面的研发布局远远高出其他国家或地区。

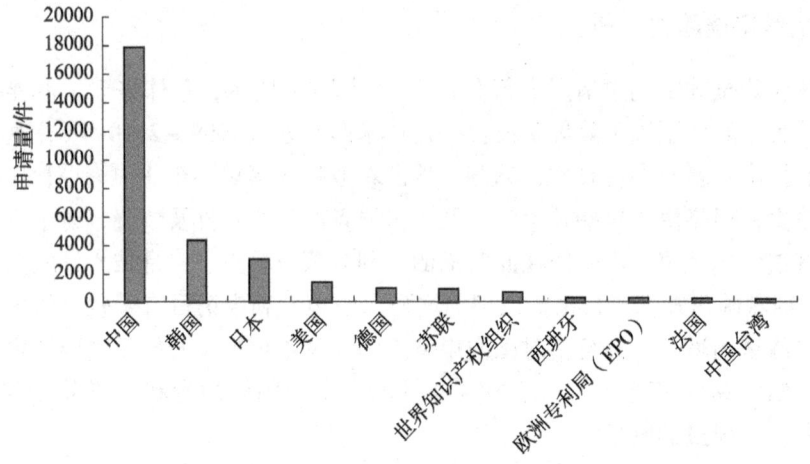

图 7-2 全球智慧农业技术相关专利申请来源国及地区分布

三、全球主要申请人分析

对智慧农业技术研发领域的专利申请人进行分析，得到排名前 20 位的专利申请人及其专利申请数量，如图 7-3 所示。可见，在智慧农业研发领域，国内高校申请人较为抢眼，在全球前 20 位的专利申请人排行中占据前四位，进一步说明国内对于智慧农业正处于技术研发阶段，且对于技术的研究布局较其他国家处于领先地位，但产品实施率低。而国外专利申请量占比较大多数为农业机械领域的企业，其中日本公司在这一领域具有非常强的研发实力。

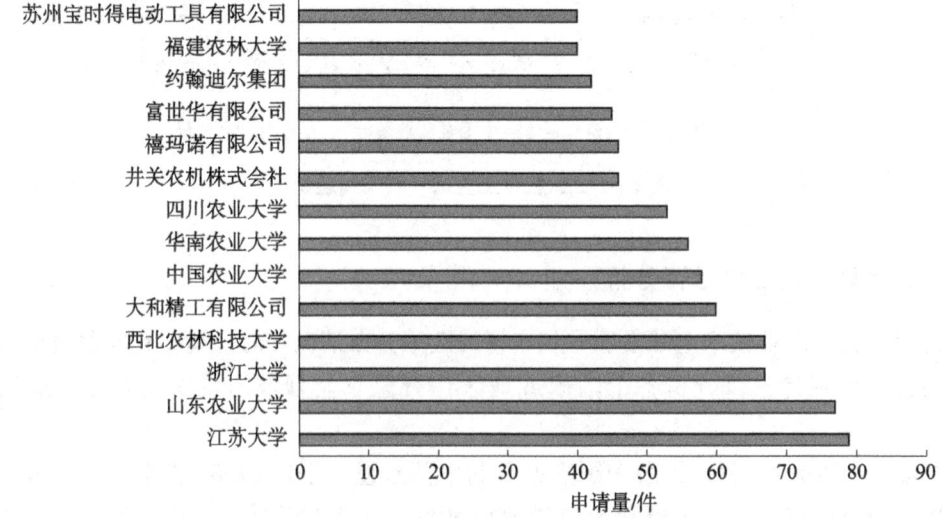

图 7-3 全球主要申请人专利数量排名

第三节 国内智慧农业情况分析

一、专利申请地域分布

图7-4所示中国省市专利申请排名，江苏省以2251件申请排在第一位，广东省和浙江分列第二、第三位，山东省排在第四位，申请量为1446件。

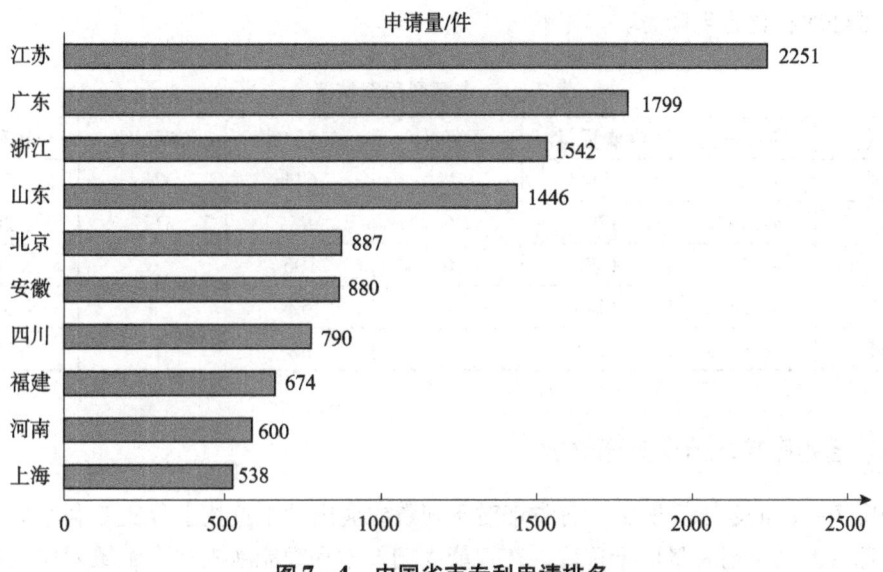

图7-4 中国省市专利申请排名

如图7-5所示的中国各省市申请趋势上来看，江苏省自2013年开始，申请量出现明显增长，在总量上与其他省市拉开差距，自2014年开始，广东、浙江和山东申请量出现明显增长，但自2015年开始江苏和广东申请量增速明显，江苏自2012年申请量开始增长，连续五年申请量达到了全国第一位。

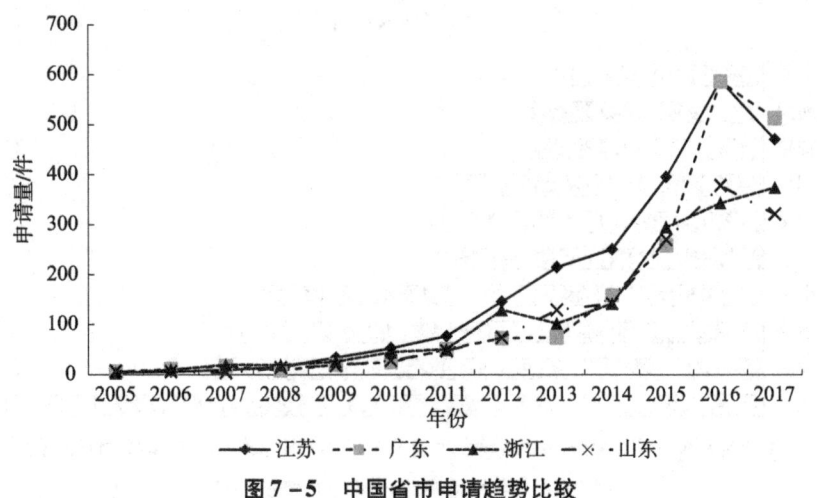

图7-5 中国省市申请趋势比较

二、各省市专利质量情况对比

如表7-1所示，广东的专利有效占比是最高的，达到了47.19%，而浙江和山东基本与全国平均水平持平，江苏省的专利有效占比和利用率在这几个省市中较低。山东省的企业申请有效率处于全国平均水平，但企业申请的利用率偏低，总体而言，山东省应当结合自身企业发展特点，培育一批智慧农业行业的龙头企业，带动当地智慧农业行业的产业化进程，同时，加强高校科研院所的专利的对企业的许可，或者进行合作研发，将技术更好地转化为生产力。

表7-1 专利利用率情况

区域	有效占比	申请量/件	质押/件	转让/件	许可/件	专利利用率
全国	43.27%	16748	47	644	76	4.58%
广东	47.19%	1799	6	95	12	6.28%
浙江	43.57%	1542	0	106	6	7.26%
山东	43.08%	1446	6	52	5	4.37%
江苏	38.07%	2251	2	82	12	4.26%

三、各省市技术分支分布情况

如图7-6和表7-2所示，各省市对于智慧农业内的重点技术分支专利布局较为全面，江苏省专利申请总量居于首位，在智能大棚技术和智能灌溉技术领域领先优势较为明显，且专利利用率高。而广东省则凭借其临海的地理优势，在智能水产技术领域布局了大量专利。浙江省专利申请总量排名第三位，也在智能大棚技术和智能灌溉技术领域进行了大量布局。山东省专利申请数量总量排名第四位，在智慧农业的相关关键技术领域布局比较均衡，智能栽培技术及智能喷洒占有一定的优势，在智能水产及智能畜牧方面专利利用率相较于其他3个省市较高。

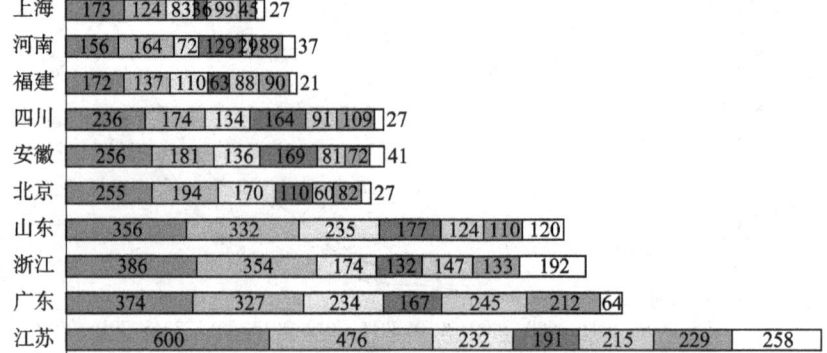

图7-6 中国各省市技术分布情况统计

表7-2 各省市关键技术专利质量情况比对　　　　　　　　　　　单位：件

关键技术		有效占比	申请量	质押	转让	许可	专利利用率
智能大棚	江苏	36.33%	600	0	23	5	4.67%
	浙江	48.18%	386	0	17	3	5.18%
	广东	47.49%	374	0	19	3	5.88%
	山东	43.53%	356	0	17	3	5.62%
智能灌溉	江苏	37.18%	476	0	7	0	1.47%
	浙江	44.35%	354	0	34	0	9.60%
	山东	36.74%	332	0	4	2	1.81%
	广东	46.80%	327	0	17	1	5.47%
智能栽培	山东	40.02%	235	1	8	0	3.83%
	广东	47.86%	234	1	10	1	5.13%
	江苏	37.93%	232	0	6	0	2.59%
	浙江	43.67%	174	0	10	1	6.32%
智能喷洒	江苏	45.02%	191	1	5	0	3.14%
	山东	68.36%	177	0	4	1	2.82%
	广东	55.68%	167	0	6	0	3.59%
	浙江	50.75%	132	0	13	0	9.85%
智能水产	广东	48.16%	245	0	15	2	6.94%
	江苏	35.81%	215	0	4	1	2.33%
	浙江	48.29%	147	0	8	1	6.12%
	山东	41.93%	124	1	8	0	7.26%
智能畜牧	江苏	38.86%	229	0	2	2	1.75%
	广东	53.30%	212	0	12	0	5.66%
	浙江	39.09%	133	0	8	0	6.02%
	山东	45.45%	110	0	9	0	8.18%

四、国内主要申请人分析

国内申请人历年的智慧农业中国专利申请数量的统计如图7-7所示，从中国专利申请人排名可以看出，在国内申请的前20名申请人中，国内高校或科研院所共计达到了14家，江苏大学以79件的申请排在第一位，分列第二、第三位的分别为山东农业大学、西北农林科技大学，对比全球申请人可以看出，国内智慧农业技术的产业化程度还比较滞后，大多数技术掌握在国外企业或科研院所中。

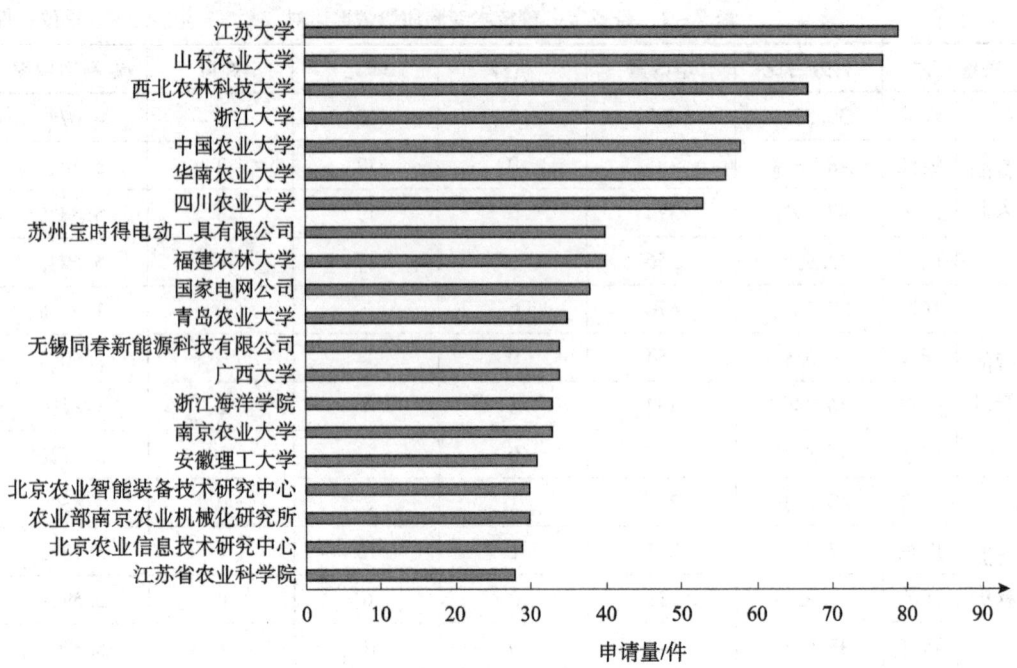

图 7-7　中国申请人专利申请量统计

五、专利申请人类型分析

如图 7-8 所示，专利申请人类型包括企业、高校、科研单位和个人，其中企业的申请量为 49%，高校和科研单位的申请量共占比 24%，个人的申请量为 27%。可以看出，全国专利申请量中企业占比较多。

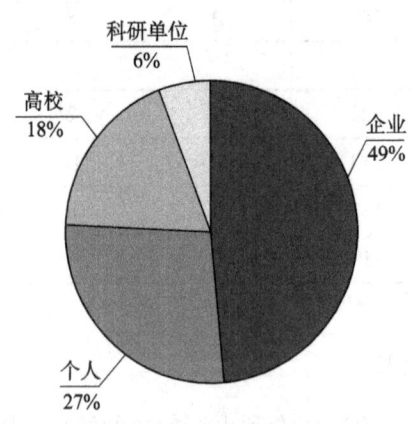

图 7-8　中国申请类型构成

第四节　山东省智慧农业情况分析

一、山东省专利申请类型及申请人类型

由表7-3可知，山东省在智慧农业的专利申请类型主要包括实用新型和发明申请，其中实用新型申请量占专利申请总量的55%，发明申请占专利申请总量的45%，山东省在智慧农业专利申请人类型包括企业、高校/科研单位和个人，其中企业的申请量为36%，高校和科研单位的申请量共占比28%，个人的申请量为36%。如图7-9所示，可以看出，山东省专利申请中量中企业和个人占比最多。进一步对比企业、科研院所、个人的专利有效性可以看出，山东省内企业的专利申请有效性高，占比51.85%，综合整体情况，山东省的专利维持情况良好。

表7-3　山东省申请人专利有效性　　　　　　　　　　　　单位:%

申请类型	有效	失效	审中
个人	47.75	27.88	24.35
企业	51.85	28.33	19.81
科研院所	42.24	31.02	26.73

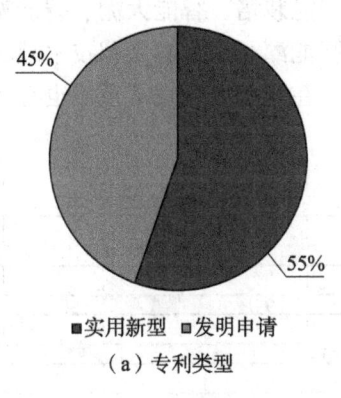 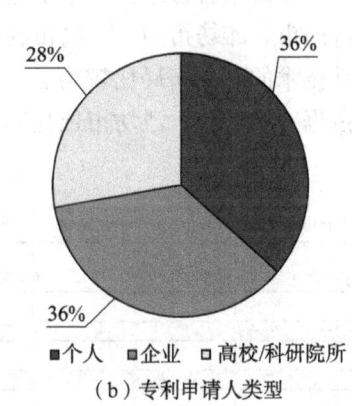

（a）专利类型　　　　　　　　　　（b）专利申请人类型

图7-9　山东省专利申请类型及申请人类型

二、山东省专利申请地域分布

由图7-10山东省专利申请数量地域分布情况分析可知，山东省专利申请总量排名第一和第二位的分别是青岛和济南，其中青岛市专利申请数量为326件，济南市专利申请数量为275件，青岛市和济南市专利申请数量总和占山东省专利申请总量的41.56%，可以看出山东省内关于智慧农业技术的相关专利中近一半集中在上述两个地市，主要原因在与上述两个地市内高校/科研院所数量众多，企业集中。

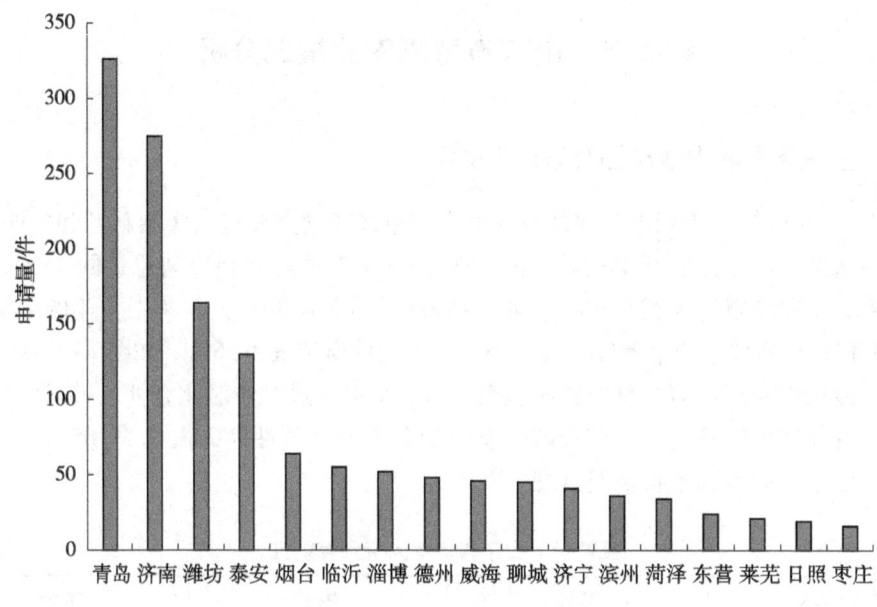

图7-10 山东省专利申请数量地域分布情况统计

三、山东省各地市技术主题占比

由图7-11山东省各地市技术主题占比图可知,在山东省地市申请量排名前三位的青岛市、济南市、潍坊市中,青岛市在智能灌溉、智能栽培、智能大棚、智能喷洒4个领域的关键技术的专利布局比较均衡,济南市是在智能灌溉和智能大棚技术领域的专利申请数量占据一定优势,潍坊市依托其机械产业园,在智能大棚技术领域也有相应的专利布局。

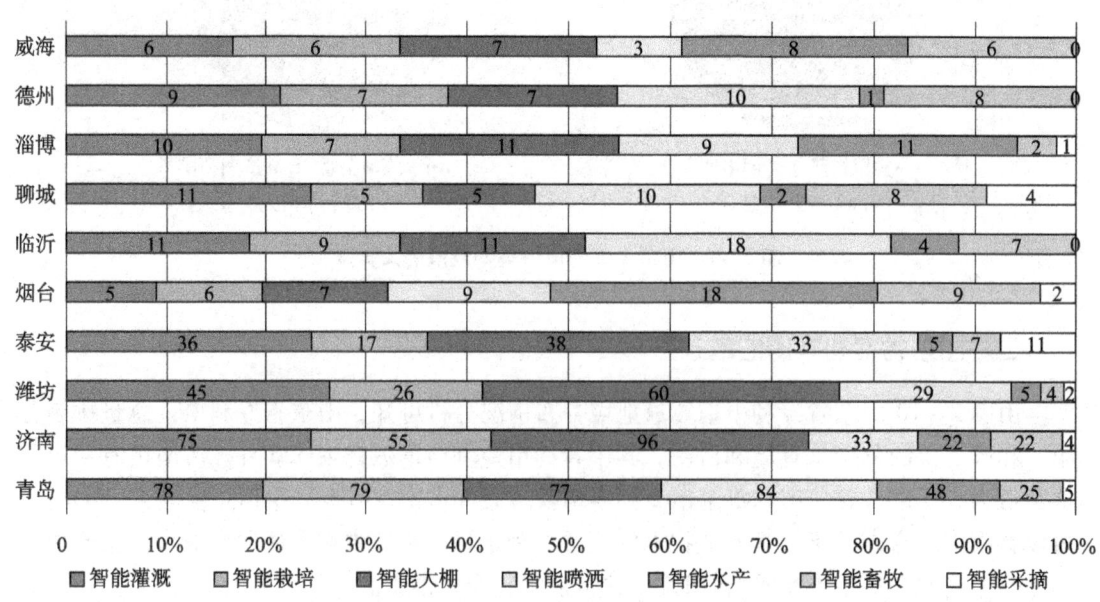

图7-11 山东省各地市技术主题占比

四、山东省地域内企业分布情况

由图 7-12 山东省各地市内相关企业专利申请数量地域分布情况分析可知，在山东省内青岛市拥有智慧农业技术领域相关企业数量为 83 家，在山东省内排名第一，济南市和潍坊市分列第二、第三位，拥有相关企业数量分别为 33 家和 31 家，但是从山东省专利申请数量地域分布统计情况可知，青岛和济南专利申请总量相差不大，也可进一步看出，青岛市内虽然企业数量较多，但每个企业针对专利技术的布局还不够全面，专利技术较为分散。

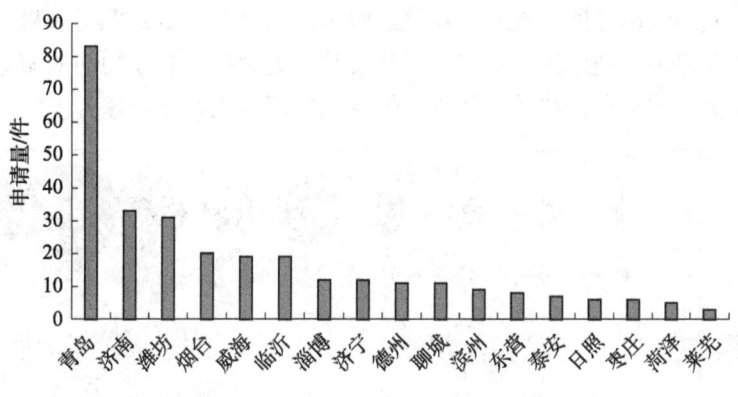

图 7-12　山东省地市企业数量统计

五、山东区域申请趋势

为进一步了解山东省内青岛市、济南市以及潍坊市对智慧农业相关专利申请的情况，对山东省上述 3 个地市的专利申请量进行统计，参见图 7-13 山东省地市专利申请

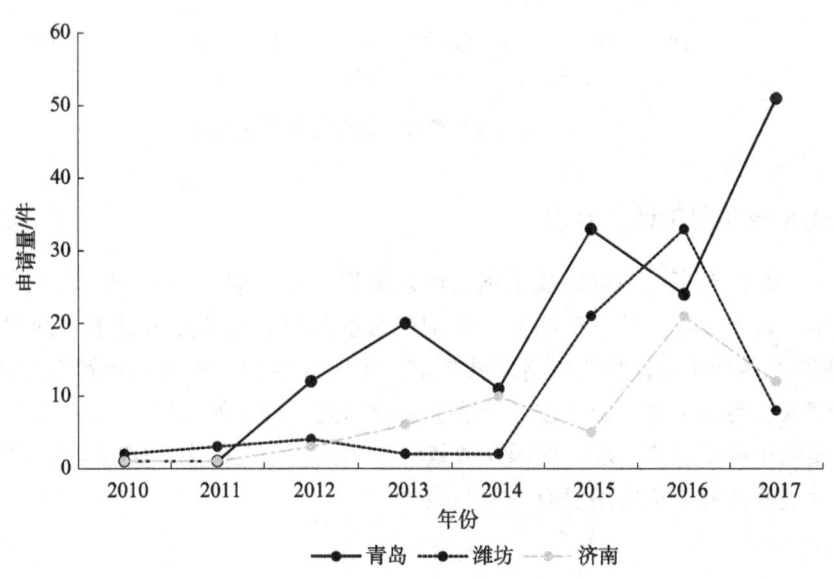

图 7-13　山东省地市专利申请趋势

趋势，青岛市内专利申请量于 2011 年开始进入一个快速发展期，而济南市和潍坊市的相关专利起步较晚，但潍坊市内对于智慧农业相关专利申请势头强劲，于 2016 年超过青岛市达到 33 件。

六、山东省技术发展趋势

山东省内智慧农业关键技术的发展趋势如图 7 - 14 所示，从 2009 年开始，研究人员已经注重智能灌溉、智能栽培技术、智能大棚、智能诱捕装置、智能水产以及智能饲喂方面的改进，具有良好的技术基础，且发展势头保持良好，智能灌溉和智能大棚技术引领了智慧农业的快速发展，专利布局更加密集。同时，随着植保无人机、智能采摘机器人的快速普及应用，利用无人机实现农药喷灌、施肥以及农作物的采摘等方面的技术改进逐渐成为关注的热点，涉及这些方面的专利申请量也在逐年递升。

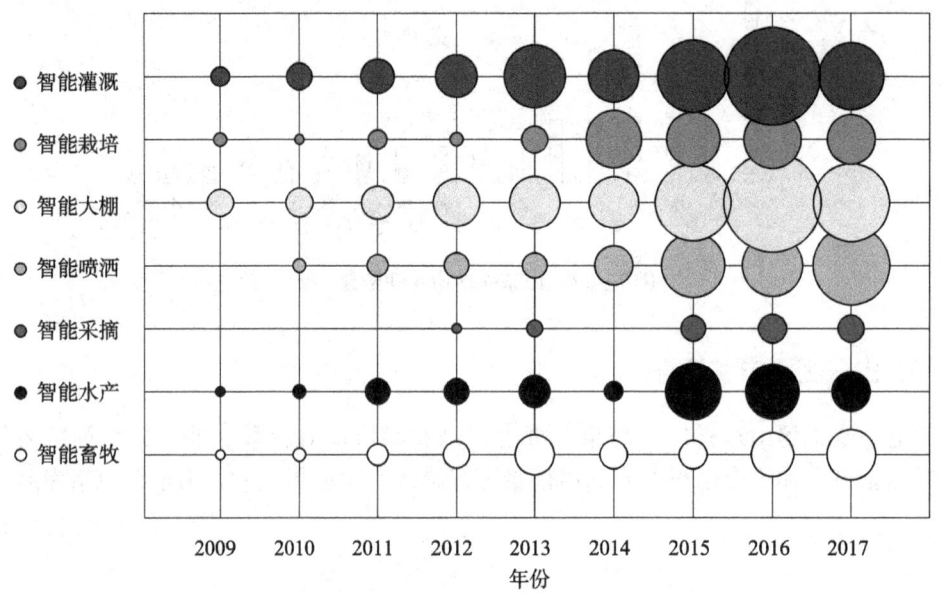

图 7 - 14　山东省智慧农业关键技术发展趋势

七、山东省主要申请人分析

从图 7 - 15 山东省专利申请数量排名可以看出，排名前 20 名的申请人中，其中山东农业大学、青岛农业大学、济南大学分别排名前三位，且在排名前十名的申请人中，高校/科研院所共计 8 家，企业申请人共 2 家，山东农业大学的专利申请总量遥遥领先于其他申请人。可以看出，山东省对于智慧农业相关技术正处于技术研发阶段，相关技术的产品实施仍处于起步阶段，中国在智慧农业相关技术上的生产实践与应用需要加快步伐，离大规模的商业化应用仍有一定的距离。

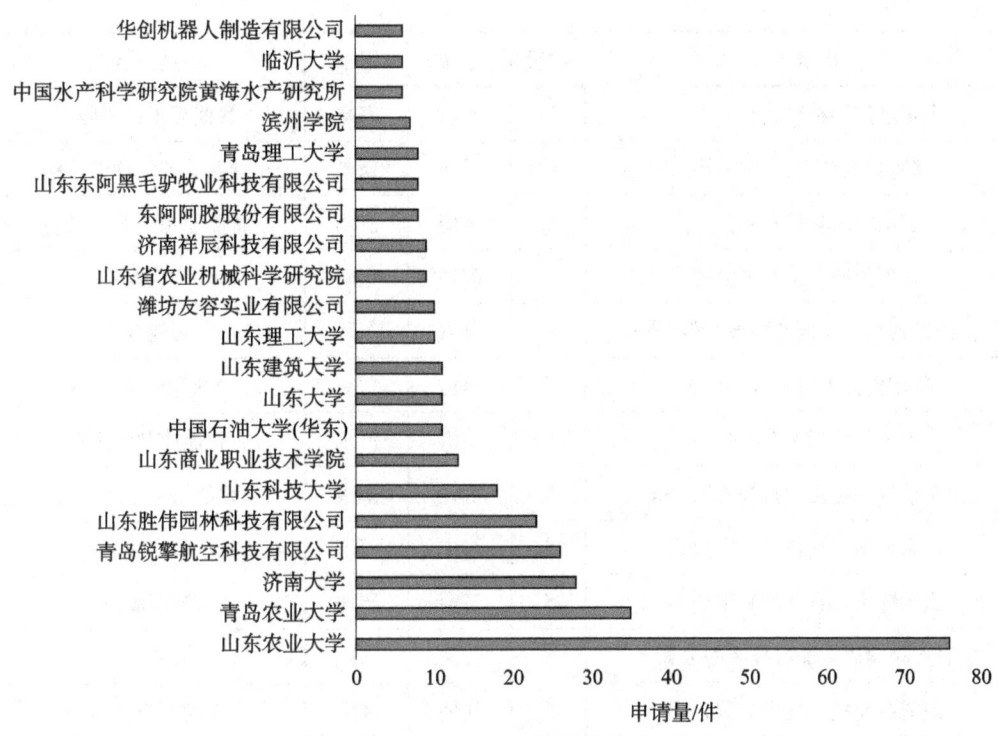

图7-15 山东省国内主要申请人排名

八、山东省企业申请量排名及技术优势

由表7-4山东省内企业分布及技术优势可知,在山东省企业排前20名中,企业申请量主要集中在青岛、济南和潍坊。青岛市内共2家企业,专利申请数量为36件,在企业排名前20的申请数量占比达到24%,济南市内共计6家企业,专利申请数量为31件,在企业排名前20的申请数量占比达到20.67%,潍坊市共2家企业,专利申请数量为29件,在企业排名前20的申请数量占比达到19.33%。其中潍坊农业机械产业聚集区,凭借其临近寿光国家农业科技园及寒亭国家农业科技园的优势,在产业园内,企业技术覆盖比较全面,智能大棚、温室栽培、智能植保机器人以及智能收割技术集中。进一步也可以看出,青岛地市内的企业数量虽不如济南区域内的企业数量多,但其青岛锐擎航空科技有限公司作为该区域的亮点企业,专利布局意识较强,凭借植保无人机企业技术优势,其专利数量遥遥领先于山东省内其他企业。济南市区域内虽然企业多,但在智慧农业每个企业的申请数量小,企业专利布局不完善,但各企业之间可形成产业聚集,实现在智慧农业的优势互补。

表7-4 山东省企业申请量排名及技术优势   单位:件

申请人	数量	地市	区县	企业优势
青岛锐擎航空科技有限公司	26	青岛	莱西	植保无人机

续表

申请人	数量	地市	区县	企业优势
山东胜伟园林科技有限公司	23	潍坊	寒亭	智能灌溉，覆膜机
潍坊友容实业有限公司	10	潍坊	寒亭	盐碱地智能种植系统
济南祥辰科技有限公司	9	济南	济阳	智能驱虫，杀虫装置
东阿阿胶股份有限公司	8	聊城	东阿	智能饲喂
山东东阿黑毛驴牧业科技有限公司	8	聊城	东阿	智能饲喂
华创机器人制造有限公司	6	潍坊		智能植保机器人
山东临沂烟草有限公司	5	临沂	沂水	智能施肥，灌溉
山东瑞帆果蔬机械科技有限公司	5	滨州	博兴	智能果蔬处理装置
山东金田水利科技有限公司	5	济南	历下	智能灌溉
山东锋士信息技术有限公司	5	济南	历城	智能灌溉
日照格瑞思智能科技有限公司	5	日照		智能钓鱼
淄博奥业机电技术有限公司	5	淄博	临淄	大棚，农药喷洒
青岛大牧人机械股份有限公司	5	青岛	城阳	智能畜牧
青岛河澄知识产权有限公司	5	青岛	即墨	智能栽培
九阳股份有限公司	4	济南	槐荫	智能水槽
国家电网公司	4	威海	荣成	智能驱鸟
山东国兴智能科技有限公司	4	烟台	开发区	智能采摘机器人
文登蓝岛建筑工程有限公司	4	威海	文登	智能温室
济南安信农业科技有限公司	4	济南	济阳	温室育苗、喷水车
济南正庄农业科技有限公司	4	济南	历城	智能大棚

九、山东省主要申请人技术热点图

由图7-16山东省主要申请技术热点图可以看出，山东省内高校/科研院所在智慧农业的关键技术研发覆盖比较全面，涵盖了智能灌溉、智能栽培、智能大棚、智能喷洒以及智能采摘，其中山东农业大学在各关键技术的专利申请数量均位居第一，尤其注重智能施肥领域的专利布局。而在山东省内排名前十名的两家企业青岛锐擎航空科技有限公司以及山东胜伟园林科技有限公司分别注重智能施肥以及智能灌溉技术的改进。由此可进一步看出，山东省内在智慧农业尚处于研发萌芽阶段。

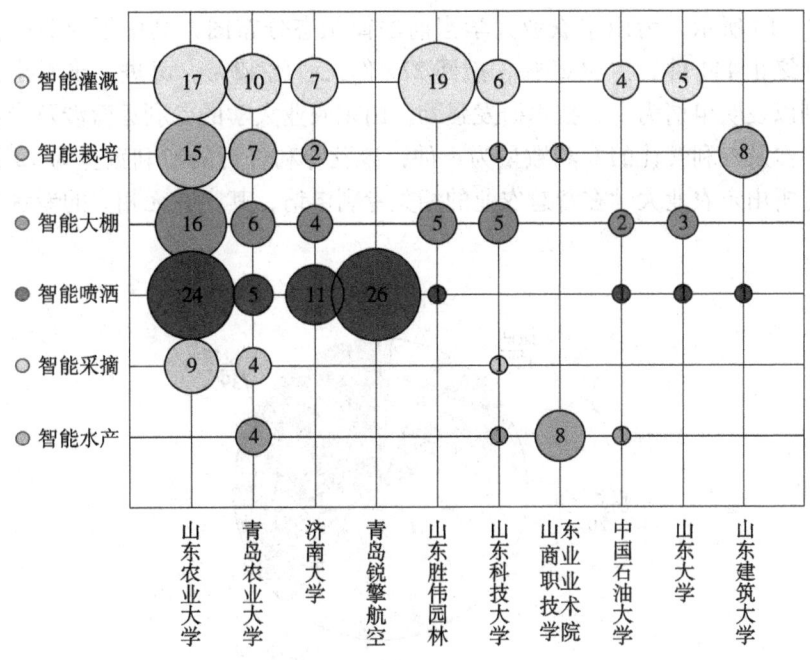

图 7-16 山东省主要申请人技术热点

十、山东省主要申请人及其重点专利分析

(一) 山东省智慧农业重点高校/科研院所专利分析

山东省内涉及智慧农业的相关高校/科研院所包括山东农业大学、青岛农业大学、济南大学,下面对其专利现状进行分析。

1. 山东农业大学

山东农业大学是农业部、国家林业局和山东省人民政府共建高校,截至 2016 年 11 月,学校拥有 20 个学院,12 个博士后科研流动站,10 个一级学科博士点、49 个二级学科博士点,24 个一级学科硕士点、99 个硕士点,89 个本科专业,拥有作物生物学国家重点实验室,土肥资源高效利用国家工程实验室,国家苹果工程技术研究中心等科研平台。

对山东农业大学的所有专利进行检索,检索结果共计 2326 件专利申请,如图 7-17 所示,其中发明专利申请占比 57.9%,实用新型占比 43%,专利稳定性较好。

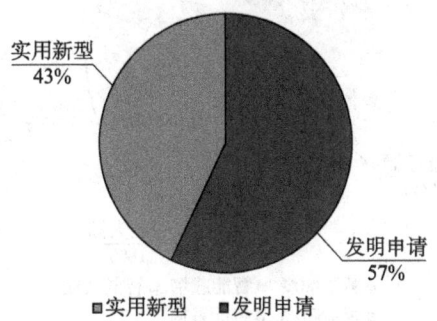

图 7-17 山东农业大学专利类型

如图 7-18 所示,为山东农业大学当前法律状态分布图,其中授权 902 件,占比 39%;权利终止 444 件,占比 20%,撤回 279 件,占比 12%。可进一步看出,山东农业大学专利以发明申请为主,技术研发强劲。山东农业大学的专利运营涉及专利许可和转让,其中涉及专利转让的专利数量为 4 件,涉及专利许可的专利数量为 12 件,但进一步检索分析山东农业大学在智慧农业的相关专利申请,其中并无相关的专利运营事件发生。

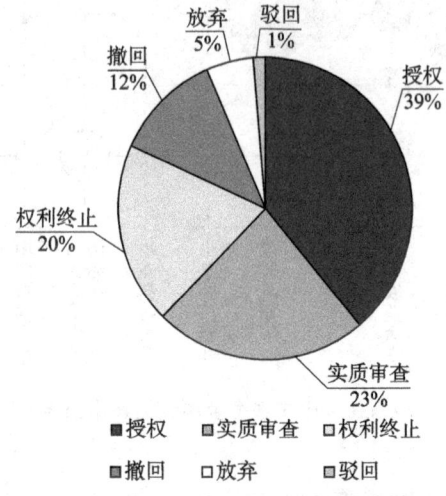

图 7-18　山东农业大学专利申请法律状态

通过进一步标引山东农业大学在智慧农业的相关专利可知(见图 7-19),其中涉及智能灌溉技术的专利共计 17 件,占比 19%,主要包括水肥一体化自动灌溉系统以及节水灌溉技术,其中有效专利共计 7 件;涉及智能栽培技术的专利共计 13 件,占比 17%,主要包括一体化栽培技术,其中有效专利共计 4 件;涉及智能大棚技术的专利共计 16 件,占比 18%,主要包括温室智能插架及温室智能通风技术,其中有效技术共计 2 件;涉及智能喷洒技术的专利共计 20 件,占比 27%,主要包括一体化施肥以及植保

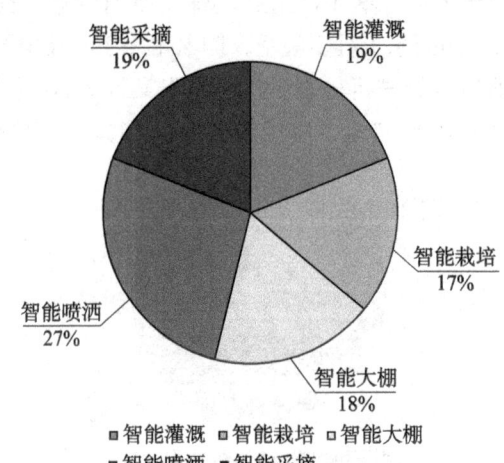

图 7-19　山东农业大学智慧农业关键技术占比

无人机技术,其中有效专利共计 12 件;涉及智能采摘技术的专利共计 17 件,占比 19%,主要包括智能采摘一体机及采摘机器人,其中有效专利共计 7 件。

如表 7-5 所示,山东农业大学在智慧农业的主要专利申请均衡于上述智能灌溉、智能栽培、智能大棚、智能喷洒、智能采摘 5 个方面,且对于最先进的植保无人机以及采摘机器人均有相应的专利技术研发,专利稳定性较好。

表 7-5 山东农业大学关键技术申请情况　　　　　　　　　　单位:件

单位	技术方向	发明人团队	代表性专利	状态	有效专利数量
山东农业大学	智能灌溉	王春堂,王世巢	CN205142867U	有效	7
	智能栽培	苑进	CN105265205A	有效	4
	智能大棚	李清明,张文东	CN206835770U	有效	2
	智能喷洒	荆林龙,王震	CN206612074U	有效	12
	智能采摘	苑进	CN104704982A	有效	7

2. 青岛农业大学

青岛农业大学是一所山东省属高校,是"山东特色名校工程"首批立项重点建设的大学。学校前身为始建于 1951 年的莱阳农学院,2001 年经山东省政府批准创建青岛校区,2007 年 3 月经教育部批准更名为青岛农业大学。设农学、园艺、牧医、植保 4 个系,开设农学、果树、畜牧兽医、植保 4 个专业,具有国家级大学生校外实践教育基地 3 个:青岛农业大学青岛苹果农科教合作人才培养基地、青岛农业大学潍坊花生农科教合作人才培养基地、青岛农业大学——山东亚太中慧集团有限公司农科教合作人才培养基地。

对山东农业大学的所有专利进行检索,检索结果共计 2462 件专利申请,如图 7-20 所示,其中发明专利申请占比 67%,实用新型占比 32%,专利稳定性较好。

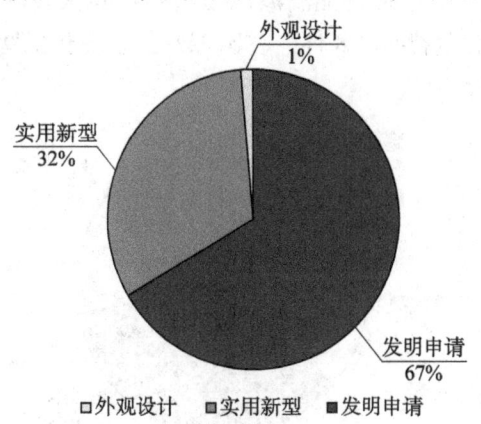

图 7-20 青岛农业大学专利类型

如图 7-21 所示,为青岛农业大学当前法律状态分布图,其中授权 811 件,占比 33%;权利终止 547 件,占比 22%;撤回 197 件,占比 8%。可进一步看出,青岛农业大学专利以发明申请为主,技术研发强劲。青岛农业大学的专利运营涉及专利许可和转让,其中涉及专利转让的专利数量为20件,涉及专利许可的专利数量为4件,但进一步检索分析青岛农业大学在智慧农业的相关专利申请,其中并无相关的专利运营事件发生。

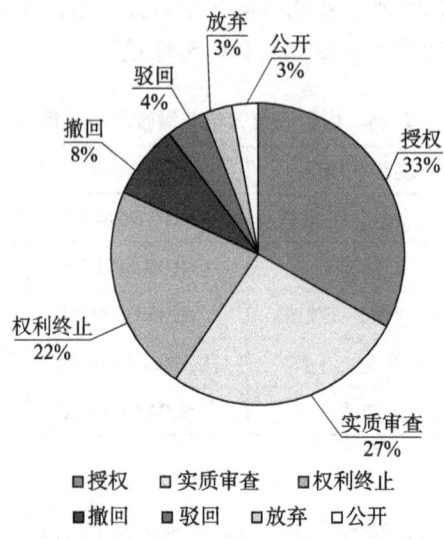

图7-21 青岛农业大学专利法律状态

通过进一步标引青岛农业大学在智慧农业的相关专利可知(见图7-22),其中涉及智能灌溉技术的专利共计10件,占比28%,主要包括自动滴灌以及节水灌溉技术,其中有效专利共计4件;涉及智能栽培技术的专利共计7件,占比19%,主要包括一体化栽培技术,其中有效专利共计1篇;涉及智能大棚技术的专利共计6件,占比17%,主要包括大棚种植及温室育苗技术,其中有效技术共计1件;涉及智能喷洒技术的专利共计5件,占比14%,主要包括智能滴灌以及喷药机器人技术,其中有效专利共计2件;涉及智能采摘技术的专利共计8件,占比22%,主要包括智能采摘一体机及采摘机器人,其中有效专利共计4件。

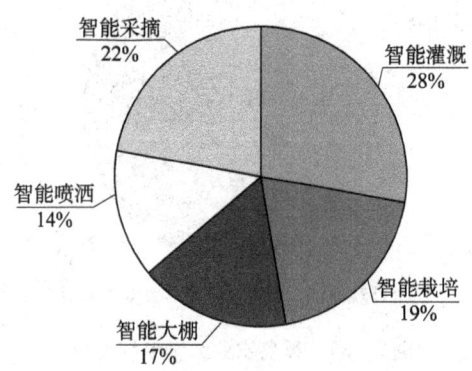

图7-22 青岛农业大学关键技术占比

青岛农业大学关键技术申请情况见表7-6。

表7-6 青岛农业大学关键技术申请情况　　　　　　　　单位：件

单位	技术方向	发明人团队	代表性专利	状态	有效专利数量
青岛农业大学	智能灌溉	李娟，郭亭亭	CN104012371A	有效	4
	智能栽培	马春晖	CN206744048U	有效	1
	智能大棚	李胜多	CN107750708A	在审	1
	智能喷洒	杨然兵	CN103918636A	有效	2
	智能采摘	李娟，郭亭亭	CN103503637A	有效	4

3. 济南大学

济南大学简称"济大"，位于山东省会济南市，是山东省人民政府和中华人民共和国教育部共建高校，山东省重点建设大学，学校建有省部级以上研究平台48个，其中省部共建国家重点实验室培育基地1个、教育部工程研究中心1个、省级重点实验室11个、"十二五"省高校重点实验室4个、省级人文社科研究基地7个、省级工程技术研究中心10个。济南大学和山东大学为济南市第一批开展知识产权战略研究的高校。

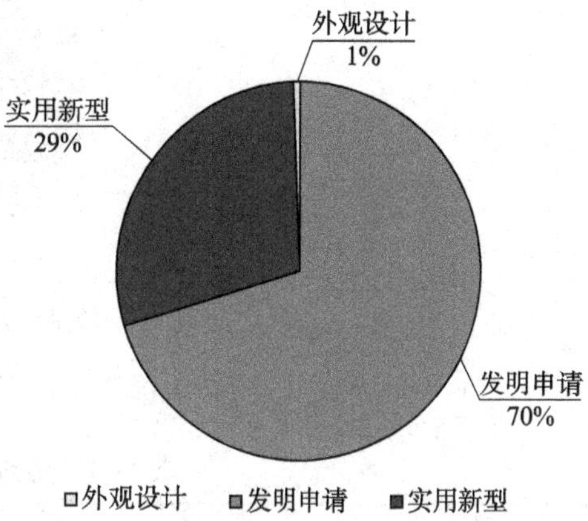

对济南大学的所有专利进行检索，检索结果共计6440件专利申请，如图7-23所示，其中发明专利申请占比70%，实用新型占比29%，专利稳定性较好。

图7-23 济南大学专利申请类型

如图7-24所示，为济南大学当前法律状态分布图，其中授权2463件，占比38%；权利终止1138件，占比18%；撤回631件，占比10%。可进一步看出，济南大学专利

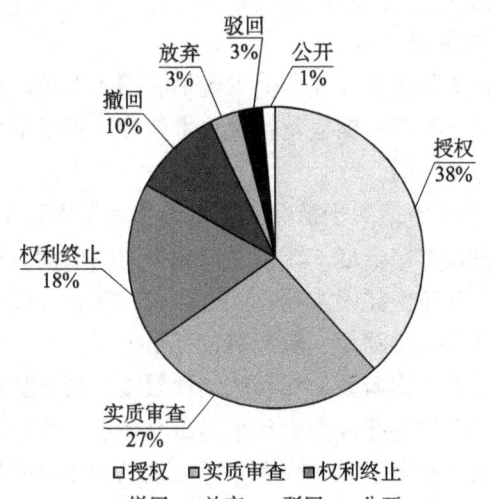

图7-24 济南大学专利法律状态

以发明申请为主，技术研发强劲。济南大学的专利运营涉及专利许可和转让，其中涉及专利转让的专利数量为62件，涉及专利许可的专利数量为26件，但进一步检索分析济南大学在智慧农业的相关专利申请，其中并无相关的专利运营事件发生。

通过进一步标引济南大学在智慧农业的相关专利可知（见图7-25），其中涉及智能灌溉技术的专利共计6件，占比22%，主要包括喷灌机器人及灌溉装置，其中有效专利共计4件；涉及智能喷洒技术的专利共计11件，占比41%，主要包括植保机器人技术，其中有效专利共计6件；涉及智能收割技术的专利共计10件，占比37%，主要包括智能割草，其中有效专利共计3件。济南大学关键技术申请情况见表7-7。

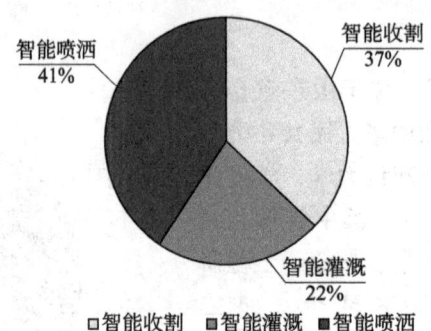

图7-25　济南大学关键技术占比

表7-7　济南大学关键技术申请情况　　　　　　　　　　　　单位：件

单位	技术方向	发明人团队	代表性专利	状态	有效专利数量
济南大学	智能灌溉	王腾	CN206978317U	有效	6
	智能喷洒	董永波	CN104476545A	有效	6
	智能收割	刘恒涛	CN104521417A	有效	3

（二）山东省智慧农业主要企业专利分析

1. 青岛锐擎航空科技有限公司

青岛锐擎航空科技有限公司主要经营范围包括农用无人机、农用无人机发动机及零部件、智能农业机械研发、生产、销售及相关技术咨询、技术培训；农业植保服务；机械设备租赁，公司法人为徐金琨。

该公司于2017年5月共申请关于植保无人机的相关实用新型申请84件，法律状态均为有效，全部申请发明人为徐金琨，暂未发现相关发明申请，相关申请涉及包括无人机喷洒装置无人机相关装置等，如图7-26、图7-27所示，对比于在全国植保无人机领域专利申请数量排名第一的芜湖元一航空科技有限公司可知，青岛锐擎航空科技有限公司的专利申请全部集中于实用新型，专利稳定性较差，同时从全国及全球智慧农业的发展状况来看，植保无人机将逐渐成为近年来的研究热点，该企业在培育发展相关重点技术时，可进一步向山东农业大学及济南大学寻求技术合作，完善专利布局。

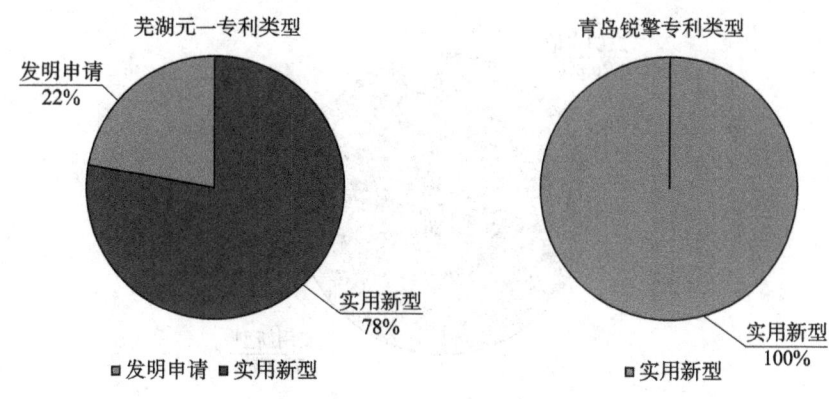

图 7-26 专利申请类型对比

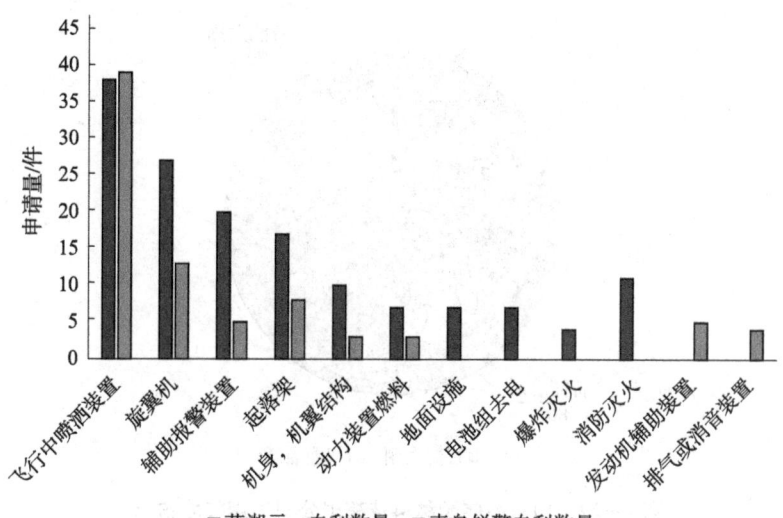

图 7-27 技术主题对比

2. 山东胜伟园林科技有限公司

山东胜伟园林科技有限公司成立于 2003 年，位于潍坊滨海经济技术开发区，2010 年与棕榈园林股份有限公司在设计、施工、技术、管理等方面进行全方位合作，同年 12 月正式成为棕榈园林股份有限公司的控股子公司，2011 年 3 月 21 日由原潍坊市胜伟园林绿化有限公司更名为山东胜伟园林科技有限公司，是一家集盐碱地治理与综合利用、景观生态系统规划设计与施工运营于一体的高新技术企业，该公司的业务范围涉及苗圃生产、景观设计、工程施工、养护管理及盐碱地治理利用等。

该公司最近两年开始大规模进行专利布局，有效专利占比较多，为总量的 30.2%，69.8% 的专利申请还处于审查状态，其专利申请全部集中在国内，尚未开始在海外进行布局。如图 7-28、图 7-29 所示，该公司申请的和智慧农业相关的专利技术共计 20 件，涉及的关键技术主要包括智能大棚和智能灌溉技术，其中智能大棚共计 4 件，占比 20%，主要包括覆膜机技术，有效专利共 3 件；智能灌溉相关专利技术共计 16 件，占比 80%，主要包括灌溉装置以及节水灌溉技术。

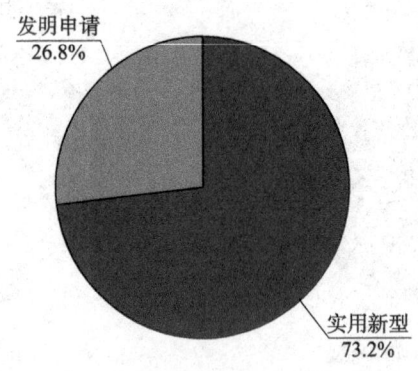

图7-28 山东胜伟园林科技有限公司专利类型

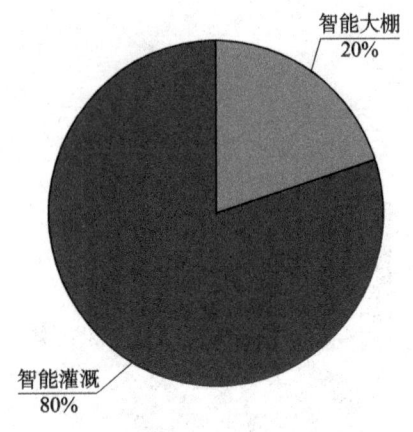

图7-29 山东胜伟园林科技有限公司关键技术占比

十一、山东省智慧农业技术引进重点专利

山东省智慧农业技术引进重点专利见表7-8、表7-9、表7-10、表7-11。

1. 智能灌溉

表7-8 智能灌溉技术引进重点专利　　　　　　　　　　　　　单位:件

关键技术	合作方向	研发单位	发明人团队	代表性专利	状态	有效专利数量
智能灌溉	省内合作	青岛农业大学	李娟,郭亭亭	CN104012371A	有效	4
		山东农业大学	王春堂	CN205142867U	有效	7
		济南大学	王腾,江海鹰	CN206978317U	有效	11
	省外	安徽理工大学	戎贵文	CN206371225U	有效	4
		河海大学	王沛芳	CN105075810A	有效	9

2. 智能大棚

表7-9 智能大棚技术引进重点专利　　　　　　　　　　　　　单位：件

关键技术	合作方向	研发单位	发明人团队	代表性专利	状态	有效专利数量
智能大棚	省内	青岛农业大学	李胜多	CN107750708A	在审	1
			王海	CN106899667A	在审	
	省外	山东农业大学	李清明	CN206835770U	有效	7
		四川农业大学	邓潇	CN206302859U	有效	11
			蔡仕珍	CN206189917U	有效	
		福建农林大学	何碧珠	CN206973810U	有效	10
			吴征毅	CN206150009U	有效	
			黄枝	CN105052584A	有效	

3. 智能水产

表7-10 智能水产技术引进重点专利　　　　　　　　　　　　　单位：件

关键技术	合作方向	研发单位	发明人团队	代表性专利	状态	有效专利数量
智能水产	省内	中国水产科学研究院黄海水产研究所	王蒨芳	CN205727642U	有效	4
			薛素燕	CN206641210U	有效	
		中国海洋大学	王芳	CN104654131A	有效	1
	省外	浙江大学	阮赟杰	CN107047442A	有效	12
			李铁风	CN206117722U	有效	
			叶章颖	CN105145451A	有效	
		上海海洋大学	戴习林	CN206906839U	有效	7
		浙江海洋学院	吴常文	CN104335948A	有效	9

4. 智能畜牧

表7-11 智能畜牧技术引进重点专利　　　　　单位：件

关键技术	合作方向	研发单位	发明人团队	代表性专利	状态	有效专利数量
智能畜牧	省内	山东省农业科学院家禽研究所	连京华	CN205492102U	有效	4
	省外	四川农业大学	庞涛	CN206760404U	有效	5
			陈晓燕	CN206641178U	有效	
			庞涛	CN205922477U	有效	
		深圳市润农科技有限公司	胡天剑	CN203872774U	有效	12
		江苏农林职业技术学院	田崇峰	CN206251723U	有效	6

第八章 现代农业新旧动能转换分析及建议

第一节 现代农业专利分析主要结论

一、现代农业专利整体情况

通过参考国家、山东省产业规划类文件,结合国内外相关产业发展以及山东省相关产业特点,本书着重针对现代农业中现代种业、农机装备、农产品加工、农产品质量安全和智慧农业5个技术分支进行分析。专利申请的公开日截至2017年12月,经检索式检索与简单人工筛选,最终确定的现代农业相关的全球专利申请共计1421897件。

现代农业全球申请排在前十位的国家分别是中国、日本、美国、韩国、德国、澳大利亚、加拿大、巴西、法国、英国,从累计总量上看,中国专利申请最多,占全球的26%,共计378152件,日本次之,占全球总量的22%;美国排在第三位,约占17%,韩国和德国占比为4%,澳大利亚和加拿大申请总量占比3%左右,而巴西、法国和英国占比在1%左右。该10国申请占申请总量的82%,其他国家总共占比18%。上述数据表明,现代农业的申请地域集中度较高,且主要集中在中国、日本、美国这3个国家中。

主要国家申请趋势中,美国现代农业相关专利申请自1995年开始快速增长,并在2005年达到顶峰,之后再次趋于平稳,年申请量维持在10000件以上。日本通过大规模引进和消化欧美先进技术,实施"技术立国"战略,1953年开始出现专利申请,1959年开始快速增长,在1964年首次超过美国,经过快速增长,并在1976年达到顶峰,突破12000件以上,之后一直到1992年处于平稳期,年均申请量10000件以上,从1992年至今,年申请量开始缓慢下降。我国从1985年开始出现专利申请,经过缓慢增长后,从2000年开始申请量出现快速增长,并在2007年首次超过美国,成为世界上现代农业专利年申请量最多的国家。之后,我国年申请量继续迅速增长,并在2017年达到70000件。

从现代农业整体发展趋势来看,可以大致分为4个阶段:第一阶段(1820~1970年),从1820年出现专利申请开始到1970年,一直是由美国的专利申请主导世界整体的变化趋势;第二阶段(1970~1990年),从1970到1990年这20年间,日本开始发力,年申请量超过美国,并将年申请量提高一个台阶,开始主导世界整体的变化趋势;第三阶段(1990~2007年),从1990~2007年,日本年申请量开始下降,而美国和韩国的年申请量开始增长,并在2005年左右达到峰值,现代农业整体申请开始处于平稳期。从2007年起,中国年申请量开始占据全球首位并逐年上升,在该领域远远领先于其他国家。究其原因，一方面是由于我国鼓励发明创造，使得发明人积极进行技术革新；另一方面现代农业属于传统行业，诸多产业的进一步发展带动现代农业技术的不断创新，同时伴随着中国经济的发展，对现代农业相关的各种技术的需求也有增长；这些利好因素使得现代农业的研发热度高，专利申请量领先于其他各国，技术得到不断发展。

通过对主要国家现代农业各领域申请趋势变化分析可知，20世纪70年代以前，主要是农业机械化发展阶段，70年代之后，生物育种、质量安全以及智慧农业方面的申请开始出现迅速增长，并且逐渐成为主要申请领域，在此期间，农产品加工也出现小幅增长，而农业机械申请则基本保持不变。

由上述分析可知，农用机械和农产品加工领域申请出现较早，经过快速发展，目前国外处于稳定期，并呈现出一定的衰退趋势，生物育种、质量安全近年来经过快速发展逐渐成为主要申请领域，并且申请量也趋于平稳，而智慧农业为新兴出现领域，目前各国在该领域申请量都比较少。从国家层面来看，日本在农用机械领域和农产品加工领域具有一定的优势，而美国在生物育种和质量安全方面申请量比较突出。中国经过前期技术沉淀后，目前各领域申请量都显示出快速增长的趋势。

现代农业相关技术原创国主要集中在中国、日本、美国、德国、韩国，其中中国原创申请数量远超其他国家，而随后的日本有万余件申请，原创国主要集中在发达国家或地区。各原创国家或地区专利布局的重点目标主要集中在中国、日本、美国、欧洲等国家/地区，他国在我国的申请中，美国、日本原创数量最多，德国、韩国在我国也均有过千件的申请，也表明其他国家或地区对我国的市场十分重视；各国对进行PCT的申请都很重视，我国虽然原创申请数量很多，但是国际申请数量只有2000件左右，与德国、韩国等国相当，而与日本、美国相比差距甚大，这需要我国引起重视，做好专利布局；而各国在欧洲的专利布局也有类似情况，我国要想在世界占有技术领先地位，还需要加强对各国的专利布局。

全球现代农业相关专利申请量排名前十的申请人当中，有4家日本公司并全部在前六位，3家美国公司，2家位于前六位，其他国家的只有瑞士的罗氏公司、意大利的菲亚特以及英国的联合利华能够跻身其中，这也显现出日美在现代农业相关技术研究上处于绝对的世界领先地位。在这些公司中，技术领域主要集中在农机和种子研发领域：农机领域相关有6家企业，种子领域相关有3家，医药领域为1家。其中，申请量占据第一位的为日本的井关农机，属于农机领域，其申请量是其他农机领域主要申请人的2倍左右，而日立公司、久保田、约翰迪尔、洋马农机申请量接近；种子领域中陶氏杜邦申请量最多，其申请量为其他种子领域主要申请人的2倍左右。上述几家公司均为该领域的老牌企业，介入该领域较早，是需要我国相关企业重点关注的竞争对手。同时，通过上述分析可以看出，日本在农机领域具有较强的技术统治力，而美国在种子研发领域具有较强的优势；我国要想在这方面有所突破需要加强研发上的各方面投入，同时也要时刻关注这些技术领先企业的技术发展动向，时刻紧跟技术发展步伐。

国内情况，我国从1985年开始出现专利申请，经过缓慢增长后，从2000年开始申请量出现快速增长，并在2010年首次超过美国，成为世界上年申请量最多的国家。之后，我国年申请量增长仍然迅速，在 2015 年达到 30000 件。此外，通过分析可知，他国在我国的申请中美国、日本原创数量最多，德国、韩国在我国也均有过千件的申请，也表明其他国家或地区对我国的市场十分重视。通过统计分析，发现在中国申请人中，国内申请占据总申请的 97%，国外来华申请约占 3%，表明在我国申请仍然是以国内申请人为主。国外来华申请中，排在前几位的主要是美国、日本、德国、瑞士、荷兰和韩国，总申请趋势是经过逐年增长后逐渐趋于平稳。其中，美国、日本在中国申请最多，德国、瑞士、荷兰和韩国的申请量类似，近几年基本趋于平稳。值得注意的是，日本专利申请总量从 1990 年开始出现下滑趋势，而在中国申请中，其申请量在 1993 年开始增长，并且在 2000 年之后迅速增长，由此可知，日本非常重视在中国市场的专利布局。

通过对国内现代农业各领域申请趋势变化分析可知，1985~1999 年，各领域申请量较小，处于技术积累期，而从 2000 年开始，各领域的申请都开始出现迅速增长，其中，农产品加工、农业机械、生物育种、质量安全等领域趋势类似，并成为主要申请领域，而在此期间，智慧农业年申请量则较小。

整体上看，我国现代农业相关专利申请量较大省市均为科技企业比较密集地区或高等院校比较集中的东南沿海区域，排在前五位的分别是江苏、山东、安徽、浙江和广东。其中，山东省的申请量为 34836 件，排在第二位。江苏、山东、浙江和广东的申请趋势类似，在 2003 年之前申请量都很小，自 2003 年之后该 4 省申请量都开始迅速增加，区别在于年申请量上有所不同，与上述 4 省不同的是，安徽省从 2010 年之后，申请量才开始快速增长，尤其是 2012 年之后，开始迅速增长，2015 年年申请量位于第一。

国内专利申请量排名前十位的创新主体中，七位为国内高校，企业申请人仅有三位，表明我国的相关技术研发主力仍然以高校为主，需要国内企业一方面加强与高校的技术研发合作，另一方面自身进一步加强研发投入，提高专利控制力。在国内主要申请人中，江苏省有 4 位，北京有 2 位，浙江、上海、湖北和陕西各有 1 位，上述结果表明江苏在现代农业方面从申请量以及主要申请人方面都具有一定的优势。

从国内以及主要省市的申请人类型上看，国内申请人中企业为主要力量，其平均占比达到了 46%。其次是高校和科研院所，其申请量为 29%。个人申请达到 25%。而在主要省市中，山东省个人申请所占比重最高，达到 36%，而企业申请所占比重最低，为 40%。江苏省和广东省则在企业申请人方面均高于全国平均值，占比在 50% 左右，而在个人申请方面则仅为 21%，低于全国平均值。上述结果表明江苏和广东在促进企业申请方面具有一定的优势。

通过对三省不同时期内申请人类型变化趋势分析可知，在国家"十五"规划时期，三省申请量都较低，处于缓慢发展期，且个人申请所占比重较高；而在"十一五"时期，各省申请量开始加速增长，各个申请类型申请人的申请量也开始加速增长，其中江苏省和广东省企业申请增加速率超过个人申请增加速率，企业年申请量分别在 2007 年、2008 年超过个人申请年申请量；而山东省在"十一五"期间个人申请的年申请量仍然最大，但在 2008 年之后企业申请增加速率加快，而个人申请增长速率则有所放缓，到 2012 年，企业申请年申请量首次超过个人申请年申请量。在"十二五"时期，三省各类型申请人的年申请量都有大幅增长，尤其以企业年申请量所占比重最大。

在5省主要申请人中,高校及科研院所仍是主要的研发力量。此外,安徽省有3家企业入围,山东有2家企业、广东和江苏各有1家企业入围,而浙江则有1位个人入围重要申请人。上述结果表明,虽然企业申请总量较大,所占比重已达最高,但是与国外主要申请人以企业为主的现状相比,各省龙头企业或者重要企业的申请量还有待加强。

专利利用方面,山东省的专利利用率为3.9%,低于全国平均的4.9%,而广东省和浙江省则分别达到了6.4%和7.5%。其中,在专利质押方面与全国平均水平接近,但是在转让和许可方面需加强,由上可知,山东省需加强专利成果转化、利用。

在专利有效性方面,山东省的专利有效比为38.43%,低于全国平均的41.33%,而广东省和浙江省则分别达到了55.97%和47.54%。而在专利申请类型方面,山东省的发明占比为63%,低于全国的平均水平(70%),发明占比最高的安徽省则达到了83%。

在山东省地市分布方面,从申请总量角度分析,在山东省各地市可分为4个梯队。青岛、济南和潍坊申请量排在第一梯队,总申请量都在4000件以上,其中青岛申请量最大,为11875件,济南和潍坊分别以7000件和5000件排在第二、第三位。在第一梯队中,青岛和济南发明专利申请所占比重较高,而潍坊实用新型申请所占比重较高。烟台、泰安、威海、淄博、济宁和临沂位于第二梯队,各市总申请量在2000件左右,在该梯队中,济宁、临沂实用新型专利申请所占比重较多外,其他地市发明专利申请所占比重较大。德州、滨州、聊城、菏泽和东营位于第三梯队,各市总申请量在1000件左右,日照、枣庄和莱芜则位于第四梯队。在第三、第四梯队中,各地市实用新型专利申请所占比重高于发明申请所占比重。

通过对现代农业各地市申请趋势情况分析,发现青岛、济南和潍坊也是由于2009年之后年申请量迅速增加,而其他地市申请基本保持不变,使得其总申请量与其他地市拉开差距。进一步通过申请人类型分析可知,青岛创新主体主要为企业,个人申请和高校院所申请占比接近;济南市创新主体则主要为高校院所,其次为企业申请和个人申请。而潍坊创新主体主要为企业和个人,高校院所申请较小。

通过对现代农业前100名重要申请人地域分布进行统计,发现重要申请人主要集中在青岛和济南,其中,青岛有44家,济南有23家。其他地市分布较少。

通过对现代农业各地市专利有效比分析可知,潍坊、临沂、滨州、济南、聊城的有效占比超过全国平均值,而其他地市专利有效比则都低于全国平均值。

二、农机装备领域专利情况

全球农业机械领域专利申请共556798件。从申请趋势上看,主要分为5个阶段:

(1)起步发展阶段(1965年以前),该阶段专利申请量一直处于较低的水平,年平均申请量371.5件。

(2)第一发展阶段(1966~1977年),自1966年,全球农业机械领域专利申请开始大幅度增长,年平均增长率达29.9%。

(3)稳定发展阶段(1977~1986年),在此阶段,全球农业机械领域专利申请基本保持稳定,每年约5300件。日本的专利申请依然占据主要地位,占全球总量的52%。

作为当时世界上农产品生产量最大的国家，苏联也加大了农业机械的研发力度，专利申请量高速增长，在全球专利申请国中超越美国跃居到第二位。而世界上其他国家在此阶段也保持着较大的科技创新规模。

（4）调整阶段（1987~2006年），在此期间，全球农业机械领域专利申请量出现下滑，从1986年峰值的12108件降到1994年6573件的谷底，年平均降幅达32.6%。

（5）第二发展阶段（2007年以后），随着计算机技术、新材料、新工艺的推广普及以及"精准农业"概念的提出，农业机械逐步向智能化、标准化方向发展，激发农机企业创新热情，各企业开始加大研发力度，注重产品转型升级，从而带动全球农业机械专利申请量再次增长。

1985年中国专利制度开始实施，国家鼓励科技创新，我国农机企业开始走向创新、寻求知识产权保护的发展之路。特别是2006年以后，中国在多个"五年规划"的铺垫下，农业机械的发展取得长足进步，对全球农业机械领域专利申请量做出了突出贡献，2006年申请量跃居全球第一位，2016年申请量达19242件，占全球专利申请总量的81.2%。

农业机械领域的专利主要集中在中、日及欧美等国家。全球农业机械专利申请量排名前20位的国家和地区，基本涵盖了全球主要农产品生产国家。其中，日本以198914件居首，占全球总量的36%；中国以115938件居第二位，占全球总量的21%；美国、德国分列第三、第四位，分别占全球总量的12%、7%，以上4个国家的专利申请量占全球总量的76%。

全球排名前十的主要申请人中，日本农机企业久保田、井关农机、洋马农机、三菱重工分列全球第一、第二、第三及第五位，排名前十位的农机企业均为日本和欧美的企业。

根据研究范围，将农业机械分为耕整机械、种植机械和收获机械3个部分，其中，耕整机械主要包括对土地进行翻耕的耕地机械和翻耕后对土地进行种植前的预备工作的整地机械，还包括能同时实现耕地和整地作业或将耕地机械与整地机械联合其他农业作业的耕整联合作业机械；种植机械主要包括对土地进行均匀播种的播种机械和将预植秧苗引入耕地的移栽机械，也包括未翻耕土地直接播种的免耕播种机械；收获机械指通过收割、挖掘、采摘等手段收获粮食作物、经济作物和牧草作物的机械、割草机及脱粒机。农业机械领域全球专利申请的技术构成中，收获机械占比42%、耕整机械占32%、种植机械占26%。由于收获作业劳动强度大，缺乏可辅助的工具，广大农机企业、研究机构、大专院校及科研人员一直以来将实现作物收获的机械作为研究重点。

我国农业机械领域专利申请量排名前十位的省市分别是山东、江苏、浙江、安徽、黑龙江、河南、重庆、广西、新疆及四川，上述省市的申请量占全国申请总量的69.9%，且均位于我国七大农业主产区，其中，山东以11819件申请排在第一位，江苏以11728件申请紧随其后。

我国农业机械领域专利申请人类型可以分为企业、高校及科研院所和个人，其中，企业申请量占39.3%、高校及科研院所占21.8%、个人占38.9%。山东省申请人类型比例为企业占36.6%、高校及科研院所占19.5%、个人占43.9%；江苏省申请人类型比例为企业占50.2%、高校及科研院所占24.1%、个人占25.7%；浙江省申请人类型比例为企业占33.8%、高校及科研院所占20.8%、个人占45.4%。山东省企业申请人和高校及科研院所申请人的比例低于全国平均水平，且远低于江苏省，说明山东省专利技术成果转化率较低，高校及科研院所创新能力不足，全省应继续鼓励高校及科研机构进行科技创新，同时还应持续加强现有专利技术的推广实施。

我国农机企业和从事农机研究的高校及科研机构较多，其中，知名度较高的企业有中国一拖集团、福田雷沃重工、山东五征集团和现代农装集团等，科研实力较强的高校及科研院所有中国农业大学、浙江大学、江苏大学、西北农林科技大学、中国农业机械化科学研究院、农业部南京农业机械化研究所、农业部规划设计研究院、山东省农业机械化科学研究院等。排名前20位的中国申请人以高校及科研院所为主，共有16家，仅有2家农机企业，这表明我国的农业机械研究水平主要停留在科研层面，科研技术产品化、产业化是下一步的重点工作。排名前20位的申请人中还包括日本的农机企业久保田和井关农机，两家农机企业申请量在企业申请人中分别排在第一和第二位，可见，日本农机企业非常重视知识产权在中国的保护，已经先于我国农机企业在中国开始进行专利布局。从专利申请的有效状态来看，我国申请人的专利平均有效率仅为38.6%，日本申请人的专利平均有效率高达79.1%，这也说明了日本农机企业重视在中国的专利保护。

全国专利申请有效性占比为有效占35.1%、失效占48.3%、审中占16.6%；山东省专利申请有效性占比为有效占32.7%、失效占51.7%、审中占15.6%；江苏专利申请有效性占比为有效占34.8%、失效占45.5%、审中占19.7%；浙江专利申请有效性占比为有效占42.3%、失效占41.8%、审中占15.9%。对比可知，山东省有效专利的占比低于全国平均水平，失效专利的占比也高于全国平均水平，且有效比例低于江苏和浙江，失效比例高于江苏和浙江。

国内主要省份农业机械领域专利运营情况，全国专利运营情况为质押316件、转让3699件、许可785件，专利利用率4.3%；山东省运营情况为质押37件，占全国11.7%，转让282件，占全国7.6%，许可77件，占全国9.8%，利用率3.3%；江苏省运营情况为质押23件，占全国7.3%，转让378件，占全国10.2%，许可111件，占全国14.1%，利用率4.3%；浙江省运营情况为质押17件，占全国5.4%，转让498件，占全国13.5%，许可54件，占全国6.9%，利用率6.7%。对比发现，虽然山东省专利质押占比高于江苏和浙江，但是转让占比低于江苏和浙江，许可占比远低于江苏，总的专利技术利用率明显低于江苏和浙江，且低于全国平均水平。

江苏、上海、浙江是我国农业机械领域国际申请量排名前三位的省市，而山东省的国际申请量排在全国第六位。全国农业机械领域国际申请共322件，有效专利占比46.2%、失效占比28.2%、审中占比25.6%；江苏省国际申请共96件，有效专利占比49%、失效占比27.5%、审中占比23.5%；上海的国际申请共61件，有效专利占比55.6%、失效占比36.5%、审中占比7.9%；浙江的国际申请共44件，有效性占比为60.9%、失效占比39.1%、审中占比0%；山东省的国际申请共12件，有效专利占比60%、失效占比26.7%、审中占比13.3%，其中，5件申请来自福田雷沃国际重工股份有限公司。山东省农业机械领域专利申请量高居全国第一,而国际申请量远少于江苏、上海、浙江,说明省内申请人应当积极寻求技术的全球化,强化海外保护意识。

山东省内情况,山东省农业机械领域专利申请的地市分布,按各地市的申请量可分为3个梯队,第一梯队:潍坊、青岛、济南,分别为2622件、1611件、1219件,第二梯队:泰安、济宁、临沂和淄博,分别为960件、941件、858件、786件,第三梯队:德州、烟台等地市,前两个梯队的申请量总和占山东省总申请量的74.9%,事实上,各地市的申请量多少由该区域分布的创新主体数量和规模决定。以潍坊市为例,潍坊作为山东省农机装备专利申请量最多的地市,其专利申请人数量也排在山东省第一位,多达631个。此外,山东省胜伟园林、福田雷沃重工和潍坊友容实业等专利申请量多的企业都位于潍坊市,上述3位申请人的申请量分别排在山东省第一、第四、第六位。

山东省农业机械领域专利申请排名前50位的申请人中,山东农业大学、青岛农业大学、福田雷沃国际重工股份有限公司分别排在前三名。排名前50位的申请人分布在山东省13各地市中,其中,青岛有11位、潍坊9位、济南6位、临沂6位、淄博5位、泰安3位、济宁2位、聊城2位、滨州2位、威海1位、德州1位、菏泽1位、日照1位。统计并分析排名前50位的申请人所属的地市和申请量发现:青岛虽然排名靠前的申请人数量最多,但申请总量并不是最多;泰安虽然申请人数量占据劣势,但申请总量排在山东省前列;聊城、滨州、威海、德州等地市申请人数量不多,申请总量也较少。这证明了山东省农业机械领域专利申请的地市分布与当地的创新主体数量和规模大小有关。排名前50位申请人中企业有25位、高校及科研院所17位、个人8位,企业申请人占50%,远高于全国的38.9%,可见,山东省申请量排名靠前的农机企业规模较大、技术创新能力较强。

山东省农业机械领域专利申请人共4200余位,潍坊、济南、济宁、青岛及临沂分别排在前五位,以上5个地市的申请人数量占山东省总人数的52.8%。其中,潍坊市不仅申请量排在全省第一,而且申请人的数量也排名全省第一,同时,排名前十位的申请人中有3位来自潍坊,这表明潍坊市的创新主体不仅数量多且规模大。青岛和淄博虽然申请人数量不占优势,但申请量优势明显,分别仅有青岛农业大学和山东理工大学位于申请人排名中的前十位,说明这两个地市的创新主体具有较高的研发热情和技术水平。

山东省各地市农业机械领域申请人类型对比,其中,潍坊市企业申量为64.1%,居全省之首,高校及科研院所和个人申请占比不大,这表明潍坊市农业机械的产业化发展进程居全省之首。济南和泰安作为专利申请总量排名第三、第四的地市,企业申请量仅占12.0%和11.9%,由此看出这两个地市相同的特点:高校及科研院所的专利申请量占比最大,说明其专利技术都只停留在研究层面,技术成果应用的少、转化率低。济宁和临沂两个地市的专利申请主要来源于企业和个人,高校及科研院所的申请量相对较少,这与两个地市缺少具有农业机械类专业的大专院校和涉及农业机械的研究机构有关。

下面对山东省农业机械领域重点企业和重点创新团队进行介绍:

(1)山东省某农业机械公司。该公司是国内联合收获机领域专利申请量最多的申请人,从2002年开始申请专利,到目前为止,共申请专利1057件,其中,涉及耕整机械、种植机械和收获机械方面的专利共231件，占总申请量的21.8%，该公司有效专利占总量的59.3%，40.3%的专利已经失效，仅有0.4%的专利申请还处于审查状态，向世界知识产权局申请5件PCT申请，但尚未进入国家阶段。该公司从2006年开始在耕整机械、种植机械和收获机械方面申请专利，其专利申请呈波动增长态势，2016年开始农业机械领域专利申请开始明显下降，这与最近两年农机市场整体下滑有明显关系，为节约成本企业不得不开始减少研发投入。专利申请类型比例为发明专利占16.9%，实用新型占83.1%，实用新型的比例远高于发明专利，表明该公司应当加大研发力度且注重专利布局，积极寻求专利权更加稳定、保护期限更长的保护方式。该公司申请的专利技术中收获机械占比为95.2%、种植机械为3.9%、耕整机械为0.9%，其中，在收获机械中粮食作物收获机械占为97.3%、牧草作物收获机械为2.7%，种植机械全部为播种机械占98%，耕整机械全部为耕地机械。从以上数据可以看出，该公司的专利技术以收获机械为主，种植机械和耕整机械方面的专利申请较少，其中，收获机械方面的专利主要集中在小麦、水稻、玉米等粮食作物，种植机械涉及的专利全部为水稻插秧机，在经济作物收获机械、移栽机械及整地机械等方面存在专利技术空白。该公司的重点专利技术主要涉及收获机的零部件及控制系统等。

（2）山东省某农业装备公司。该公司从2003年开始申请专利，到目前为止，共申请专利211件，其中，涉及耕整机械、种植机械和收获机械方面的专利共121件，占总申请量的57.3%，有效专利占54%、失效42.7%、审中3.3%。该公司2006年开始在耕整机械、种植机械和收获机械方面申请专利，从申请专利开始之初到2014年申请量稳步增长，2015年到现在专利申请量逐年下滑，作为国内农业机械领域的龙头企业，该公司还未开始在海外进行专利布局。该公司的专利申请类型比例为发明专利占36.4%，实用新型占63.6%，发明专利申请的比例明显较高，表明该公司注重专利申请的稳定性和长久性，但相比于国外龙头企业仍有明显不足。该公司农业机械领域专利申请中，收获机械占比为66.9%、耕整机械为31.4%、种植机械为1.7%，其中，在收获机械中粮食作物收获机械占83.9%、经济作物收获机械为16.1%，耕整机械中耕地机械占63.1%、整地机械21.1%、联合作业机械15.8%，而种植机械全部为播种机械。从以上数据可以看出，该公司的专利技术较为全面，覆盖了作物生产从整地到收获的全程机械化，而又注重收获机械的研发投入，牢牢把握当今农机装备的市场。该公司的收获机械主要涉及玉米、小麦、水稻、花生、棉花等作物，种植机械涉及的专利全部为小麦免耕精播，耕整机械方面既包含耕地机械和整地机械，还在联合作业机械方面进行了专利布局。该公司的重点专利技术主要涉及玉米收获及其零部件、花生收获机零部件及耕整机等。

（3）山东某园林公司。该公司申请的专利技术占比为耕整机械为56.5%、种植机械为35.2%、收获机械为8.3%，其中，在耕整机械中整地机械占78%、耕地机械占22%，种植机械中播种机械占98%、移栽机械占2%，收获机械中牧草作物收获机械占91.7%、经济作物收获机械占8.3%。从以上数据可以看出，该公司的专利技术以耕整机械为主，收获机械方面的专利申请较少，在粮食作物收获机械和联合耕整机械方面尚未开始进行专利布局。由于该公司主要致力于盐碱地改良和综合利用技术，所以耕整机械主要适用于盐碱地；种植机械涉及范围较广，主要包括小麦、水稻、玉米、棉花、牧草等作物；收获机械领域的专利技术集中于盐碱地的牧草收获，而在粮食作物收获机械方面的专利技术存在空白。该有限公司重点专利技术主要涉及种植机械和耕整机械等。

（4）山东农业大学某创新团队，在农业机械领域共申请91件专利，占山东农业大学农业机械领域申请总量的24.5%。该团队从2014年开始申请专利，到目前为止，专利申请逐年增长，年平均增长率为260.9%，其中，发明专利占34.4%，实用新型占65.6%，有效专利占59.3%、失效占13.2%、审中占27.5%，但申请的专利尚未开始运营。该创新团队的专利申请主要分布在收获机械和种植机械，占比分别为53.8%、46.2%，收获机械中主要以大蒜、大葱、果蔬等经济作物的收获为主，粮食作物的收获仅涉及玉米，种植机械中主要以大蒜、大葱的播种机和移栽机为主。该创新团队的重点专利技术主要涉及大蒜种植机和收获机。

（5）青岛农业大学某创新团队，在农业机械领域共申请138件专利，占青岛农业大学农业机械领域申请总量的42.8%。该团队从2008年开始申请专利，到目前为止，专利申请逐年增长，这与该团队主持和参与的国家项目有关，其中，发明专利占47.8%，实用新型占52.2%，有效专利占36.2%、失效57.3%、审中6.5%。在申请的专利技术中，已经有三件专利成功转让给企业和农业部相关研究院。该创新团队重点专利技术主要涉及根茎类作物种植机和收获机。

（6）山东理工大学某创新团队，在农业机械领域共申请59件专利，占山东理工大学农业机械领域申请总量的22.4%。该团队从2007年开始申请专利，到目前为止，发明专利占93.2%，实用新型占6.8%，有效专利占67.8%、失效占23.7%、审中占8.5%，申请的专利以发明专利为主且有效专利占比明显，可见，该团队注重专利申请的稳定性和长久性。虽然该团队的专利申请具有较高的质量，但是，申请的专利技术尚未得到有效运营。该创新团队的专利申请涉及收获机械、种植机械和耕整机械，占比分别为54.2%、25.4%、20.4%，收获机械中主要以玉米和小麦等粮食作物的收获为主，种植机械主要涉及小麦和玉米的精密播种，耕整机械仅涉及整地机械。该创新团队重点专利技术主要涉及玉米收获机及其零部件和小麦、玉米播种机。

三、现代种业专利情况

截至2017年12月，现代种业相关专利全球申请共159583件，根据相关文献将现代种业相关专利申请分为4类，分别是种子预处理、组织培养、杂交育种及基因工程育种。种子预处理技术是指在播种前对种子的处理技术，包括包衣、拌种及浸泡等技术；组织培养是通过从植物体分离出符合需要的组织、器官或细胞，在人工控制条件下进行培养以获得完整的再生植株或生产具有经济价值的其他产品的技术，是基于染色体变异或细胞杂交培育新植物品种的关键手段，同时也是各种育种手段中的基础技术；杂交育种是指利用具有不同基因组成的同种（或不同种）生物个体进行交配，获得所需要的表现性类型的方法，其原理是基因重组；基因工程育种泛指人为地精确干预作物的基因重组过程，利用测序技术对群体进行研究，然后通过序列辅助筛选或改造基因的方法来选育新的品种。

全球现代种业相关专利申请的总体发展趋势可以分为以下几个阶段：

（1）萌芽期（1909~1965年）：从1909年英国第一件专利开始，美国、德国、苏联、瑞士、西班牙等国家分别进行了相关的专利申请，主要涉及种子预处理和少量的杂交育种专利申请。

（2）发展期（1966~1984年）：在此阶段，种子预处理技术日渐成熟，杂交育种技术逐渐增加，同时，出现了少量诱导基因突变的育种技术，在20世纪80年代初期，辉瑞、诺华、孟山都等公司已经出现了零星的转基因技术申请。

（3）爆发期（1985~2000年）：在此阶段，转基因技术迅速发展，美国、日本、澳大利亚和加拿大的相关专利申请量迅速增加，造成全球专利申请量快速增长，在此阶段，中国专利制度建立，大量外国公司纷纷在中国布局转基因技术相关专利申请，而在此阶段国内申请大多为高校与科研院所申请，此时国内申请人布局的专利大多为杂交育种技术。

（4）成熟期（2001年至今）：在此阶段，国外专利申请数量趋于平稳，能加快育种速度的分子标记辅助育种技术快速发展，相关专利申请逐渐增多，转基因技术也继续发展，中国专利申请数量快速增长，使得全球申请数量继续上升，在此阶段的中国专利申请，呈现多种育种技术同步发展的格局。

美国、中国和日本是申请现代种业相关专利的主要来源国。在全球专利申请中，美国的专利申请量最大，为44991件，占全球专利申请总量的28.19%，中国相关专利申请量为39521件，占全球专利申请总量的24.76%，申请数量已经超过日本、澳大利亚、加拿大等国家，居全球第二位。

在各国现代种业相关申请中，基因工程育种相关专利申请量最大，而中国和美国的杂交育种相关专利申请量也较大，杂交育种是培育世界主要作物新品种的主要方式之一，而基因工程育种具有育种速度快，不受种属限制，可根据人类的需要，有目的地进行育种等优点，同时技术难度较大，从而成为世界上各个国家布局的热点。从国家分布上来看，美国的基因工程育种相关专利申请量居全球第一位，反映了美国较强的科研实力，中国在4个技术分支的申请分布比较均衡，其种子预处理和组织培养相关专利申请量均居世界首位。

从全球专利申请人排名中，陶氏杜邦公司的申请量最大，达到了8991件。2017年，中国化工集团宣布以430亿美元的交易额并购世界级农化和种子企业先正达，使其以2230件的相关专利申请量跃居至全球第四位，仅次于位列第二、第三位的孟山都和巴斯夫。在排名前20的申请人中，中国申请人包括中国化工、中国科学院、中国农业科学院、中国农业大学、南京农业大学、华中农业大学和浙江大学7位，但企业申请人只有中国化工1家，美国企业占据前20位申请人中的5位，且前两位均是美国企业，德国企业占据前20位申请人中的3位，日本申请人占据2位，瑞士、澳大利亚和荷兰分别占据一席。

国内专利申请中，北京市以4467件申请排在第一位，山东省排在第四位，申请量为2176件，从申请趋势上来看，北京市自1995年开始，申请量出现明显增长，在总量上与其他省市拉开差距，自2001年开始，江苏和山东申请量出现明显增长，但自2006

年开始江苏申请量增速明显,安徽自 2007 年申请量开始增长,但近 5 年增速明显,2014 年的申请量已经超过了山东,在 2015 年和 2016 年,申请量已经达到了全国第一位。

4 个分支中,基因工程育种的技术难度较高,而组织培养和种子预处理的技术难度相对较低,从技术分布可以看出,北京在基因工程育种方面优势明显,得益于全国主要申请人的聚集,比如中科院、中国农业科学院、中国农业大学等,山东省在 4 个方向的分布比较均衡,与江苏省的分布相似,而安徽省在种子预处理方面布局了大量专利。

北京的专利有效占比是最高的,达到了 35.23%,而江苏和山东基本与全国平均水平持平,安徽省的专利有效占比较低,同时,专利的利用率也是这几个省市中最低的,从企业申请占比可以看出,北京和山东的企业申请占比较低,多数申请集中在高校和科研院所,而从国际发展的经验来看,育种行业的产业化是较好的发展模式,也能带来较高的经济收益。山东省的企业申请有效率处于全国平均水平,但企业申请的利用率偏低,总体而言,山东省应当结合自身企业发展特点,培育一批育种行业的龙头企业,带动当地育种行业的产业化进程,同时,加强高校科研院所的专利对企业的许可,或者进行合作研发,将技术更好地转化为生产力。

从中国专利申请人排名可以看出,中国科学院及下属各院所申请量达到了 2198 件,居第一位,在国内申请的前 20 位申请人中,国内申请人全部是高校或科研院所,达到了 17 家,而其他 3 个申请人陶氏杜邦、孟山都和巴斯夫均为国外企业,对比全球申请人可以看出,国内育种技术的产业化程度还比较滞后,大多数技术掌握在国外企业或科研院所中。山东农业大学以 219 件申请排在第 18 位。从山东专利申请人排名可以看出,排名前十位的申请人全部是高校或科研院所,山东农业大学和山东省农业科学院是申请量最多的两位申请人,排名第十位的山东省林业科学研究院申请量仅为 31 件,山东省的育种相关企业应加强相关专利布局。

山东省现代种业相关专利申请共有 2176 件,其中,企业申请仅有 340 件,济南和青岛的专利申请量最多,接近 600 件,其次是泰安;而在企业申请方面,青岛的企业申请数量最多,同时企业的数量也最多,潍坊的企业申请数量为 55 件,排在第二位,企业数量为 14 家,而济南、烟台和淄博的企业申请数量相当,但淄博的企业数量较少,仅为 5 家。

青岛市现代种业相关专利申请量为 596 件,其中,企业申请为 90 件,排在全省第一位。企业数量为 34 家,也排在全省第一位。从企业的地域分布上来看,并没有明显集中的区域。山东省排名前十的申请人中,青岛农业大学、山东省花生研究所、中国海洋大学、中科院海洋研究所均位于青岛,申请人中高校院所的占比较高。从企业的技术分布上来看,有 20 家企业申请为种子预处理技术,如种子的包衣或拌种,或在种植前的种子处理,9 家企业申请为组织培养技术,传统的杂交育种企业仅两家,分别是青岛金妈妈农业科技有限公司和青岛创升生物科技有限公司,青岛金妈妈农业科技有限公司注重于蔬菜的杂交育种,专利申请质量较高,有效专利数量排在本省的前列,有较好的研发实力。在先进技术方面,青岛捷安信检验技术服务有限公司申请了一件分子标记的相关专利,目前还在审查当中。青岛自身具有蔬菜花卉育种的产业园青岛(移风)国际蔬菜花卉种子产业园,青岛企业应当结合相应产业园和自身优势,增强产业聚集,同时结合高校院所较多的特点,大力推进产学研一体化。

济南市现代种业相关专利申请量为598件,排名山东省第一位,拥有山东省的主要申请人山东省农业科学院。其中,企业申请为32件,企业数量为17家。从地域分布上来看,相关企业如连发农业科技、山东奥克斯生物技术有限公司、山东鲁研农业良种有限公司、中玉金标记(北京)生物技术股份有限公司、山东天泰种业有限公司及济南麒麟花卉有限公司集中在济南市历城区工业北路的农业科学院附近,并且相关申请多数为与农科院的合作研发申请,在该地区形成了以山东农业科学院为主的聚集区;同时,历城区桑园路也聚集了一批实力较强的种子企业,如黎明种业、登海宇玉种业及伟丽种业等。从技术分布上来看,传统的杂交育种企业有4家,同时,由于山东农业科学院的带动作用,相关企业也进行了分子标记等基因工程育种方面的专利申请。济南市在山东省农业科学院的带动下,聚集了一批优秀的种业企业,但还未形成整体实力较强的龙头企业,应注重产业资源整合,培育龙头企业,同时加大科研院所对企业研发的支撑力度。济南虽然企业数量少于青岛,但已经形成了一定规模的产业聚集区,并且能够依托山东农业科学院的科研实力进行合作研发,在这两方面走在了山东前列。但也应该注意到,济南的企业近年来申请量增长不足,表明研发投入有所下降,同时,在基因工程方面的专利申请较少。济南应当进一步加强企业与相关科研院所的合作,对聚集区的企业给予相应的政策扶持,同时,重点发展基因育种技术,对于发展基因工程育种技术的企业给予资金支持。

烟台市现代种业相关申请为105件,与青岛、济南差距较大,排在山东省第五位。其中,企业申请30件,相关企业数量为14家,并具有本省的种业龙头企业登海种业股份有限公司。从地域分布上看,主要分布在莱州市、莱阳市,经济技术开发区和高新区;从企业申请的技术分布上来看,传统的杂交育种企业有6家,组织培养技术有3家,吉林长白绿叶人参产业有限公司和海阳市黄海水产有限公司分别申请了分子标记相关专利申请,目前还在审查当中。烟台的高校院所对产业的支撑能力较弱,但种子产业发展与临近地市相比并不落后,应进一步培育壮大本省龙头企业登海种业,鼓励其发展基因工程育种技术,并发挥省内高校院所的研发优势,加强合作。

潍坊市现代种业相关专利申请为125件,排在山东省第四位,其中,企业申请数量为55件,排在山东省第二位,潍坊市具有育种相关企业14家,从地域分布上看,主要分布在寿光市和滨海经济开发区;从技术分布上来看,多为蔬菜育种企业,传统的杂交育种企业有6家,组织培养技术有3家,山东寿光蔬菜种业集团/产业集团有限公司是本省分子标记领域申请较多的企业。潍坊市的相关企业已经开展了基因工程育种的相关研究,取得了一定的成果,应当鼓励相关企业进一步加大研发投入,加强与科研单位的合作,对于重点产业和主要企业给予扶持,政府牵头大力推广优势企业的成熟产品,鼓励本省种植,提高相关企业竞争力。

滨州共有育种相关企业10家,企业分布未形成聚集区域,技术领域上来看,主要有杂交育种、组织培养和种子预处理,位于惠民县的农兴种业有限公司拥有5件有效的专利申请,有效专利申请量处于全省企业第一位,但近年来申请量有所减少,主要领域涉及棉花的杂交育种。

在基因工程育种过程中，主要包括分子设计（通过对育种程序中的诸多因素进行模拟、筛选和优化，提出最佳的符合育种目标的基因型以及实现目标基因型的亲本选配和后代选择策略，以提高作物育种中的预见性和育种效率），基因编辑技术｛对现有基因有目的的进行编辑［删除或添加（转基因）］，实现或消除某一性状｝，分子标记辅助育种技术（分子标记辅助育种是利用分子标记与决定目标性状基因紧密连锁的特点，通过检测分子标记，即可检测到目的基因的存在，达到选择目标性状的目的），其中，分子标记辅助育种作为一种辅助手段能大幅提高传统育种的效率，而且基因型并未进行改变，技术难度相对较低，山东省相关企业可以引进。同时从全球主要申请人陶氏杜邦、孟山都以及国内主要申请人的前三名（中国科学院、中国农业科学研究院、中国农业大学）的申请分布和申请趋势来看，基因编辑技术一直以来都是研究的热点，而分子标记辅助育种技术逐渐成为近年来的研究热点，其中，分子标记辅助技术由于其不需引入外源基因，使得操作难度相对较低，同时满足了普通民众对农产品安全性的需求，最关键的是，作为一种辅助手段，它能够与传统育种技术有机结合，提高育种效率，因此，山东省相关企业在寻求技术突破时应首先考虑分子标记辅助育种技术。

（1）分子标记辅助育种技术

山东共有分子标记相关申请293件，大部分集中在山东农业大学、山东省农业科学院等科研单位。北京和江苏分别拥有913件和540件。在山东省企业中，分析标记相关申请仅有14件，而北京企业拥有123件，广东和江苏分别拥有96件和43件；山东的企业申请比较分散，未形成领头企业，山东寿光蔬菜种业集团独立申请了番茄分子标记相关专利，还有山东卧龙种业（花生）、山东省华盛农业股份有限公司（辣椒）、山东奥克斯生物技术有限公司（奶牛）、吉林长白绿叶人参产业有限公司（人参）、青岛捷安信检验技术服务有限公司（小麦、棉花），而山东东方海洋科技股份有限公司、章丘伟丽种苗有限公司、海阳市黄海水产有限公司、山东纪华家禽育种有限公司分别与相关高校及科研单位合作申请了相关专利。

（2）基因编辑

山东省共有基因编辑相关申请284件，北京和上海分别拥有1518件和393件，山东省的相关专利申请大部分集中在山东农业大学、山东大学、青岛农业大学、山东省农业科学院。在山东省企业中，仅有山东连发农业科技有限公司的1件有关玉米抗除草剂基因的申请。根据山东省的企业现状，应考虑优先发展分子标记辅助育种技术，在引进途径方面，山东省的科研院所如山东农业大学、山东省农科院等已经具有较好的研究成果，企业应结合自身技术特点选择相应的科研院所进行合作，省外合作单位有中国农业大学、华中农业大学、中国农业科学院等，对于基因编辑技术，省内申请人主要有山东大学、山东农业大学、青岛农业大学等，省外申请人主要有中国科学院遗传与发育生物学研究所、中国农业大学、中国农业科学院生物技术研究所。

育种行业具有研发投入大，周期长的特点，山东省内企业在培育新品种方面大多采用传统杂交育种方法，周期较长，而且对作物的性状改善有一定的局限性，目前，发达国家及国内外主要申请人均将大部分精力投入了基因工程育种的研究，对于山东的企业来说，要发展基因工程育种，与相关科研单位合作是较好的发展路径，已经有数家企业开展了相应的合作研究，应当继续加大合作研发的力度，使科研机构的研究能够与产业结合，创造实际效益，这也符合我国倡导的产学研一体化的战略目标。同时，育种技术的特点使其较适合进行合作申请，相关企业可以提出种子性状需求，科研单位进行相关基因的寻找或编辑工作，企业再进行育种环节的优化，推出成熟产品。

四、农产品加工领域专利情况

农产品加工领域全球专利申请共计621545件，从农产品加工领域的专利出现以来，一直到1962年技术处于萌芽期，发展较为缓慢，1963~2001年专利申请量逐年上升，在2002~2009年发展趋于平稳，技术处于停滞期，而在2010以后，农产品加工技术又一次进入飞速发展期，全球的相关专利申请量增速较快，创新势头较为强劲。中国在农产品加工领域的技术起步较晚，1985年才出现相关专利申请，但之后的发展一直呈稳步上升趋势，2002~2009年全球技术发展平稳期，中国专利的申请量依旧是稳步增长。在2010年以后，技术进入飞速发展期，中国专利申请量的激增也是引起2010年后全球专利申请量飞速发展的主要原因，2010年后专利申请的总体趋势与全球的发展状况类似。

农产品加工领域的专利申请主要集中在中国、日本、美国、韩国、德国。中国申请量占5个国家总和的44%，共计199970件，排在全球第一位，自2006年申请量超过日本后，进入飞速发展期。之后一直处于领先位置，在2017年相关专利申请略有回落。日本的专利申请量较为稳定，增幅不明显，申请量占5个国家总和的27%，自2005年以后发展缓慢。美国申请量占5个国家总和的15%，1999~2014年稳步增长，之后出现回落。韩国和德国总的申请量占比14%，韩国在1999年以后一直保持稳定的增长趋势。

农产品加工的技术原创国集中在中国、日本、美国、韩国、德国、丹麦等地，中国原创申请数量远超其他各国，日本虽然紧随其后，但日本国内申请有相当多的一部分来源于中国和丹麦，日本的原创专利申请数量不多，但日本以及美国、德国非常重视国际申请，在世界知识产权组织中申请了较多专利，中国虽然原创专利数量较多，但目标区域集中在日本，国际申请的数量远低于发达国家，只有687件。目标国家或地区表示了农产品加工领域的主要市场为中国、日本、美国、韩国、欧洲等地，中国国内的别国申请主要来自日本和美国。

将农产品加工领域专利申请分为蔬菜水果类、粮食谷物类、肉类、蛋乳类以及酒类。蔬菜水果、粮食谷物、肉类、蛋乳类的专利申请在2006年以前，一直保持相似的申请量，但2006年以后，不同农产品的专利申请趋势发生变化，不同类别的专利申请数量差距逐渐变大，蔬菜水果类加工的申请量逐渐成为研究的重点，其次是粮食谷物的专利研究，蛋乳类成为近7年内排名第三的研究。酒类申请虽然一直少于另外4类，但其一直呈稳步增长的状态。为避免中国专利激增而导致全球市场的不稳定性，而将中国的专利剔除，再一次针对蔬菜水果类、粮食谷物类、肉类、蛋乳类、酒类的分析专利申请变化趋势，发现除中国外的区域在蔬菜水果类、粮食谷物类、肉类、蛋乳类的申请比例类似，且从2003年以后技术呈现回缩趋势，但蔬菜水果类呈现较大比例，同时，酒类申请虽然一直少于另外4类，但其一直呈稳步增长的状态。

全球前十名主要申请人大多属于国际综合性公司：联合利华、雀巢、卡夫等。而中国申请量最大的是江南大学，排名第12名，另外浙江大学排第32名，浙江海洋学院排名第44名，山东的九阳股份有限公司排第89名。中国的主要申请人是高校研究院所。同时，国内的相关企业较为分散，无法形成较有优势的核心技术，针对这种情况，可以通过产业聚集区的形式发展相关的农产品加工技术。

国内申请情况，目前专利申请量较多的省份为：安徽、江苏、山东、广东、浙江，浙江的技术发展较早，但从2007年开始被江苏、山东、广东赶超，安徽在2012年赶超山东，之后处于领先位置，山东的专利申请量为18478件，排在全国第三位，仅次于安徽和江苏，山东从2011年进入快速发展期，但专利的有效性仅为18.84%，低于全国的平均有效比例20.13%，主要是因为撤回和权利终止的专利比例较大，证明申请人在进行专利申请或者维持的过程中，因为专利质量不高或者转化率低，没有进行专利的维持，专利的运营和转化需要加强。山东的企业申请所占比例48.79%比全国企业申请的比例要低，科研院所的申请比例10.25%，也低于全国科研院所的申请比例。但山东的专利在质押、转让、海关备案等状态的专利件较多，说明山东存在高质量的专利以及已经产生明显经济效益的专利。但山东的国际申请较少，仅为31件，远低于广东的130件。

在农产品加工领域，山东在各个分支的技术发展较为均衡，其中，粮食谷物和蛋乳类属于略有优势技术，但乳制品的优势主要来源于豆浆制品，除去九阳豆浆的豆浆制品，山东的蛋乳类排名也较为靠后。山东蔬菜水果类加工、酒类加工略微弱势，但啤酒类属于全国第一省份。结合国际上的发展趋势，尤其应加强蔬菜水果类的技术发展和专利布局。

中国农产品加工领域前20位主要申请人，其中有13位属于高校研究机构，主要申请企业有6位：内蒙古伊利实业集团股份有限公司、哈尔滨膳宝酒业有限公司、内蒙古蒙牛乳业（集团）股份有限公司、光明乳业股份有限公司、安徽燕之坊食品有限公司，山东九阳股份有限公司排第17位。综合分析，山东高校在农产品加工领域的研究不够充分，优势企业数量较少。

山东申请情况，在农产品加工领域，山东省申请量最大的地市为：青岛、济南、烟台。青岛的申请量远超过其他各个地市，济南、烟台、威海、潍坊4个地市的申请量也有明显的优势，申请量较少的地市是东营、枣庄、日照、莱芜。各个地市的申请人数量也有较大区别，青岛、济南、烟台的申请人数量明显多于其他地市，威海、潍坊、淄博、泰安、临沂、济宁的申请人数量较多，德州、滨州、菏泽、聊城的申请人数量较少，但东营、枣庄、日照、莱芜的申请人数量过少，需要加强对农产品加工企业的培育和扶持。

青岛的专利申请量大，且专利申请集中在2014年后，有55%的专利处于审查过程中，说明青岛相关技术的后续发展较好，但国际申请数量较少，应加强在国际申请方面的专利布局。青岛的主要企业在农产品加工领域的技术涉及：各种配比的功能性保健品制作，也有酒类加工、畜类禽类加工、水果蔬菜保鲜及各种休闲食品的制作。总体来看，各个企业的申请量较大，但专利有效比例较低，只有青岛嘉瑞生物技术有限公司、山东新希望六和集团有限公司和青岛建华食品机械制造有限公司的有效专利数量较多，几个主要申请人的专利申请失效数量较大。由此可见，青岛应该提高相应的专利质量，加强农产品加工技术的深化。

济南有效专利比例大，科研院所申请比例高，但企业的申请比例较低，其技术转化应用需要加强，国际申请的数量在山东省较多，科研能力强。济南的主要企业在农产品加工领域的技术涉及：面食机械、蔬果保鲜、酒类加工、农产品初加工。九阳股份有限公司属于龙头企业，专利申请量大且有效性高，在专利运营方面也已经取得了一定的经济效益。济南的其他各个公司也进行了专利的申请，虽然专利申请的量不大，但有效专利的数量远高于青岛。济南应该加强专利的运营和转化，以龙头企业为主发挥其专利运营经验优势，济南的高校科研院较多，应加强与相关企业合作。

烟台作为专利申请的第三大城市，个人申请较多，而个人申请专利的质量普遍不高，也说明烟台企业的创新能力略有弱势，应该加强企业对专利进行布局的意识。烟台的主要企业在农产品加工领域的技术涉及：海产品加工、葡萄酒、蔬菜水果加工保鲜、功能性保健品。烟台的主要申请企业申请专利数量虽然不多，但企业分布均匀，专利质量较好，有效专利分布均衡，比例较高。烟台应该以区域性的产业聚集区为着力点，综合聚集区优势，发展更为先进的技术。

从威海开始，申请人数量有大幅减少，说明相关企业数量不足，但威海的企业申请比例较多的同时专利整体的有效性较低，说明威海的企业创新势头强劲，但创新能力需要加强，淄博、泰安的企业创新能力较差。对于其他城市，专利质量较好的城市有：潍坊、济宁、滨州、莱芜，专利的后续发展力需要加强的城市为：东营、枣庄、莱芜，同时，东营、枣庄、日照、莱芜的个人申请比例过高，科研院所申请比例过低，说明企业、科研单位的数量、创新力不足，需要加强相关的政策指引。威海的主要企业在农产品加工领域的技术涉及：海产品初加工精加工、保鲜、休闲食品加工、功能性保健品。威海各个企业的申请区别较大，申请量最大的申请人大部分专利处于审查过程中，有效专利的比例较低。针对性研究企业的技术较为先进，例如威海环翠楼红参科技有限公司，关于高丽参类食品的加工较有优势。威海结合地域特点，应该加强海产品加工方面的技术深度。

山东农产品加工领域产业聚集及主要申请人情况：

(1) 蔬菜水果类

产业聚集区主要有青岛城阳和滨州博兴。青岛城阳在蔬菜水果加工方面的特点是：申请人数量大且集中，产业链较全，但有效专利的比例过低，技术不够成熟，在蔬菜水果的初加工方面技术较有优势，蔬菜水果精加工方面虽然专利申请量大，相关企业的数量大，有较多专利尚处于审查过程中，但有效专利数量过少。青岛应该加强对蔬菜水果精加工的技术研究。滨州博兴在蔬菜水果加工方面以初加工为主，精加工企业较少，在蔬菜水果初加工方面的专利质量好；山东瑞帆果蔬机械科技有限公司、山东华誉机械设备有限公司、山东省博兴县博精特食品机械有限公司的技术发展较好。如果要实现更好的经济效益,应该加强对蔬菜水果精加工企业的技术引导。

山东省蔬菜水果加工的前十位申请人中有3个企业:威海新异生物科技有限公司、青岛正能量食品有限公司、青岛巨能管道设备有限公司,4个高校及科研院所:山东农业大学、山东理工大学、青岛农业大学、山东省果树研究所,3个为个人:刘韶娜、刘毅、苟秀芹。对于个人申请,刘韶娜、刘毅、苟秀芹的所有申请都是发明申请,申请时间集中在2014年、2015年,且都处于审查过程中,涉及的内容比较类似,都是不同配比的粥、薯片、罐头、丸子等水果蔬菜产品。山东农业大学在蔬菜水果初加工和保存保鲜方面都有相关专利申请,且在水果蔬菜的保鲜方法技术较好。山东理工大学也主要涉及蔬果初级加工和保鲜的技术。两个高校的状况一致。授权比例高,但授权后因未缴年费终止或放弃的专利数量也很高,说明后续转化应用欠缺,与企业需求脱节,需要加强专利的运营,与企业积极开展合作。

在蔬菜水果初级加工中,山东瑞帆果蔬机械科技有限公司的专利涉及蔬果清洗、杀菌、脱水及一体化机械。专利有效率为65.51%,质押专利4件,转让专利8件,专利已经运营。专利授权比例较高,转化应用较好。金乡县鲁源食品有限公司专利涉及洋葱剥皮去尾装置、大蒜清洗甩干剥皮分瓣装置、蔬果脱水装置。专利有效率为3.33%,但授权后未交年费失效的专利占66.6%。专利授权比例较高,但后续的转化应用欠缺。上述企业和科研院所可以合作,促进科研成果转化。

在蔬菜水果精加工领域,山东有效比例低于全国的有效比例。威海新异生物科技有限公司主要涉及酒类制作、快捷食品、复合食品、休闲食品制作,专利大部分属于审查过程中。青岛正能量食品有限公司主要涉及功能保健品、果冻火腿罐头、乳饮料,青岛巨能管道设备有限公司主要涉及休闲食品加工,两家公司专利全部属于审查过程中。青岛众地食品有限公司的专利主要针对坚果的生产工艺,所有专利全部撤回失效。青岛金佳慧食品有限公司以水果坚果蔬菜制备的各种功效的保健品居多,例如提高免疫力、改善骨质疏松、缓解疲劳、缓解亚健康、降低血脂等功能性保健品,因撤回而失效的专利占比61.9%,其他专利为在审状态。综合分析:蔬菜水果精加工领域的专利质量有待提高,需要集中力量发展重点技术。

在蔬菜水果保鲜领域,山东营养源食品科技有限公司专利有效比例高,审查过程中专利数量较多,技术较为先进且技术一直处于进步的阶段,可以作为省内合作对象。

(2)粮食谷物类

产业聚集主要有威海环翠和济南槐荫,威海环翠在粮食谷物加工领域申请人较多且集中,产业链较全,缺少粮食谷物初级加工的企业。虽然粮食谷物精加工方面有许多相关企业,但有效专利数量基本为零,技术发展不足,缺乏高质量技术。济南槐荫的企业数量较少,但是存在龙头企业—九阳股份有限公司,其技术优势明显,专利申请量大,且有效专利数量多,部分专利已经通过运营获得经济效益,以该企业为中心的产业聚集区,应加强优势企业的地位。

排除个人申请,粮食谷物加工在山东前十位申请人中有9个企业和1个研究所,公司主要是:九阳股份有限公司、青岛正能量食品有限公司、威海红印食品科技有限公司、青岛金佳慧食品有限公司、青岛双福制粉有限公司、山东银鹰炊事机械有限公司、威海新异生物科技有限公司、青岛聚能管道设备有限公司、章丘市炊具机械总厂。

九阳股份有限公司的专利有效比例高，专利主要为各种类型的面条机、面食机、电蒸箱，某些专利已经产生经济效益。山东济南银鹰炊事机械有限公司相似专利质量好，涉及内容主要为面条机和面食机，但其专利涉及内容单一。其他企业申请专利数量虽多，但有效专利数量过少，且大部分都针对粮食谷物的精加工，所以，山东应该加强粮食谷物精加工的技术研发。

（3）肉类

产业聚集区主要有潍坊诸城和威海荣成，潍坊诸城在肉类食品加工方面申请人集中，主要涉及禽类畜类肉类食品的初加工和精加工，缺乏肉类的保鲜保存类的相关企业。在肉类初加工和精加工方面都有发展较好的企业，尤其是在畜类禽类肉制品的初加工方面，各个企业的发展较为均衡。威海荣成的申请人较为集中，主要以海产肉类的加工为主，大多数企业都进行肉类食品的精加工，大多数都是最近几年进行申请，有效专利数量过少，技术发展处于比较初级的阶段。

肉类食品在山东前十位非个人申请人中有8家企业和2个高校，企业主要有：青岛建华食品机械制造有限公司、山东新希望六和集团有限公司、青岛佳日隆海洋食品有限公司、山东惠发食品股份有限公司、山东六和集团有限公司、青岛新萌信息技术有限公司、泰祥集团技术开发有限公司、山东好当家海洋发展股份有限公司。

主要申请人青岛建华食品机械制造有限公司申请专利69项，主要涉及动物扯皮、脱毛、宰杀箱等牲畜屠宰装置。专利授权比例高，但授权后未进行维持、放弃的比例较高，导致专利失效比例高。山东新希望六和集团有限公司的专利涉及禽类屠宰和加工装置。青岛佳日隆海洋食品有限公司主要是对海参的加工，包括含片以及口服液等的加工，但授权的比例较低。

中国海洋大学的专利涉及鱼类、贝类、虾类的加工、保鲜、重金属去除、特殊物质提取，专利质量较好，研究技术较为先进，但授权后放弃或终止的专利数量也较多，缺乏后续的转化和利用。青岛农业大学主要涉及禽类、畜类的杀菌、保鲜、初加工，专利质量较好。

（4）蛋乳类

山东在蛋乳类加工领域的优势主要依赖于制造仿乳制品豆浆的企业九阳股份有限公司，其他企业的有效专利数量较低，山东在蛋乳制品的加工、保鲜等方面较为欠缺。产业聚集区主要有青岛莱西，青岛莱西在蛋乳类食品加工方面申请人集中，主要涉及蛋乳类加工的设备和制品，但在相关领域的有效专利数量较少，技术研究尚处于起步阶段。

乳制品在山东前十位非个人申请人中有8家企业和2个高校研究所，公司主要是：九阳股份有限公司、山东坤泰生物科技有限公司、青岛大嘴网络技术有限公司、青岛正能量食品有限公司、青岛慧能多农业发展有限公司、山东禹王生态食业有限公司、山东阳春羊奶乳业有限公司、青岛休闲食品有限公司。

主要申请人九阳股份有限公司主要涉及仿乳制品豆浆机，专利有效比例高，国内排名第一。潍坊山东坤泰生物科技有限公司，潍坊山东阳春羊奶乳业有限公司都涉及羊乳饮品、含乳饮料，专利大部分为审查过程中。

济南大学的专利主要涉及乳制品的制备、杀菌、脱除三聚氰胺、乳酸饮料、豆浆机等，大部分专利都处于审查过程中。

（5）酒类

山东在啤酒领域排名全国第一位，葡萄酒领域发展也略有优势，可以通过加深相关技术的研究，巩固领先地位。产业聚集区主要有济南历程，济南历城在酒类方面申请人集中，主要有各种酒类的加工方法和设备。

主要申请人中，山东中德设备有限公司、青岛啤酒股份有限公司主要涉及啤酒生产装置，专利授权比例，但山东中德设备有限公司授权后未维持比例高，导致失效比例高，青岛啤酒股份有限公司维持状况好。山东理工大学、齐鲁工业大学、山东农业大学专利有效率高，且部分已产生经济效益。

在其他酒类方面，青岛休闲食品有限公司的专利集中在农产品酒，但全部失效。山东景芝酒业股份有限公司主要涉及酒的生产方法和装置，专利有效率高，未进行专利的运营。烟台张裕集团有限公司涉及葡萄酒酿造、颜色保持等方法，专利授权比例较高。

五、农产品质量安全领域专利情况

农产品质量安全全球专利申请99452件，从申请趋势上看，全球范围内与农产品质量安全相关的专利申请呈波动增长态势，自2009年后增速明显加快。1998年之前，全球与农产品质量安全相关的专利申请增速缓慢，20世纪末就着手转型的共同农业政策也将重点从保障农产品数量转移到了提升农产品质量安全，并以此作为发展农业、改善农村环境、提高农产品国际市场竞争力的重要手段，之后农产品质量安全技术开始快速增长。2009年后，随着中国政策及标准的不断完善，对农产品质量安全重视程度越来越高，专利增速明显加快，并带动全球专利数量增长。

从分布上看，中国、美国、日本是农产品质量安全相关专利申请的主要来源国。中国以30962件位于第一位，占全球申请总量的31%，美国、日本专利申请数量均低于中国，分别位于全球第二位和第三位。

对于农产品质量安全全球申请流向，中国是最主要的技术来源国，日本申请人较重视中国市场，而中国申请人较注重美国市场。美国申请人除在本国有大量申请之外，在日本也有大量申请，对日本市场较为重视。中国、美国、日本在市场方面，形成一个循环，中国在美国申请较多，美国在日本申请较多，日本在中国申请最多。除此之外，相对于中国而言，美国和日本受其他国家申请人重视，专利竞争较为激烈。

全球排名前十位的申请人中，排名第一位的为中国申请人浙江大学，专利申请量为533件，其次为美国的辉瑞公司、日本的日立公司，可以看到排名靠前的中国申请人均为高校，而其他国家排名靠前的申请人绝大多数为企业。应当鼓励企业进行专利申请，同时促进高校专利转化，加强产学研的力度，而中国高校在该领域具有较强的研发实力。

国内情况，整体上看，农产品质量安全产业在地域上分布相对较为集中，全国30962件申请主要集中在江苏、北京、广东、浙江、山东等省市。整体上看，申请量较大省市均为沿海区域。山东省申请量为2356件，排在第五位，排在第一位的江苏申请量为3091件，差距并不明显。

从申请趋势上，5个省市均呈现稳中有升的增长趋势，且在2010年之后增速有明显增加。2010年以前，北京的相关专利申请量优势明显，且增长趋势，高校为主要申请力量。同年，江苏省出台《江苏省农产品质量安全条例（草案）》，之后江苏省申请量上升速度加快，跃居第一位。山东省农产品质量安全专利申请量居全国第五位，呈现波浪型上升趋势。2011年，专利申请量增速明显，年申请量已经超越广东，在2014年超越了浙江。

前20位国内申请人中，全部为大专院校和科研单位。浙江大学以499件居于第一位。其中江苏申请人5位，占据前20位申请人的40%，与江苏省整体排名一致。北京申请人4位，仅低于江苏省1位，且中国农业大学排名第2位。山东申请人仅有山东农业大学，居于第20位，与浙江大学专利数量相差较大，相较于其他省市还有待提高。

国内申请人类型分布，全国企业、高校院所、个人占比分别为42.33%、42.16%、15.51%。江苏省高校院所申请人占比最多，其次是企业、个人，与其他省市对比无特别优势；北京市高校院所占比最多，为60.59%，相比于其他省市是突出的优势，可以加强科研单位的成果利用；广东省企业科研院所占比最多，专利运用上更具有优势；浙江申请人高校院所占比为57.77%；山东省高校院所占比最多，与其他省市对比，个人申请占比最多，达25.23%，应提升其他创新主体专利申请的意识和布局。

从法律状态看，广东有效专利占比最多，为37.47%，在一定程度上说明广东省申请的专利效用足一些，同时广东省在审专利量也相对较多，会有一些后发优势。浙江省失效专利占比38.38%，在5省之中最多。山东省专利失效量多于专利有效量，应提高专利申请的质量与效用。

从申请类型来看，前五名省市发明申请量均为实用新型的2~5倍，其中江苏省发明申请量最多为2515件。前五名省市中山东省实用新型申请量最少，为503件。从专利利用率来看，广东省专利利用率最高为5.1%，广东省企业申请人占比较多，且失效专利较少，所以专利利用率相较于其他省市较高。山东省专利利用率为4.9%，可以进一步发挥有效专利的作用，通过专利筛选，带动经济效益增长。

对农产品质量安全相关技术中的检测、监测和追溯三种技术进行分析，全国30962件申请中，检测技术专利申请量最多，占比56%。江苏在监测、追溯技术专利储备处于前列，北京在检测技术专利申请量最多，技术较为成熟。山东省检测技术专利申请量较少，该分支目前技术较为成熟，创新难度大，可以有效利用现有技术。监测技术申请量增长比较迅速，是研究的重点。山东省的追溯专利申请排名相对靠前，且农产品安全可追溯技术申请量逐渐增多，正日益受到关注，可以通过该分支的研发实现技术发展。

山东省专利情况，山东省的农产品质量安全领域专利分布中，青岛市专利申请860件，居于山东省首位，与济南市同位于第一梯队；潍坊市、烟台市、泰安市专利申请分别为211件、150件、124件，处于第二梯队，与第一梯队申请量相差较大；剩余12市为第三梯队，专利申请量均在100件以下。山东省专利区域分布差别较大，应加强第二梯队、第三梯队研发的热度，实现技术突破。

前十位山东省重要申请人多为大专院校和科研单位，1位为个人申请人。山东农业大学专利申请量 78 件，居于山东省首位，结合中国重要申请人排名，与全国前 20 位申请人申请量差距较大，应加强专利布局。

山东省各地市申请人类型分布中，青岛市在企业、个人、高校院所的数量均处于前列，济南、泰安、淄博高校院所数量较多。其他地市可以加强与高校的合作，实现技术突破。

同时考虑专利增长率和创新主体数量两个因素，山东省专利资源分布不均匀，以专利存量和创新主体数量的均值为分界线，都在均值以上的为优势城市，都在均值以下的为劣势城市。山东省除了青岛、济南、潍坊、烟台之外，其他城市专利存量和创新主体数量都在均值以下，为弱势城市。对弱势城市，还需要进一步提升专利申请意识。

对山东省前三位主要申请人进行技术标引，可以看到均集中在技术较为成熟的检测技术上，对于目前的热点技术监测和追溯申请量较少。可以通过热点技术的追赶实现超越。相较于其他分支，山东省在追溯上更有优势且是目前关注度较高的分支。

农产品质量安全追溯技术的实现方式主要包括：编码识别、定位追踪、条形码、实时监控、近距离通信、区块链。其中，近距离通信技术随时间变化专利申请量不断增加，是目前申请的热点；区块链是实现农产品质量安全追溯的新兴技术，各大巨头都在研究，值得申请人关注，在 2017 年专利未完全公开的情况下仍然呈现明显的增长趋势，虽然专利申请还较少，但是在产业上已经有了较多应用，是当下前沿科技公司的研发热点，山东有一定基础，对于农产品质量安全的认证意义非凡。区块链将会在物联网农业、农产品溯源、农村金融等 6 大领域运用，并推动产业发展。

山东省在区块链技术方面已经有了一定的产业和研究基础，2017 年 6 月，山东省青岛市北区发布了关于加快区块链产业发展实施意见，发布了区块链技术在政府管理、跨境贸易、供应链管理、供应链金融、大健康产业、公示公证、城市治理、社会救助、知识产权产业化、工业检测存证等十大领域的转化应用。2017 年 9 月 12 日，青岛发布了"链湾"白皮书，计划成立全球区块链中心，建设青岛"全球区块链+"创新应用基地。"链湾"项目通过税收优惠、房租补贴等吸引区块链企业入驻。截至目前，已有布比网络技术、金股链科技、众签科技、数链科技、物链湾信息技术、云松区块链咨询等 30 多家区块链相关企业落户青岛。2017 年 12 月 29 日，青岛国际沙盒研究院在崂山区发布了全球首个基于区块链的产业沙盒"泰山沙盒"。"泰山沙盒"的发布证实了国内区块链技术领域知识产权向境外输出的重要开端。山东省区块链技术应用创新中心 2017 年在济南成立，创新中心由山东省科学院、山东大学、齐鲁工业大学等山东省内从事区块链技术及其应用研究和产品研发的单位共同合作组建。在此基础上对区块链技术相关专利进行分析。

截至目前，中国共申请区块链技术相关专利 1104 件，其中发明申请 1084 件，实用新型 16 件，外观设计 4 件。该技术起源于 2014 年，为美国日出科技集团有限责任公司进入中国的 PCT 申请，随后中国申请人关于区块链的技术呈现爆炸式增长，专利申请势头迅猛。截至目前，共有 937 件处于实质审查状态，公开 134 件，授权仅有 30 件。要及时关注已授权案件的状况，了解行业领导者的研究方向，关注技术最新发展状况，以进行有效研发。

中国区块链技术前20名重要申请人，全部为中国本土申请人，19位为企业，1位为大专院校。前20名重要申请人均集中在互联网发达区域，例如北京、上海、杭州等区域，阿里巴巴以50件专利申请居于首位。山东申请人浪潮处于13名，专利申请量为16件，在区块链技术上具有一定的先发优势。电子科技大学在高校研究中跻身前列，可以进行产学研合作。

重点发明人分布情况，其中杭州云象网络技术有限公司的黄步添以26件专利申请居于第一位，蒋海、王璟、翟海滨为布比公司的发明人团队，张勇、王子龙、谭志勇为瑞卓喜投公司的发明人团队；汪德嘉、郭宇、王少凡为通付盾公司的发明人团队。以上为区块链技术重要的发明人及其团队，可以进行合作及人才引进。

山东省区块链技术主要申请人中，浪潮以16件专利申请排名第一，山东大学、山东明和软件、山东大地纬软件为2件，专利数量较少。纵观全国区块链技术分布，北京总量362件，为申请量最大的省市，广东、上海、浙江、江苏分别为212件、116件、98件、53件，山东省目前仅有28件。且以浪潮为代表的申请人专利申请数量与其他重要申请人相差较大，山东省区块链技术发展较慢，需鼓励山东大学、山东明和软件、山东大地纬软件等申请人继续研发，加强申请。

山东省区块链技术分布情况，其中数据处理15件，应用8件，智能合约申请为1件，智能合约申请人为明和软件。区块链技术主要为数据处理、共识、业务处理、节点间通信、智能合约、应用等方面，而山东省的28件专利申请集中在数据处理、应用及智能合约上，技术领域覆盖不全。

浪潮科技的申请集中于2017年，对于新兴技术研发略晚于整体态势。在技术分支上，9件专利涉及数据处理，包括密钥、证书、签名等，剩余6件申请为区块链应用，包括晶体、机动车等的物流查询、追踪等。对于基础性技术研发较少，应予以加强，防止发生专利纠纷。

其他企业情况，阿里巴巴在2016年开始申请专利，2017年数量爆发。共17位发明人，邱鸿霖申请13件专利，是阿里巴巴区块链专利申请最多的研发人员，毕业于广东工业大学，供职于蚂蚁金服。唐强、吴昊、李宁、李奕申请量在4~6件，申请量相对较多。阿里巴巴区块链技术集中在数据处理、共识、业务处理、节点间通信。其中数据处理申请量较多，共识是区块链技术的核心。数据处理包括存储、记录、签名、隐私、安全等。阿里巴巴在数据处理等基础专利上具有先发优势，山东省企业需要关注基础性专利的动态，浪潮与阿里巴巴相比，共识、节点间通信等基础性专利较少，有待加强，需要防止侵犯基础性专利的权利，还需要在人员储备上增强力量。浪潮可在其他领域加强应用，例如农产品质量安全，以形成应用类专利壁垒，加强出击。

电子科技大学专利申请始于2016年，研发时间较早。电子科技大学技术分支中，包括数据访问、控制、认证等的数据处理技术申请量最多；其次是智能合约技术，智能合约被认为是使用区块链技术的又一个热门技术，从用户角度来讲，智能合约通常被认为是一个自动担保账户，例如，当特定的条件满足时，程序就会释放和转移资金，从技术角度来讲，智能合约被认为是网络服务器，只是这些服务器并不是使用IP地址架设在互联网上，而是架设在区块链上，从而可以在其上面运行特定的合约程序，将智能合约概念用到农业保险领域，会让农业保险赔付更加智能化；其他分支方面，与物流追送、溯源方面的专利申请有 4 件；1 件涉及区块链的共识技术。涉及智能合约、共识的基础性专利，山东省可以与电子科技大学进行产学研结合，用来实现关键技术的突破，同时应做好专利防御；明和软件可以利用现有智能合约的基础，加强基础技术研发。

六、智慧农业专利情况

对智慧农业全球专利申请量进行分析，总体来看，世界智慧农业技术的发展大致经历了以下发展阶段：一是技术萌芽期（1999~2010 年），这个时期有关智慧农业技术都集中在日本，韩国、美国农业机械重要企业。尽管这一时期的专利数量较少，但是由于这些技术均涉及农机设备的核心部件及装置，对于后期的研发领域中占有重要的地位，而中国在此时期的专利申请量较少。二是技术发展期（2010~2014 年），随着国内知识产权保护意识的增强，中国专利申请量有了较大的增长并带动全球专利申请量的增长，并且此时国内申请人的专利申请数量开始超过国外申请人。三是技术爆发期（2014 年至今），从 2014 年开始，中国国内的专利申请量逐步的提升，带动了全球专利申请量的剧增。

全球 37583 件申请中，中国申请量居首，占全球总申请量的约 58%，总量为 18898 件，其次为日本，占比约 14%，美国和韩国分别排名在第三、第四位。中国申请数量远远超过其他国家，源于对智慧农业的政策扶持及各大高校对于技术的研发力度不断加强。

在智慧农业研发领域，国内高校申请人较为抢眼，在全球前 20 位的专利申请人排行中占据前四位，进一步说明国内对于智慧农业正处于技术研发阶段，且对于技术的研究布局较其他国家处于领先地位，但产品实施率低。而国外专利申请量占比较大多数为农业机械领域的企业，其中日本公司在这一领域具有非常强的研发实力。

国内专利申请地域分布情况，江苏省以 2251 件申请排在第一位，广东省和浙江分列第二、第三位，山东省排在第四位，申请量为 1446 件，从中国各省市申请趋势上来看，江苏省自 2013 年开始，申请量出现明显增长，在总量上与其他省市拉开差距，自 2014 年开始，广东、浙江和山东申请量出现明显增长，但自 2015 年开始江苏和广东申请量增速明显，江苏自 2012 年申请量开始增长，连续五年申请量达到了全国第一位。各省情况中，广东的专利有效占比是最高的，达到了 47.19%，而浙江和山东基本与全国平均水平持平，江苏省的专利有效占比较低，同时，专利的利用率也是这几个省市中最低的。山东省的企业申请有效率处于全国平均水平，但企业申请的利用率偏低，总体而言，山东省应当结合自身企业发展特点，培育一批智慧农业行业的龙头企业，带动当地智慧农业行业的产业化进程，同时，加强高校科研院所的专利的对企业的许可，或者进行合作研发，将技术更好地转化为生产力。

中国各省市技术分布情况，各省市对于智慧农业内的重点技术分支专利布局较为全面，专利申请数量总量排名第一位的江苏省在智能大棚技术和智能灌溉技术领域领先优势较为明显，且专利利用率高，专利申请数量总量排名第三位的浙江省紧随其后，而广东省则凭借其临海的地理优势，在智能水产技术领域布局了大量专利，在专利申请数量总量排名第四位的山东省在智慧农业的相关关键技术领域布局比较均衡，其中智能栽培技术及智能喷洒方面的专利申请量占有一定的优势，在智能水产及智能畜牧方面专利利用利用率相较于其他3个省市的较高。

在国内申请的前20名申请人中，国内高校或科研院所共计达到了14家，江苏大学以79篇的申请排在第一位，分列第二、第三位的分别为山东农业大学、西北农林科技大学。对比全球申请人可以看出，国内智慧农业技术的产业化程度还比较滞后，大多数技术掌握在国外企业或科研院所中。从国内申请的申请人类型来看，企业的申请量为49%，高校和科研单位的申请量共占比24%，个人的申请量为27%。可以看出，全国专利申请量中企业占比较多。山东省实用新型申请量占专利申请总量的55%，发明申请占专利申请总量的45%，山东省在智慧农业专利申请人类型包括企业、高校/科研单位和个人，其中企业的申请量为36%，高校和科研单位的申请量共占比28%，个人的申请量为36%。可以看出，山东省专利申请中量中企业和个人占比最多。

山东省内情况，山东省专利申请数量地域分布情况中，山东省专利申请总量排名第一和第二位的分别是青岛和济南，其中青岛市专利申请数量为326件，济南市专利申请数量为275件，潍坊市专利申请数量为164件，排名山东省第三位，其中青岛市和济南市专利申请数量总和占山东省专利申请总量的41.56%，可以看出山东省内关于智慧农业技术的相关专利中近一半集中在上述两个地市，主要原因在于上述两个地市内高校/科研院所数量众多，企业集中。

在山东省地市申请量排名前三位的青岛市、济南市、潍坊市中，青岛市在智能灌溉、智能栽培、智能大棚、智能喷洒4个领域的关键技术的专利布局比较均衡，济南市是在智能灌溉和智能大棚技术领域的专利申请数量占据一定优势，潍坊市依托其机械产业园，在智能大棚技术领域也有相应的专利布局。

山东省各地市内相关企业专利申请数量地域分布情况，青岛市拥有智慧农业技术领域相关企业数量为83家，在山东省内排名第一，济南市和潍坊市分列第二、第三位，拥有相关企业数量分别为33家和31家，青岛和济南专利申请总量相差不大，也可进一步看出，青岛市内虽然企业数量较多，但每个企业针对专利技术的布局还不够全面，专利技术较为分散。

关于智慧农业关键技术的发展趋势，从2009年开始，研究人员已经注重智能灌溉、智能栽培技术、智能大棚、智能诱捕装置、智能水产以及智能饲喂方面的改进，具有良好的技术基础，且发展势头保持良好，智能灌溉和智能大棚技术引领了智慧农业的快速发展，专利布局更加密集。同时，随着植保无人机、智能采摘机器人的快速普及应用，利用无人机实现农药喷灌、施肥以及农作物的采摘等方面的技术改进逐渐成为关注的热点，涉及这些方面的专利申请量也在逐年递升。

从山东省专利申请数量排名可以看出，排名前20名的申请人中，山东农业大学、青岛农业大学、济南大学分别排名前三位，且在排名前十名的申请人中，高校/科研院所共计8家，企业申请人共2家，山东农业大学的专利申请总量遥遥领先于其他申请人。可以看出，山东省对于智慧农业相关技术正处于技术研发阶段，对于相关技术的产品实施仍处于起步阶段，中国在智慧农业相关技术上的生产实践与应用需要加快步伐，离大规模的商业化应用仍有一定的距离。

山东省内高校/科研院所在智慧农业的关键技术研发覆盖比较全面，涵盖了智能灌溉、智能栽培、智能大棚、智能喷洒以及智能采摘，其中山东农业大学在各关键技术的专利申请数量均位居第一，且尤其注重智能施肥领域的专利申请。而在山东省内排名前十名内的两家企业青岛锐擎航空科技有限公司以及山东胜伟园林科技有限公司分别注重智能施肥以及智能灌溉技术的改进。由此可进一步看出，山东省内在智慧农业尚处于研发萌芽阶段。

山东省内涉及智慧农业的相关高校/科研院所进行介绍：

对山东农业大学的所有专利进行检索，检索结果共计 2326 件专利申请，其中发明专利申请占比 57%，实用新型占比 43%，专利稳定性较好，授权 902 件，占比 39%；权利终止 444 件，占比 20%，撤回 279 件，占比 12%。山东农业大学专利以发明申请为主，技术研发强劲。山东农业大学的专利涉及专利转让的专利数量为 4 件，涉及专利许可的专利数量为 12 件，但进一步检索分析山东农业大学在智慧农业的相关专利申请，其中并无相关的专利运营事件发生。山东农业大学在智慧农业的相关专利中，涉及智能灌溉技术的专利共计 17 件，主要包括水肥一体化自动灌溉系统以及节水灌溉技术，其中有效专利共计 7 件；涉及智能栽培技术的专利共计 13 件，主要包括一体化栽培技术，其中有效专利共计 4 件；涉及智能大棚技术的专利共计 16 件，主要包括温室智能插架及温室智能通风技术，其中有效技术共计 2 件；涉及智能喷洒技术的专利共计 20 件，主要包括一体化施肥以及植保无人机技术，其中有效专利共计 12 件；涉及智能采摘技术的专利共计 17 件，主要包括智能采摘一体机及采摘机器人，其中有效专利共计 7 件。概括来讲，山东农业大学在智慧农业的主要专利申请均衡于上述智能灌溉、智能栽培、智能大棚、智能喷洒、智能采摘 5 个方面，且对于最先进的植保无人机以及采摘机器人均有相应的专利技术研发，专利稳定性较好。

对青岛农业大学的所有专利进行检索，检索结果共计 2462 件专利申请，其中发明专利申请占比 67%，实用新型占比 32%，专利稳定性较好，所有专利申请中授权 811 件，占比 33%；权利终止 547 件，占比 22%，撤回 197 件，占比 8%。青岛农业大学专利以发明申请为主，技术研发强劲。青岛农业大学的专利涉及专利转让的专利数量为 20 件，涉及专利许可的专利数量为 4 件，但进一步检索分析青岛农业大学在智慧农业的相关专利申请，其中并无相关的专利运营事件发生。青岛农业大学在智慧农业的相关专利中，涉及智能灌溉技术的专利共计 10 件，主要包括自动滴灌以及节水灌溉技术，其中有效专利共计 4 件；涉及智能栽培技术的专利共计 7 件，主要包括一体化栽培技术，其中有效专利共计 1 件；涉及智能大棚技术的专利共计 6 件，主要包括大棚种植及温室育苗技术，其中有效技术共计 1 件；涉及智能喷洒技术的专利共计 4 件，主要包括智能滴灌以及喷药机器人技术，其中有效专利共计 2 件；涉及智能采摘技术的专利共计 8 件，主要包括智能采摘一体机及采摘机器人，其中有效专利共计 4 件。

对济南大学的所有专利进行检索，检索结果共计 6440 件专利申请，其中发明专利申请占比为 70%，实用新型占比 29%，专利稳定性较好，授权 2463 件，占比为 38%；权利终止 1138 件，占比为 18%，撤回 631 件，占比为 10%。可进一步看出，济南大学专利以发明申请为主，技术研发强劲。济南大学涉及专利转让的专利数量为 62 件，涉及专利许可的专利数量为 26 件，但进一步检索分析济南大学在智慧农业的相关专利申请，其中并无相关的专利运营事件发生。济南大学在智慧农业的相关专利中，涉及智能灌溉技术的专利共计 6 件，主要包括喷灌机器人及灌溉装置，其中有效专利共计 4 件；涉及智能喷洒技术的专利共计 11 件，主要包括植保机器人技术，其中有效专利共计 6 件；涉及智能收割技术的专利共计 10 件，主要包括智能割草，其中有效专利共计 3 件。

山东省重点企业情况，在山东省企业排前 20 名中，申请主要集中青岛、济南和潍坊。青岛市内共 2 家企业，专利申请数量为 36 件，在企业排名前 20 的申请数量占比达到 24%，济南市内共计 6 家企业，专利申请数量为 31 件，在企业排名前 20 的申请数量占比达到 20.67%，潍坊市共 2 家企业，专利申请数量为 29 件，在企业排名前 20 的申请数量占比达到 19.33%，其中潍坊农业机械产业聚集区，凭借其临近寿光国家农业科技园及寒亭国家农业科技园的优势，在产业园内，企业技术覆盖比较全面，智能大棚、温室栽培、智能植保机器人以及智能收割技术集中。进一步也可以看出，青岛地市内的企业数量虽不如济南区域内的企业数量多，但其青岛锐擎航空科技有限公司作为该区域的亮点企业，专利布局意识较强，凭借植保无人机企业技术优势，其专利数量遥遥领先于山东省内其他企业。济南市区域内虽然企业多，但在智慧农业每个企业的申请数量小，企业专利布局不完善，但各企业之间可形成产业聚集，实现在智慧农业的优势互补。

重点企业专利现状：

（1）山东某航空科技有限公司

该公司于 2017 年 5 月共申请关于植保无人机的相关实用新型申请 84 件，法律状态均有效，相关申请涉及包括无人机喷洒装置无人机相关装置等，该公司的专利申请全部集中于实用新型，专利稳定性较差，同时从全国及全球智慧农业的发展状况来看，植保无人机将逐渐成为近年来的研究热点，该企业在培育发展相关重点技术时，可进一步向山东农业大学及济南大学寻求技术合作，完善专利布局。

（2）山东某园林公司

该公司最近两年开始大规模进行专利布局，所以有效专利占总量的 30.2%，69.8% 的专利申请还处于审查状态，其专利申请全部集中在国内，尚未开始在海外进行布局。该公司的申请的和智慧农业相关的专利技术共计 20 件，涉及的关键技术主要包括智能大棚和智能灌溉技术，其中智能大棚共计 4 件，主要包括覆膜机技术，有效专利共 3 件；智能灌溉相关专利技术共计 16 件，主要包括灌溉装置以及节水灌溉技术。

第二节　新旧动能转换建议

一、形势与需求

当前，全球新一轮科技革命和产业变革呈现出多领域、跨学科突破的新态势，我国经济已由高速增长阶段转向高质量发展阶段，处在转变发展方式、优化经济结构、转换增长动力的攻关期。目前，山东正处于新旧动能转换、经济转型升级的关键阶段，而现代农业涉及高端装备创新发展和传统产业优化升级，任务艰巨而繁重。

（一）放眼全球，洞悉发展态势

（1）国外申请趋于平稳，2008年之后中国申请量迅速增加，带动全球申请量快速增长。

（2）现代农业的申请地域集中度较高，主要集中在中国、日本、美国。其中，日本在农用机械领域优势明显，美国在现代种业和质量安全这两个领域研发实力强劲，中国从2008年开始，在各个领域申请迅速增长，形成以农产品加工和农用机械为主，其他领域快速增长的态势。

（3）现代农业各领域中，农用机械和农产品加工发展最早，随后，现代种业和质量安全领域出现大量申请，目前上述领域国外申请量趋于下降趋势，表明国外相关产业发展比较成熟；智慧农业出现时间较短，目前各个国家申请量都较少。

（4）重要申请人国外以企业为主，国内以高校为主。

（5）日本和美国在本国之外具有大量国际申请，中国国际申请数量较少。以美国和日本为代表，国外近年来华专利布局明显，中国相关企业存在侵权、诉讼风险。

（二）环视周边，对标先进

（1）山东省申请总量位于全国前列。山东省现代农业专利申请总量位于全国第二位，近年来年申请量依旧保持高速增长，但2014年之后年申请量有所减少，已被安徽、广东超越，年申请量位于全国第四位。

（2）山东省以企业为创新主体的局面已经形成，但占比低于全国平均水平。与全国相比，山东省企业申请（40%）与高校院所申请（22%）所占比重均低于全国平均值（分别为46%和27%）。个人申请（36%）高于全国的平均水平（25%）。通过不同时期各创新主体申请趋势及占比分析发现，企业占比较高的江苏省和广东省在"十一五"时期企业申请增速及申请总量已超过个人申请，而山东省则是在"十二五"时期企业申请增速及申请总量才超过个人申请，上述结果表明山东省近期企业申请增速明显，需继续保持。

（3）山东省专利管理利用仍需提高。山东省的专利利用率为3.9%，低于全国平均的4.9%，而广东省和浙江省则分别达到了6.4%和7.5%。其中，在专利质押方面与全国平均水平接近，但是在转让和许可方面需加强，山东省创新主体需加强专利成果转化、利用。山东省的专利有效比为38.43%，低于全国平均的41.33%，而广东省和浙江省则分别达到了55.97%和47.54%。此外，在专利申请类型方面，山东省的发明占比为63%，低于全国的平均水平（70%），发明占比最高的安徽省则达到了83%。

（4）山东省重要申请人在全国竞争优势不明显。在全国申请人前20名中，山东省仅有山东农业大学一家入围，位于第20名，而江苏有5家，且有4家位于前十名。在具体领域中，山东省在农机领域具有一定的优势，共有四家申请人入围前20位，其中山东农业大学位于第十位，青岛农业大学、福田雷沃国际重工和山东理工大学分别位于第14位、第18位和第20位；在农产品加工领域，九阳股份有限公司位于第17位；在农产品质量安全领域，山东农业大学以78件专利申请居于第20位，与排名第一浙江大学（499件）专利数量相差较大；在现代种业，山东农业大学以219件申请排在第18位。

（三）审视自身，准确定位

（1）申请地市集中，梯度明显。通过专利分析，发现青岛、济南和潍坊申请量位于第一梯队，总申请量都在4000件以上。其中青岛申请量最大，申请总量超过10000件，济南和潍坊分别以7000件和5000件位于第二、第三位。烟台、泰安、威海、淄博、济宁和临沂位于第二梯队，各市总申请量在2000件左右。其他地市位于第三梯队，各市总申请量在1000件左右。

（2）创新主体集中。通过专利分析，发现山东省现代农业创新主体主要集中在青岛、济南、潍坊。其中，青岛创新主体以企业为主，高校院所也具有较强的研发实力；济南市创新主体主要为高校院所，同时企业也进行了大量申请；而潍坊高校院所申请较少，创新主体主要为企业和个人。

（3）龙头企业专利创造水平较高，但中小型企业创新能力不足。以农产品加工领域为例，九阳股份有限公司作为当地龙头企业，其技术优势明显，不仅专利申请量大，有效专利数量多，且部分专利已经通过运营获得经济效益，但其他中小企业，有的大部分专利都已失效，专利有效率较低，有的申请量较少，仅有几件专利申请。

（4）传统领域产业聚集态势明显。通过专利分析，发现山东省农机装备创新主体主要集中在潍坊；现代种业相关企业在济南市历城区形成一定聚集；农产品加工业则聚集在青岛城阳、潍坊诸城、威海环翠、滨州博兴等聚集区等。

（5）新兴领域存在基础，已有企业开始进行专利布局。如在质量安全领域中的区块链方向，青岛计划成立全球区块链中心，建设青岛"全球区块链+"创新应用基地，同时，山东省区块链技术应用创新中心2017年在济南成立，可为山东经济社会转型升级，提升社会管理水平，提供技术支撑。通过对区块链技术主要申请人进行分析可知，浪潮以16件专利申请位于山东省第一位，技术涵盖数据处理和区块链应用，而排名第二名~第四名的山东大学、山东明和软件、山东大地纬软件等申请人都仅有2件专利申请。在智慧农业，山东农业大学专利申请总量位居全国第二位，申请技术领域较全，涵盖智能灌溉技术、智能栽培技术、智能大棚技术、智能喷洒技术以及智能采摘技术等。在新兴的植保无人机领域，青岛锐擎航空科技有限公司共申请关于植保无人机的相关申请84件，在山东省企业申请中位于第一位。

二、指导思想与基本原则

（一）指导思想

以习近平新时代中国特色社会主义思想为指导，全面贯彻党的十九大精神，结合《山东省新旧动能转换重大工程实施规划》，坚持新发展理念，坚持质量第一、效益优先，深入实施创新驱动发展战略，以产业发展需求为导向，以创新驱动发展为核心，实现现代农业提质效，着力加快建设实体经济、科技创新、现代金融、人力资源协同发展的产业体系，统筹区域协调，实现创新发展、持续发展、领先发展，推进山东省现代农业由大到强、走在全国前列，为推动山东省新旧动能转换工程顺利实施做出积极贡献。

（二）基本原则

1. 需求引领

着眼全球，聚焦中国，紧紧围绕山东省新旧动能转换工程，立足现代农业当前发展现状，运用专利导航机制的"显微镜"和"定位仪"功能，寻找产业发展差距，探求资源优化路径，巩固产业发展优势，分阶段、有步骤地实现现代农业改造升级，推动传统产业腾笼换鸟、凤凰涅槃、浴火重生，焕发生机活力，促进全产业链整体跃升，打造更具优势的特色产业集群，培育形成新动能基础力量。

2. 资源聚集

坚持广聚优势资源，海纳专业人才，以专利导航信息为指引，引导开展产学研协同创新，不断优化创新环境，提升开放式创新程度，推动人才结构战略性调整，实现数量型人口红利向质量型人才红利转变。

3. 重点突破

构建以企业为主体、市场为导向、"政产学研金服用"相结合的技术创新体系，以专利导航信息为指引，引导创新要素向企业集聚，使企业成为创新决策、研发投入、科研攻关、成果转化的主体。

4. 升级发展

加快现代农业升级改造，以专利导航信息为指引，把握全球科技革命和产业变革趋势，推动农业智慧化发展，全面提高产品技术、工艺装备、能效标准，实现价值链向高水平跃升，促进"老树发新芽""有中出新"，实现传统产业提质效。

三、发展目标

（一）总体目标

深入推进农业供给侧结构性改革，巩固提升山东农业优势，加快构建现代农业产业体系，积极探索产出高效、产品安全、资源节约、环境友好的路径模式，引领全国农业现代化发展。到2022年，现代高效农业增加值力争达到1200亿元，占地区生产总值的1.2%。

（二）分类目标

1. 产品创新持续优化

调整优化农业产品、产业和布局结构，推动产业链相加、价值链相乘、供应链相通"三链重构"。利用现代信息技术大力发展智慧农业；把增加绿色优质农产品摆在突出位置，推进农业标准化生产、全程化监管，全面提升农产品质量安全水平；实施农业科技创新工程和渤海粮仓科技示范工程，加强现代种业培育；提升农业装备制造和应用水平，大力推进农业生产经营机械化、信息化，增强农业综合生产能力。

2. 企业竞争力不断增强

以专利导航信息为指引，积极培育龙头企业等新型经营主体，实现标准化生产、规范化管理、品牌化营销，着力打造一批引领全球行业技术发展、拥有高端品牌产品的国际领军企业，壮大一批核心技术能力突出、集成创新能力较强的骨干企业，培育一批市场潜力大、跳跃式发展的"独角兽""瞪羚"企业。

3. 产业集群协同有力

优化重大生产力布局。以专利导航信息为指引，实施重点产业集聚工程，推动企业入区入园，打造若干产业功能区、产业基地和产业带。提高龙头骨干企业纵向延伸，横向联合的能力，形成更具竞争优势的特点产业集群。

4. 人才队伍支撑有力

以专利导航信息为指引，完善人才培养机制，造就一大批战略科技人才、科技领军人才、青年科技人才和高水平创新团队；创新人才引进模式，引进外籍高层次人才和急需紧缺人才来鲁工作、创新创业，支持国内外高校、科研机构在山东设立新型研发机构和中试基地，打造一批省博士后创新实践基地、专家服务基地和留学人员创业园，引进培育"两院"院士、"千人计划""万人计划""泰山学者""泰山产业领军人才"等高层次人才；发展专业性、行业性人才市场，支撑专利布局、专利运营等专利、金融、保险相关多元化社会服务人才队伍发展壮大。

5. 知识产权创新支撑

通过加强知识产权创造、运营、保护能力，培育高价值核心知识产权、建立重点产业专利库、专利大数据中心、深入开展专利导航工程、大力发展知识产权金融服务、发展知识产权服务业等方面，充分发挥知识产权创新支持新旧动能转换的重要作用。

四、创新发展建议

（一）省级层面

1. 结合新旧动能转换重大工程，建立以企业为主体、市场为导向、产学研深度融合的技术创新体系，提高企业创新能力，促进科技成果转化，加快现代农业升级改造，实现现代农业由大到强。

（1）继续强化企业创新主体地位，提高企业创新能力

通过分析可知，经过前期发展，企业已经成长为山东省创新主体，但企业申请总量所占比例仍然偏低，并且大部分企业申请量较少，创新能力不足。因此，需要继续引导各类创新要素向企业集聚，提高企业的创新能力。可通过支持大型企业带动产业链上下游发展，促进大中小微企业融通发展。如在农业机械领域，在坊子区依托龙头企业福田雷沃国际重工股份有限公司形成高端农机装备制造及零部件配套的产业聚集区，可以有效促进大中小企业融通发展。

（2）发挥创新平台载体优势，促进产学研深度融合

通过分析可知，山东省科研机构具有良好的研究基础，创新能力较强，但存在成果转化能力弱的问题，可以通过重大创新平台建设，提高产学研深度融合，促进科技成果转化，加强产学研协同发展。

① 黄河三角洲农业高新技术产业示范区作为国家级平台，具备开展现代农业科技合作的坚实基础和巨大潜力，可利用黄河三角洲现代农业研究院、山东省农科院现在农业试验示范基地、山农大国际现代科教基地等重大科技平台对重大科研项目如现代种业中生物基因测序技术、生物标记技术等进行研发攻坚，并利用孵化中心大力促进创新成果转化，加强产学研协同发展。

② 鼓励企业和科研机构积极承担和参与国家重大科技项目；推动企业、科研院所协同实施重大科技项目。在现代农业中，国外主要申请人以企业为主，而山东省和国内主要申请人以高校为主。山东省诸多高校院所如山东农业大学、青岛农业大学、山东大学、山东理工大学、山东省农科院等具有较强的研发实力，可与企业协同实施科研项目，进一步同企业加强联系，提高产学研深度融合，加强产学研协同发展。

③ 加快重大创新平台、大型科研仪器设备和专利基础信息等资源面向社会开放共享，以加强对中小企业的创新支持。如山东省可充分利用中国食品酒业知识产权信息中心、中国（潍坊）农业机械设备业知识产权信息中心等，帮助企业分析国内外相关领域前沿技术与发展趋势，了解掌握国内外前沿科技情报信息，更好地帮助企业进行新课题、新技术研发，避免重复研发，减少研发时间、节约研发经费和人力，提高研发效率，支撑产业更好发展。

2. 大力发展优势产业集群，打造区域创新发展载体。

通过分析可知，山东省现代农业产业聚集趋势明显。如农机装备领域在潍坊市集中度高；育种相关企业集中在济南市历城区；农产品加工业呈现出青岛城阳、潍坊诸城、威海环翠、滨州博兴等聚集区。聚集区产业链较全，但缺乏高质量技术，需进一步增加科技供给，全面提升产业、区域的竞争力。

（1）突出特色，打造"四核引领、多点突破、区域融合互动"的发展总体格局

山东省新旧动能转换工程根据济南、青岛、烟台三个地市经济实力雄厚、创新资源富集等综合优势提出以"济南、青岛、烟台"为核心的"三核引领"总体格局。通过专利分析可知，山东省创新主体和创新活力集中，梯度明显。青岛、济南和潍坊处于第一梯队，其创新主体数量和活力远远高于其他地市。烟台位于第四名，创新主体数量和创新活力处于山东省平均水平，具有较好的代表性。基于青岛、济南和潍坊已经形成创新主引擎以及烟台创新能力较强的基础，为更好发挥济南、青岛和潍坊的引领、辐射带动作用以及烟台的示范效应，建议针对现代农业产业打造"四核引领、多点突破、区域融合互动"的发展总体格局以期与山东省新旧动能转换工程接轨。

（2）优化产业集群发展布局

对企业进行分级分类培育和聚集，精准发力提升企业竞争实力。着力培育技术链完整、开发能力较强的龙头企业，加强中小企业孵化支撑。

① 在产业聚集比较成熟，且已形成龙头企业区域，如潍坊坊子区依托龙头企业福田雷沃国际重工股份有限公司形成了高端农机装备制造及零部件配套的产业聚集区，可提高龙头企业纵向延伸、横向联合的能力，形成更具竞争优势的特色产业集群。

② 在新兴领域，产业聚集初步形成，如智慧农业济南市虽然企业多，但每个企业申请数量小，企业专利布局不完善，各企业之间可形成产业聚集，实现在智慧农业的优势互补。同时，可加快培育核心企业，打造行业龙头企业，通过"建链、补链、强链"，完善产业全链条，迅速形成强大规模，推进集中集群发展。

3. 倡导创新文化，强化知识产权创造、保护和运用，充分发挥知识产权创新支持新旧动能转换的重要作用。

(1) 继续倡导创新文化，强化知识产权创造

通过分析可知，在现代农业中，企业申请总量所占比例偏低，中小企业创新动力不足；另外，除青岛、济南和潍坊三市外，其他地市创新活力仍需提高。因此，可结合山东省《知识产权创新支持新旧动能转换的工作措施》，进一步出台相应政策红利，倡导创新文化，提升中小企业及其他地市的创新活力。

(2) 切实提高创新主体专利运营能力

通过专利分析可知，山东省现代农业专利有效率和利用率低于全国平均水平。有制造没有创造，有创造没有产权，有创造没有运用，是我国当前企业知识产权的真实写照。因此，需要进一步强化知识产权运用。

① 在开展国家知识产权优势企业和示范企业培育过程中，将知识产权创造和运用作为重要的评价指标，鼓励企业加大投入创造并积极运用知识产权，构建产业化导向的国际化专利组合和战略布局。

② 鼓励和支持企业参加知识产权管理标准化示范创建，运用知识产权参与市场竞争，培育一批具备知识产权综合实力的优势企业。

③ 充分利用成果转化平台，促进知识产权的交易、许可和转化。可开展知识产权综合管理改革试点和重点产业专利导航试点工作，完善知识产权质押融资市场化风险补偿机制。如可通过在潍坊开展知识产权区域布局试点，推进青岛知识产权运营服务体系和国家知识产权服务业集聚区建设，建设济青烟国家科技成果转移转化示范区等工程，支持金融投资机构对知识产权实施和产业化的投资，建立企业科技创新资金支持机制，推进自主知识产权创新，推动出口结构向销售自主品牌产品、知识产权转让、使用许可等高附加值产品和服务转变。

(3) 强化知识产权保护，助力海外布局

一方面，在国家"一带一路"倡议引导下，越来越多的企业不断加大产品和技术的对外出口，走出国门在海外寻求更大的市场。另一方面，美国通过301、337等调查以知识产权问题为由，对中国战略新兴产业实施打击报复以此限制中国高新技术行业（如农机装备等领域）的发展。通过专利分析可知，在农业机械领域专利申请中，进入中国的国际申请共8365件，申请国包括日本、美国、德国、法国等共计有8033件，而国内申请人提交的国际申请仅有332件，表明欧美及日本等发达国家的申请人相当重视农机装备在中国的专利布局，而我国农机装备申请人在海外的专利保护意识还不够。山东省农业机械领域共计12件国际申请，并且其中有5件申请来自福田雷沃国际重工股份有限公司。因此，农业机械企业想在复杂多变的国际市场中强势崛起，在加大核心技术研发力度，突破技术瓶颈制约的同时，也需要利用知识产权这一法律武器，优化国内专利布局，加速海外专利布局，增强海外专利预警、诉讼与维权能力，为我国农机装备走向世界保驾护航。

① 结合实际，加强知识产权保护，构建良好的营商环境

我国的知识产权制度起步比较晚，很多条款存在漏洞和矛盾。逐步完善知识产权法律体系是知识产权保护的基础。因此，山东省可以借鉴发达国家在知识产权立法等方面已有的经验，建立一套具有中国特色的知识产权保护的法律法规体系；在法制建设等方

面，对知识产权保护做到便利化、最大化和高效化，为发生的知识产权侵权行为提供现时有效的司法保障途径与手段，进而更好地维护企业相关专利权，为相关的企业来提供更好的、更便捷的司法服务。另外，政府可以在知识资源方面合理的引导和辅助企业，在资金上给予扶持、在机制上给予保障以及在政策上给予倾斜，加强知识产权法律的实施力度，创建一个良好的政策和法律环境。与此同时，中国目前仍是一个发展中国家，有些技术需要恰当保护，在实际的知识产权保护中可以"阶段论"与"范围论"的有机结合方式，逐步扩大知识产权保护的实质范围。

② 强化公共服务，完善知识产权公共服务机制

政府可通过综合性知识产权公共服务平台，建立知识产权信息分析专家系统，开展国别政策和市场的深入分析，加强对企业知识产权出口贸易、境外投资的国别行业指引，同时可结合"一带一路"的建设，在有关国家推动保护我国出口的大型成套设备及技术等涉及的知识产权，加强安全风险预警和突发事件处置；给予政策指导和财政支持，大力扶持专利信息服务机构，建立能提供高附加值服务的知识产权服务机构，充分利用多元主体合作体系提高知识产权公共服务的供给总量；此外，针对外贸企业频频遭遇国外知识产权侵权指控、遭受贸易救济调查的情况，积极组织开展知识产权维权援助机制的探索和研究，同时考虑构建知识产权进口贸易中的知识产权公共服务机制问题，为知识产权进出口贸易的整体发展提供高效率服务。

4. 突出厚植高端人才

人才是创新的主体，创新驱动实际上是人才驱动。无论是科技竞争、企业竞争，归根结底是人才的竞争。高层次人才是稀缺资源，可实行更加积极有效的政策，优化人才发展环境、健全充满活力的人才支撑体系，培养造就一批具有国际水平的战略科技人才、科技领军人才、青年科技人才和高水平创新团队。

（1）加快高层次人才培养。紧紧围绕国家战略和经济社会发展对高端人才的需求，依托现有资源，可在生物育种、智慧农业、机械装备等领域依托山东农业大学、山东省农科院、青岛农业大学等科研机构深入推进现代农业产业技术体系创新团队建设，加快高层次人才培养。

（2）加大创新人才引进。在现代农业关键急需、新型智能的领域，如农机装备核心零部件、现代种业等领域可通过吸引国家"千人计划""万人计划"领军人才落户山东，支持国内外高校、科研机构在试验区设立新型研发机构和中试基地，建设国家级博士后创新创业基地和专家服务基地，支持青岛国际院士港等平台建设等措施积极吸引高级人才落户山东。

（3）重视知识产权人才的培养。特别是对领军人物和骨干人才的培养与储备，逐步形成一个数量充足、质量优越、结构合理的人才队伍，为知识产权保护能力的提高提供充足的人才支撑。

（二）市级层面

打造"四核引领、多点突破、区域融合互动"的发展总体格局。

新旧动能转换工程着眼大局，结合山东实际，提出"三核引领、多点突破、融合互动"，基于现代农业产业中，青岛、济南和潍坊已经形成创新主引擎以及烟台创新能力

较强的实际情况，为更好发挥济南、青岛和潍坊的引领、辐射带动作用以及烟台的示范效应，建议针对现代农业产业打造"四核引领、多点突破、区域融合互动"的发展总体格局以期与山东省新旧动能转换工程接轨，各地市可以根据自身优势，找准自己位置，因地制宜，"各出各的优势牌""各拿各的特色菜"，大力发展区域经济，推动新旧动能转换形成大合唱。

1. 济南市：促进产学研深度融合，加快知识产权成果转化

通过分析可知，济南市现代农业整体创新活力较强，高校院所在创新主体中占比较高，可充分发挥山东省农科院、济南大学等高校院所及济南农业高新科技产业开发区、济南现代种业基地等特色产业基地和济南全省粮食现代物流交易中心等交易平台优势，提升企业研发实力，促进产学研深度融合，加快知识产权成果转化。

具体各领域中，济南的农机专利申请主要来源于高校及科研院所，可加大力度推广高质量专利技术的实施，农业机械研究院、济南大学等主要申请人研究集中于种植机械，应加快优势领域的成果转化，并促进收获机械等热点领域的研发。

济南市现代种业相关专利申请量位于山东省第一位，在山东省农业科学院的带动下，在历城区聚集了一批优秀的种业企业，但还未形成整体实力较强的龙头企业，应注重产业资源整合，培育龙头企业，同时加大科研院所对企业研发的支撑力度，重点发展分子标记、基因编辑等现代种业先进技术，对连发科技等有先进技术研发基础的企业加大扶持力度。

济南农产品加工有效专利比例大，科研院所申请比例高，但企业的申请比例较低，其技术的转化应用需要加强，具有九阳股份有限公司等龙头企业，可以龙头企业为主发挥其专利运营经验优势，同时，济南的高校科研院较多，应加强与相关企业合作，相关企业具备面食机械领域创新基础，应着力打造区域优势产业集群。

济南市在质量安全领域专利申请总量位于第二位，高校科研院所申请比例较高，具有热点技术区块链的产业基础，建议以浪潮为主体进行基础性热点技术研发，并加强在其他领域的应用，以形成应用类专利壁垒，主动出击，防止侵犯基础性专利的权利。

济南市在智慧农业专利申请总量位列山东省第二位，企业多集中于历城、济阳等区县，每个企业的平均申请数量较少，企业专利布局不完善，建议依托历城企业聚集区打牢智能大棚、智能灌溉的优势产业基础，并寻求智能栽培领域创新，高校申请优势领域也集中于智能大棚和智能灌溉，应加强优势研究领域产业应用。

2. 青岛市：增强高价值专利培育，提升知识产权运营能力

青岛市现代农业整体创新活力强劲，企业已成为创新主体，高校院所所占比重也较高，但知识产权运营能力有待提高，专利有效率和利用率偏低。一方面，青岛可充分发挥青岛农业大学等高校院所及青岛农业高新技术产业开发区、农业新六产综合示范区、中荷智慧农业科技园、青岛国际种都、海水稻研发中心实验基地等特色产业基地继续提升企业研发实力，另一方面，可通过开展高价值专利培育等工程提升知识产权运用能力。

具体各领域中，青岛市农用机械领域中青岛农业大学、青岛理工大学、弘盛、菲尔特、洪珠等创新主体的研发内容相关，均是根茎类收获机械相关技术，应鼓励技术的协

同创新。

青岛市现代种业企业申请量和企业数量排在全省第一位，并没有明显集中的区域，可以结合相应产业园如青岛（移风）国际蔬菜花卉种子产业园等，增强产业聚集，同时结合高校院所较多的特点，大力推进产学研一体化。

青岛市农产品加工领域申请人较多，但专利有效率较低，需进一步提升企业知识产权创造、运用能力，值得注意的是，部分企业专利有效率亟待加强（青岛休闲食品有限公司、海发利粮油机械、众地食品等 100% 失效），同时建议大力发展特色产业集群（城阳—蔬菜水果加工、莱西—蛋乳类加工）。

农产品质量安全方面，青岛市企业、个人、高校院所的数量均处于前列，山东省重要申请人在青岛聚集明显，青岛可以加大对企业的创新培育力度，增强创新主体的全国竞争力，同时可通过"全球区块链+""泰山沙盒"等创新应用基地引领产业发展。

智慧农业方面，青岛市在山东省内排名第一，企业多分布于城阳、黄岛、崂山 3 个地区内，可利用产业基础，推动智慧农业快速发展，形成特色园区；同时，具有研发植保机器人的青岛锐擎航空科技有限公司、专注智能种植箱的青岛海尔智能技术研究有限公司等新兴企业，可加大相关企业的培育力度。

3. 潍坊市：强化农机领域优势，带动其他领域协同发展

潍坊市农机装备领域实力强劲，其他分支排名靠前，可以充分发挥农机装备领域优势，带动智慧农业等其他领域协同发展。在农机装备领域，坊子区依托龙头企业福田雷沃国际重工股份有限公司形成了高端农机装备制造及零部件配套的产业聚集区，潍坊滨海经济技术开发区则汇聚了山东常林农业装备股份有限公司、山东胜伟园林科技有限公司等大型企业，可以在潍坊农业机械产业聚集区，凭借其临近寿光国家农业科技园及寒亭国家农业科技园的优势，发展智慧农业。现代种业方面，利用潍坊蔬菜种子基地、潍坊中国食品谷壮大现代种业，寿光蔬菜种业集团在分子标记技术申请较多，具有热点技术产业基础，同时利用潍坊蔬菜种子基地、潍坊中国食品谷等平台，壮大现代种业发展；在农产品加工方面，潍坊诸城是肉类加工聚集区，应进一步完善产业链，引进肉类保鲜企业，在蛋乳类加工方面存在优势企业，应加大支持和培育力度；农产品质量安全方面，潍坊可以结合相关平台（潍坊中国食品谷、全国农产品冷链进出口交易平台），发展区块链等质量安全技术；在智慧农业方面，依托寿光、寒亭国家农业科技园等农业机械聚集区及区域优势，发展智慧农业，潍坊在智能大棚和智能灌溉方面有较好产业基础。

4. 烟台市：以国家现代农业产业园为支撑，打造国家科技创新及成果转化示范区和面向东北亚对外开放合作新高地

烟台市现代农业专利申请总量位于山东省第四位，但整体创新活力处于山东省平均水平。各分支情况，农机装备领域分布均匀，应注重培养领域内强企；现代种业具有一定的优势，具有种业龙头企业登海种业股份有限公司，可依托烟台国家现代农业产业园、"种业硅谷"、栖霞山东果品拍卖中心等平台，加大创新、成果转化力度，同时利用区域优势，积极对外开放，打造国家科技创新及成果转化示范区和面向东北亚对外开放合作新高地；农产品加工方面，部分知名企业申请还在 15 件以下，应加强企业创新

活力，培育行业内领头企业（京鲁渔业在鱼肉类加工具有专利储备优势）；农产品质量安全方面，申请人数量多，但专利存量相对较少，应提高企业知识产权保护意识，同时，保持监测技术优势，对于追溯技术发展要迎头赶上；智慧农业方面，烟台企业申请人是泰安的2倍，但申请量与之相当，应鼓励企业创新，并培育潜力企业（国兴智能科技在采摘机器人具有专利基础）。

5. 其他地市：因地制宜，进一步释放创新活力

通过分析发现其他地市需进一步释放其创新活力，可以依托自身特色，根据自身优势，如济宁国家农业科技园区、泰安国家农业科技园区、肥城特色农业高新技术产业示范区、临沂沂南朱家林国家级田园综合体建设试点、国家临产科技示范园、沂水马莲河国家农村产业融合发展示范园、临沂环保肥料产业科技创新中心、德州功能糖研究中心、德州国家农业科技园、德州智慧农业产业园区、聊城国家农业科技园、东阿毛驴全产业链产业园、滨州国家级粮食产业融合循环经济示范区、沿黄生态高效农业示范区、菏泽打造现代农业发展综合试验区、牡丹现代农业特色产业园等，大力发展区域经济，增强园区内企业的创新活力，进一步带动其他创新主体加大创新力度。

（三）企业层面

1. 充分发挥企业创新主体作用

通过分析可知，山东省企业已成为创新主体，但所占比例仍低于全国平均值，因此，企业仍需积极成为创新决策、研发投入、科研攻关、成果转化的主体。

第一，借助山东省实施企业创新百强、高新技术企业培育工程的时机，推进企业自身技术改造。

第二，积极借助山东省相关创新平台、成果转化平台，与科研机构积极承担和参与国家重大科技项目，以期提升自身研发实力，掌握核心技术，并且以市场为导向，展开与科研机构合作，大力促进创新成果转化。

第三，积极参与建设产业（技术）创新联盟，联合实施产业关键共性技术攻关，加快重点突破和示范应用。

2. 提高知识产权意识

随着中美知识产权争端愈演愈烈，企业想在激烈的贸易竞争中不被其他国家打压，在国际市场中占有一席之地，求得生存和发展，就必须要提高自身的知识产权保护意识，增强自主创新能力和高新技术竞争力，研发拥有自主知识产权的创新技术，掌握自己专有的具有高科技含量的专利产品，才能在国际贸易中不受制于人取得相对竞争优势，依靠知识产权在国际竞争中占有稳定市场。

第一，提高知识产权保护意识，对自己的产品、技术和专利及时申请知识产权保护，避免知识产权被侵犯，防止自己的产品被模仿丢失竞争优势，同时也可以避免外企钻空子，遭到其无理指控并索要专利费。

第二，增强企业自主创新意识和理念，加大研发投入并改善科研条件，研发自己的核心技术拥有完全自主的知识产权权利，鼓励员工创新并将创新意识渗透到企业管理的每一个领域，建立良好的经营管理机制。另外，企业还应积极开展与高校的合作，建立以企业和高校为主导的科研体系，充分利用高校的研发人才，有效地提升企业研发效

率，最大化地消减研发成本。

第三，大力培养知识产权方面的人才。知识创新离不开相关人才的持续努力，知识产权在实质上是人类智慧的成果体现。加大对知识产权人才的培训，提供合理的职位选拔和晋升机制，建立相应薪酬机制，鼓励科研创新。

第四，积极应对知识产权诉讼。企业在面对国外企业发起的知识产权侵权诉讼时，应该积极对待努力维护自身利益，在心理上和策略上都要有充足的准备。具体来说，我国企业可以对相应国的知识产权相关制度、诉讼规则和审理程序做深层次的研究，并借鉴以往相同诉讼案例的经验，充分熟悉国际知识产权游戏规则。另外，企业还可借助行业协会的力量来取得优势，协调组织并提供信息。例如在通领案中，美国帕西西姆和莱伏顿公司等同行业的多家公司对通领集团先后提起侵权诉讼，联合起来一起对中国企业进行严厉打击。企业应该充分借鉴美国利用同行业协会的力量共同一致对抗其他国家的企业的做法，根据争议性质的不同积极应诉，或证明"损害"不存在，或证明"国内工业"不存在，或和解，反而可能会赢得有利于自己的结果。

参考文献

[1] 邓秀新. 现代农业与农业发展 [J]. 华中农业大学学报（社会科学版），2013（1）.

[2] 华静，王玉斌. 我国农业产业化发展状况实证研究 [J]. 经济问题探索，2015（4）.

[3] 张红宇，张海阳，李伟毅，等. 中国特色农业现代化：目标定位与改革创新 [J]. 中国农村经济，2015（1）.

[4] 王雅鹏，吕明，范俊楠，等. 我国现代农业科技创新体系构建：特征、现实困境与优化路径 [J]. 农业现代化研究，2015，36（2）.

[5] 许世卫，王东杰，李哲敏. 大数据推动农业现代化应用研究 [J]. 中国农业科学，2015，48（17）.